本书由浙江警察学院资助出版

面向样例的动画生成及应用

卢涤非　著

图书在版编目（CIP）数据

面向样例的动画生成及应用／卢涤非著．—杭州：浙江大学出版社，2016.2
ISBN 978-7-308-14828-3

Ⅰ.①面… Ⅱ.①卢… Ⅲ.①动画制作软件 Ⅳ.①TP391.41

中国版本图书馆CIP数据核字（2015）第149396号

面向样例的动画生成及应用

卢涤非 著

责任编辑 许佳颖
文字编辑 陈慧慧
责任校对 金佩雯
封面设计 续设计
出版发行 浙江大学出版社
（杭州市天目山路148号 邮政编码310007）
（网址：http://www.zjupress.com）
排　　版 杭州中大图文设计有限公司
印　　刷 杭州杭新印务有限公司
开　　本 710mm×1000mm 1/16
印　　张 15.25
字　　数 309千
版 印 次 2016年2月第1版 2016年2月第1次印刷
书　　号 ISBN 978-7-308-14828-3
定　　价 39.00元

浙江大学出版社发行中心联系方式：0571—88925591；http://zjdxcbs.tmall.com

前 言

计算机动画技术全面利用了计算机图形图像技术、艺术、物理学、数学和其他相关学科的知识来创造丰富逼真的画面。计算机动画技术给大家提供了可以模拟和观察真实世界不断运动变化的创造性方法，同时在工业界、电视业、科学可视化和广告娱乐等领域得到了非常广泛的推广应用，并给人们的日常生活带来了翻天覆地的变化。但与此同时，计算机动画的两个重要问题日渐凸显：①怎样才能高效地重复利用已有的各种形式的海量动画？②怎样才能低成本且高效地创作二维或三维动画？

传统计算机动画技术总体上包括轨迹驱动技术、参数关键帧技术、过程动画技术、变形动画技术等。不少优秀的动画创作系统实现了上述技术并成功投入商业推广，但是这些系统的使用在很大程度上仅局限于为数不多的有丰富经验的专家，简单易用的动画制作技术和交互式建模技术仍然极具挑战性。三维草图(sketch)非常适合没有动画创作经验的初学者，但是在实际应用中，三维草图仅局限于简单的动画处理和网格生成。与此同时，虽然有海量具有高度技巧性和艺术性的动画作品耗费大量人力物力而被创作出来，但是几乎没有现成的技术和系统来帮助大家重新使用(reuse)这些含金量极高的素材。

针对上述情况，本书提出了一种简便的动画生成方法，能够方便地重复应用现有的各种动画作品，从而快速、容易地创建形象逼真的三维或二维动画。本书在前期研究的基础上提出了面向样例的动画生成系统，该系统可以把多个已有源网格的动画合成并传输到一个目标网格中，生成一套新的三维动画。该系统包含以下几部分功能：①用户使用草图，在目标网格和源网格之间建立映射关系；②借助于非闭合的网格均值坐标(mean value coordinates)，根据源动画的运动方式来生成目标网格对应的动画；③对变形的目标网格求解最小化约束方程，以便获取光滑处理后的目标网格，从而生成目标网格对应动画的关键帧；④对由步骤③产生的动画结果进行插值，生成完整的目标网格三维动画。

在上述技术基础之上，本书还设计了基于样例动画的结合用户交互的三维动画生成算法，在保留源动画主要运动风格的前提下，用户可通过交互加入自己的动画创作思想。该系统不要求源与目标网格拥有相似的拓扑信息，也不要求有相同顶点数、边数以及三角面片数。在本系统中，三维动画、二维视频或FLASH都可以作为源动画，即任何网格，甚至无结构化的点云数据都可以作为目标对象，方法易用、简洁，使初学者可以在短时间内创作出真实感强烈的动画。本书使用多个源对象的二维以及三维动画产生复杂、对象的三维动画，以此阐明工作原理。

2011年新设的一级学科"公安技术"凸显了国家在科技上对公安工作的战略部署。传统视频侦查的"人海战术"已不能满足当前公安实战的需求，具备快速研判方法的智能视频侦查成为改善社会治安环境的必然选择。为了克服传统视频处理技术面临的"语义鸿沟"等难题，本书提出了三维模型时空子空间引导的智能视频侦查技术，其核心思想是借助三维模型时空子空间所蕴含的信息进行视频处理分析。本书讨论了以下几个具体研究：①在体形子空间的约束下从视频中匹配三维目标模型；②在三维模型时空子空间引导下提取视频事件"监控对象视频＋三维模型时空子空间→监控对象三维动作"；③三维事件库中的动作比对分类"运动数据＋三维事件库→视频类型和性质"。这些是涉及图形学、视频处理和刑事技术的综合性研究，开拓了使用三维图形学技术解决视频侦查难题的新渠道，完善了其技术体系，可以积极推动"公安技术"学科的发展，具有广阔的应用前景。

总体来说，本书有如下几个创新点：

- 扩展了均值坐标，使其不仅适合闭合网格，也适合非闭合网格；
- 提出了一个使用线型草图，在目标网格和源网格间建立关联(correspondence)的简便方法；
- 设计了从二维动画(如视频或FLASH)生成三维动画的新算法；
- 提出了在仿射矩阵基础上提取和合成网格变形的方法；
- 提出了在仿射变换矩阵基础上光滑处理网格的约束函数，这些方程不仅能处理网格数据，也能处理点云等非结构化数据；
- 提出了使用梯形来计算的快速阴影锥(shadow volumes)产生算法；
- 提出了面向样例的交互式的动画生成方法；
- 把网格变形技术应用到了三维医学图像的分割上；

- 提出了把三维动画生成技术应用于视频侦查的研究设想；
- 最重要的贡献是，通过组和上述算法，提出并实现了一个完整的动画创作系统——ABE原型系统。

本书第1章介绍了计算机动画技术的背景知识和当前学术界的研究现状；第2章介绍了使用草图，在源对象和目标对象间建立对应关系(correspondence)的方法；第3章介绍了网格变形传输技术；第4章介绍了动画插值、网格光滑和阴影生成等辅助技术；第5章介绍了面向网格的适用多个源对象的反向运动学(IK)，也就是通过已有动画的约束，加上用户的交互，从而生成目标对象的新三维动画；第6章介绍了使用局部相似变换来复制动画的方法；第7章介绍了网格变形在三维医学图像分割中的应用；第8章介绍了原型系统及试验结果；第9章提出了把基于样例的动画生成技术应用于智能视频侦查的研究设想，讨论一些将来的研究方向；第10章介绍了本书相关主要算法的源代码。

本书汇集了作者2002年以来在图形图像以及视频侦查领域的一些研究成果，是作者阶段性的研究总结，同时对下一步研究——把图形图像技术应用于视频侦查和医学图像处理，提出了一些设想。作者在学术生涯中，得到了诸多老师的帮助，在此感谢叶修梓老师、张三元老师、蔡文立老师和吴吟老师等在各个阶段给予的帮助。

由于作者水平有限，书中难免有不妥之处，敬请指正。

作　者

2015年11月

目　录

1

绪　论

1.1　计算机动画技术的应用背景和发展

1964年,美国贝尔实验室的科学家第一次使用计算机技术对传统动画的关键帧进行插值处理,从而宣告了使用计算机来辅助动画制作的新时代的开始[1-2]。当时的计算机动画技术性非常强,动画制作主要是通过编程实现的,用户都是计算机专业人士,产品也大多是二维的。后来,随着业界提出“关键帧动画技术”,动画制作效率得到了极大的提高,创作人员设定关键帧后,可以使用计算机自动插值,从而生成中间帧。二维动画是三维计算机动画中重要基础,也是计算机动画的非常重要的不可缺少的组成部分。三维动画技术是计算机动画发展过程中的一个重要里程碑,其发展过程和二维动画有很多类似之处,都是在动画语言描述的基础上进化而来的。三维计算机动画技术是使用计算机来模拟现实生活中的三维空间对象,接着在计算机中使用三维图形技术构造各种三维几何模型,然后设计模型的变形、运动、移动路径和位置等,最后生成一系列可用于实时播放的视频动画。美国最早开始发展计算机三维动画技术,在20世纪70年代末就已经使用电脑来模拟人物的活动。1982年,迪士尼(Disney)公司的首套电脑动画电影《创:战纪》推出。在同一时期,随着计算机图形学理论开始成熟,并得到商业化发展,大量商品化的动画创作软件得以产生。随着计算机硬件和动画软件技术的迅速发展,越来越多的商业机构、高等院校和研究机构加入了计算机动画领域,电脑动画的制作技术迅猛发展。电脑动画逐渐形成一个非常重要的独立产业,在很多动画制作强国,动画产业在整个经济结构中占据非常重要的地位。2004年，全球电脑动画产值已达2228亿美元，与其相关的衍生产品的价值超过了5000亿美元。

电脑动画制作软件是一个非常复杂的系统，需要艺术家和计算机专家这两类不同知识背景的专业人员相互配合。但实际上，极少有人能同时在艺术和计算机这两个行业都有深厚的造诣，这导致界面设计、动画技术与实际需求严重脱节。当前，对 Maya 和 3DMax 等一些市场上比较成功的计算机三维动画制作软件，用户想要达到非常熟练的程度，就需要学习、练习相当长的一段时间。开发一种“傻瓜”式的电脑动画制作系统，一直是许多科研人员努力奋斗的目标，本书利用面向样例的技术，在这方面进行了积极尝试。

电脑动画技术的应用是非常广泛的。在电视行业，大多数栏目的片头，都是以电脑动画的形式播出的，如：中国中央电视台每天晚上的新闻联播；“神舟六号”载人航天飞船上天时，许多媒体就使用了电脑动画来形象地阐述整个发射过程；在教育培训行业，用电脑动画来解释复杂的文字难以解释清楚的自然现象；在建筑行业、工业界以及科学计算可视化领域，电脑动画技术也有非常多的应用。电脑动画主要应用于广告娱乐业。电脑动画技术给电影电视和广告制作人员提供了发挥想象的广阔空间，他们可使用电脑动画技术创作平常难以完成的创意，如《玩具总动员》、《侏罗纪公园》、《阿甘正传》和《泰坦尼克号》等影片中的特技效果都离不开电脑动画技术。

1.2 电脑动画技术的研究状况以及相关的工作

电脑动画技术的研究涉及计算机图形学和图像处理的许多领域，与此相关的很多文献[3-31]在各方面都有详细的论述。电脑动画创作从技术角度上看，总体上可以分为两类：基于控制(by controller)以及基于样例(by example)。大量学者针对基于控制的方法做了许多研究[32-37]。传统的动画技术基本上是基于控制的，这也是比较成熟的技术领域，大致可分成以下几个类别[38-39]：轨迹驱动(path-driven)、参数关键帧(parametric keyframe)、过程动画(procedural)、变形动画(morphing)、基于物理的动画(physically based modeling)、关节动画(articulated kinematics)、行为动画(behavioural)和剧本动画(script-based)技术。这些方法全部需要用户进行烦琐的输入，这对初学者来说是非常大的挑战。但基于样例的动画生成技术，则是从已有的动画资源开始，而不是从零起步的，因而正成为当前学术中的一个研究热点。很多研究可以被归类为基于样例的技术研究[40]。文献[41]提出了基于现有数据库中的三维网格构建全新的三维模型算法。文献[42]提出了基于三维网格的逆向运动学(inverse kinematics),使用三维样例网格来表示各种有显著意义的动作分类,这与传统基于骨骼体系的运动学完全不同。此外,文献[43－47]各自提出了变形和建模、基于样例的动画创作等方法,都有相当大的参考价值。

面向样例的变形(deformation by example,DBE)算法引起了广大研究人员的广泛兴趣[48-50],是近年来的研究热点。与传统变形方法相比,DBE 算法可通过重新使用已有的三维或二维动画素材创作全新的动画,过程简单直观、方便并且高效。文献[51]提出了变形传输(deformation transfer)算法,该算法可以把源网格的变形复制到另一个不同的目标网格上去。在此方法中,针对网格中的每个三角面片的变形,构造一个 3×3 的仿射变换矩阵,使整个网格的变形用这样一组矩阵来表示。此方法包含了由三角面片变形引起的缩放(scale)、方向(orientation)和偏斜(skew)等变化的信息。由源网格三角面片产生仿射变换矩阵后,将其应用于与之对应的目标三角面片上。但该技术局限于总体上相似的两个三维网格之间,并只能一对一进行传输,不能把多个网格的变形传输到一个网格上。另外,文献[51]还提出了一个使用仿射变换矩阵来防止网格局部剧变和控制网格光滑度的算法。

文献[52]提出了闭合的三角网格的均值坐标(mean value coordinates)的表示方法,主要是对在网格顶点上用户定义的各种不同的值进行连续光滑的插值,体纹理(volume texture)插值和曲面变形是其主要的应用。本书在该方法的基础上进行拓展,使其能够应用于非闭合的三角网格。针对矩阵的合成,文献[53－55]研究了仿射矩阵极分解(polar decomposition)方法,该方法可以被用来插值或操作高度刚性(as rigid as possible)的曲面,而在本书中被用于控制网格变形的刚性。

本书借鉴并扩展了文献[32,34]提出的面向草图的三维网格变形算法,同时提出了使用草图来创建关联(correspondence)的新方法。本书中,首先使用线型草图来确定感兴趣区域(region of interest,ROI),然后经过一系列的变换,把源草图映射到对应的目标草图上,最后使用同一组变换,把作为控制点的源 ROI 全部映射到对应的目标 ROI 上。

1.3 本书算法的特征

1.3.1 系统提出背景

当前，虽然有许多成熟的动画制作软件被成功开发，并在商业上获得了巨大成功，但是这些软件的应用大多局限于有丰富经验的专家，开发简单且易用的动画制作软件仍然极具挑战。三维草图（sketch）在操作上对初学者来说非常适合，但在具体应用中，其功能仅仅局限于一些简单的网格操作以及动画处理，并且不能生成令人满意的具有高度真实感的成果。与此同时，尽管我们身边有许多耗费了大量人力物力而制作出来的动画作品，且这些作品具有高度技巧性和艺术性，但目前几乎没有现成的系统可以重新使用（reuse）这些作品。针对这种情况，本书提出了一套基于样例的动画复制系统，能够方便快速地使用现有的动画素材，使初学者可以非常容易地创建出逼真的三维或二维动画。该系统在操作上与大家熟悉的办公文字处理软件（如 Microsoft Word）的内容拷贝具有较大的相似性。通过类比两者的操作过程，可以非常容易地理解本书所提出的软件系统的总体思路，图 1.1 显示了两者的操作过程的类比。动画拷贝与文字拷贝一样，大致可以分为四步。

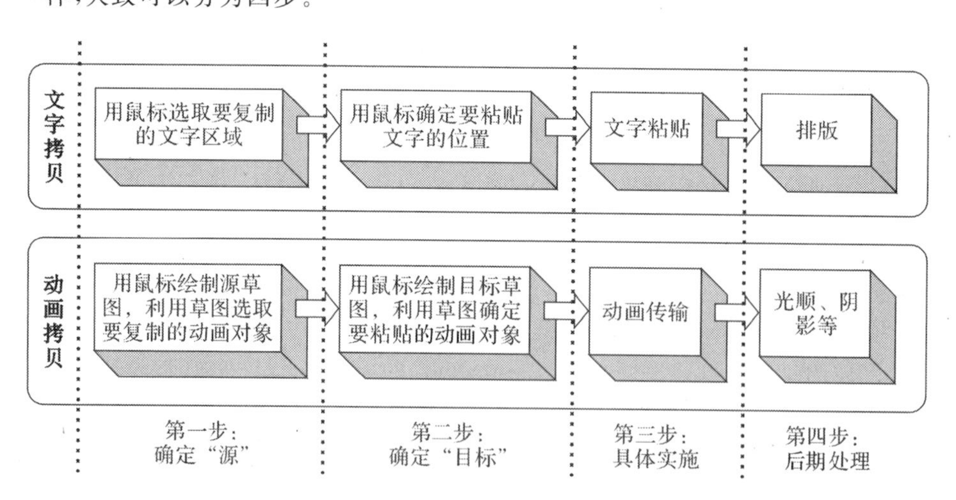

图 1.1　动画复制与文字复制的类比

(1)指定“源”：无论动画复制还是文字拷贝，第一个需要解决的问题就是用户应指定要用来复制的内容。在像 Microsoft Word 这样的文字处理软件中，一般都是使用鼠标来选取需要被复制的内容;在本书所提出的动画复制算法中,使用草图在源网格上选取用户所感兴趣的部分。

(2)确定"目标":接下来要解决的问题就是确定粘贴操作的目标。在Microsoft Word上,只要用鼠标点击,就可以确定要粘贴的具体位置;在动画复制中,则需要使用绘制草图,确定目标对象要用来粘贴动画的区域。

(3)具体实施:源和目标确定后,就需要进行实质性操作。在Microsoft Word中,具体操作就是把选定的源文本加入用户指定的位置;在动画拷贝中,这是整个复制算法的核心,需要把源动画上包含的变形信息传递到指定的目标对象对应区域中。在此步骤中,两者都可以通过适当调整参数来控制粘贴的结果。比如在Microsoft Word中,可使用"选择性粘贴"的功能,用户可以对粘贴的不同方式做出选择。在动画拷贝中,用户也可以调整相应的参数,比如通过控制不同动作的变形幅度来控制动画复制后最后的效果。

(4)后期处理:在文字复制完成后,用户需要对文档进行排版;在动画复制中,复制操作结束后,则要进行网格光顺等后期处理。

1.3.2 特 点

本书所述方法不需要"源动画是如何生成"或"由什么软件生成"这样的信息,源动画无论是使用变形动画技术还是参数关键帧技术、基于物理的动画技术、轨迹驱动技术、关节动画技术或者是过程动画技术来实现的,都可以把源动画的运动变化复制到目标网格上,具有非常好的通用性。该方法完全是基于样例的,源网格和目标网格不需要拥有相同的顶点数、边数以及三角面片数,也不需要有相似的拓扑信息,目标网格甚至可以是点云数据等非结构化的数据。并且,该方法同样适用于源网格与目标网格缺少明确语义(semantic)对应关系的情形。用户需要做的是使用草图工具,确定源网格与目标对象的哪些部分的源与目标应该以相似的方式变化。通过原型系统上实现的用户交互工具,用户可以在多个源动画对象上确定复制区域,然后将这些区域上的动画复制到目标对象对应的部分。当然,由于源对象和目标对象在结构上可能差异较大,因此目标动画与源动画在艺术性或真实感上有时不能令人满意。但是,用户可以通过合理地选择合适的源动画,比较好地解决这个问题。本书讨论的重点是将源动画忠实可靠地复制到目标对象上,如使用本书的方法可以把人走路的动作拷贝到马上,虽然其结果——马像人一样走路也许会让大家觉得不自然。

使用本书所述的方法,任何没有经过专业训练的新用户都可以非常容易地快速创建高质量的三维或二维动画。本方法输入的是若干个样例源动画，输出的结果是目标对象的一个全新的动画。利用这个方法，用户基本上不需要从零开始建立新的动画。用户只需在已有的若干动画基础上展开工作，而不需要像使用复杂的商业动画软件（如 3DMax，Maya）那样进行比较复杂的操作。在使用草图工具的情况下，用户可非常方便地在源对象和目标对象间建立对应关系。对目标对象上的所有顶点，本书所述算法首先会自动计算与源对象顶点相对应的均值坐标的系数；然后源对象顶点的坐标变换就驱动目标对象以源动画的风格进行变形；最后，汇集目标对象的各个部分的动画，并且对目标对象各个部分进行组合，并进行光滑处理。光滑处理需要通过求解四个光滑约束函数的最小值来实现。若无特别说明，本书所有的草图均为线型草图。

图 1.2～1.4 是由本书算法原型系统软件生成的一个典型结果。图中海豚和男孩是两个不同对象的源动画，而小天使则是目标对象。海豚的鳍的变形被拷贝到小天使对应的翅膀上，男孩的躯干以及四肢动画被拷贝到小天使对应的

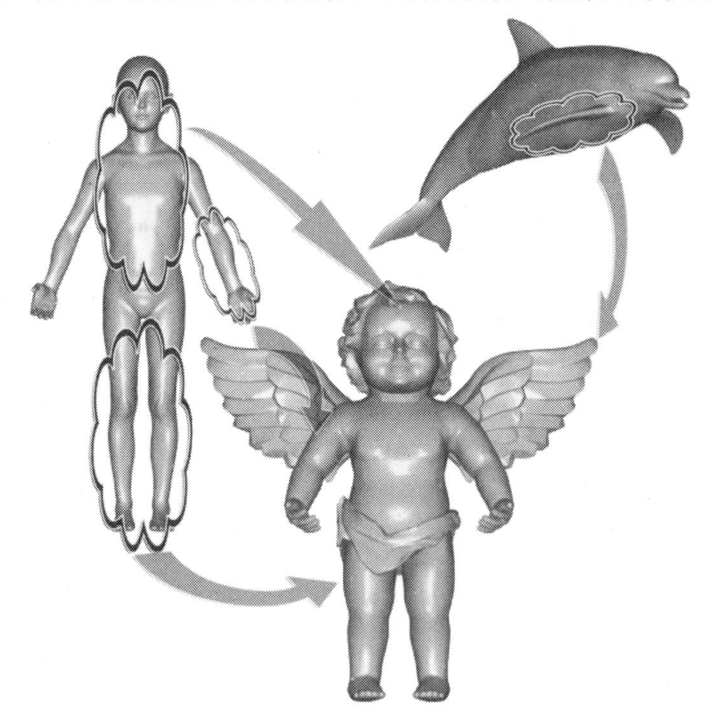

图 1.2　本书算法的主要特征

注：图上箭头确定了源对象和目标对象间的对应关系。海豚鳍运动的上下方向对应小天使翅膀前后方向运行。

躯干与其四肢上。此例中用户所有的操作是在源和目标对象上画 7 对草图(7 条目标草图及 7 条源草图)。对于源对象,共有 7 条源草图,其中 2 条在海豚的鳍上,1 条在男孩的躯干上,4 条在男孩的四肢上。对于目标对象,共有 7 条目标草图,其中 2 条在天使的翅膀上,1 条在天使的躯干上,4 条在天使的四肢上。完成这些工作后,用户只需选择一些参数,比如插值频率等,系统就可以自动创作出组合了海豚与男孩动画风格的全新的天使动画。

本例的小天使动画结果如图 1.3 和图 1.4 所示。小天使的翅膀按照海豚鳍的运动方式变形,而小天使的四肢和躯干则模拟男孩的方式运动。小天使动画生成的关键步骤如下。

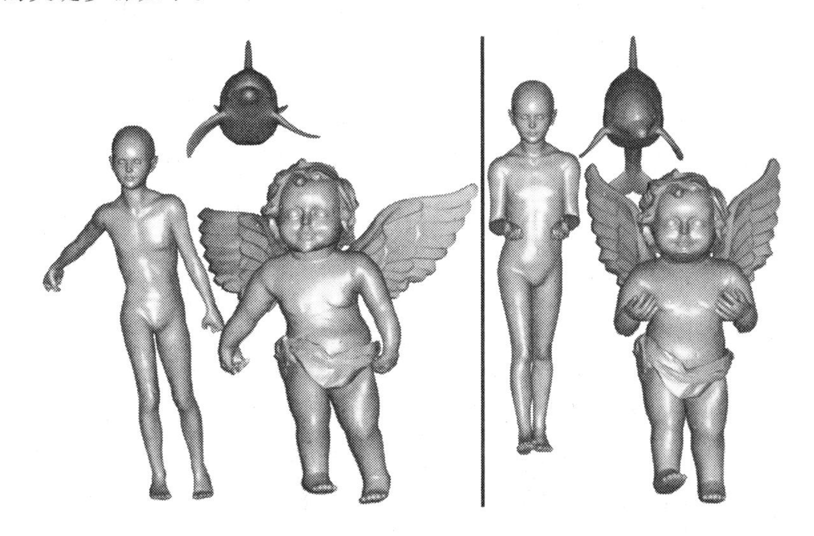

图 1.3 变形的结果(一)

注:根据男孩和海豚的动作生成的小天使完整的变形结果。

(1)分别在源对象和目标对象上绘制成对的草图。在每对草图中,有一条为源草图,它指定源对象的 ROI;而另一条为目标草图,它指定相应的目标对象的 ROI。

(2)按照距离最近原则,找出所有关联到源草图的源目标顶点与关联到目标草图的目标顶点。计算最近距离时,草图上的所有点都要被考虑进去,不仅是折点(vertex),线段中的点也要考虑。

(3)映射源草图到目标草图上,同时映射与源草图关联的源网格顶点到相应的目标草图。

(4)计算出目标网格的任一个顶点的均值坐标权值。

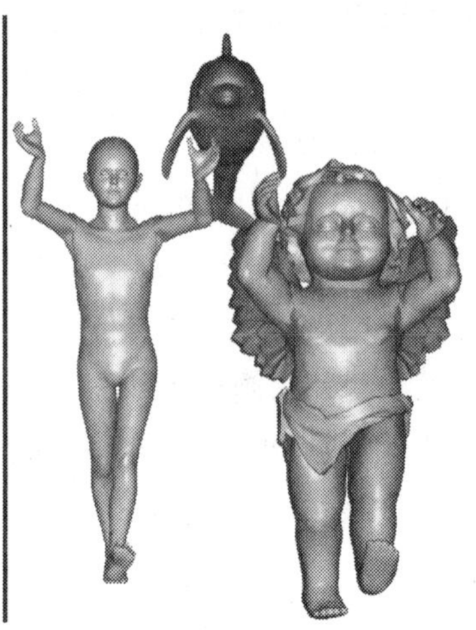

图 1.4　变形的结果(二)

注:根据另外一组男孩和海豚的变形生成相应的小天使的变形结果。

(5)在所有关键帧上,采用均值坐标权值和源网格顶点对应的仿射变换矩阵来合成目标对象顶点的仿射变换矩阵,接着使用一组约束方程来生成目标网格所有顶点新的坐标。

(6)光滑处理所有变形结果。

(7)在任何两个关键帧间进行帧插值,形成目标网格的完整动画。

图 1.3 和图 1.4 所示变形尽管不是很复杂,但总体上展示了本书算法的最主要特征:①基于草图的映射把源对象和目标对象关联起来;②使用非闭合的差分均值坐标来驱使目标网格按照源动画的运动风格进行变形;③组合变形后各部分的目标对象在光滑处理后生成目标动画的所有关键帧;④在关键帧间进行插值,输出目标对象完整的动画。后面章节将详细地讨论相关内容。

建立源与目标间的对应关系

本书整个方法的第一步就是要建立源对象和目标对象间的双向对应关系(bi-jective mapping)。文献[51]通过一组用户自主选择的标记点(marker point)来自动计算三角面片之间相互的关联,从而确立源对象和目标对象间的对应关系。这种关联技术其实是一种迭代的最近点算法,计算比较耗时,并且对错误很敏感。另外,此方法需要用户手工输入为数不少的标记点,而且每个标记点的位置都需要用户仔细地选择,这对许多用户而言是一个很大的挑战。文献[51]的算法最后在源对象与目标对象对应的三角面片上建立关联。此方法在网格三角面片分布不是很均匀或者比较稀疏的时候就会出现源和目标对象间匹配不是很合理的情况。为了能够处理这个问题,文献[56]设计了使用局部变换相似的网格变形复制的算法。该算法的主要思路如下:进行变形复制的第一步是用户在源对象和目标对象的表面上输入多对标记点(marker),在源对象变形时,目标对象的标记点以与其在源对象上对应的标记点相似的方式变形;下一步,目标对象的所有非标记顶点要按照离其最近的三个标记点的变换矩阵进行变形。关键步骤如下:

(1)在源对象和目标对象上各自确定相互对应的标记点;

(2)按照目标对象的方向和尺寸,对齐和缩放源对象;

(3)在目标对象的顶点集合中,找出离其最近的三个标记点的距离都小于一个用户指定的阈值ξ的顶点;然后按照移动后的标记点的坐标变换这些选出的顶点;

(4)光顺上一步生成的变形结果。

此方法需要输入标记点,且要求源对象和目标对象有相似的结构,无法有效处理复杂模型。

2.1 草图绘制并生成对应的 ROI

本书采用了一种与文献[51]和[56]完全不同的方法。本书使用一对草图[57-60]分别确定源 ROI 与目标 ROI，从而克服了用标记点时容易出错以及输入量较大的问题。本算法的草图是以折线的方式存储的，建立的过程非常简洁直观。通常情况下，草图是用户在网格表面上以自由(free-form)绘制的方式进行输入的。有时，针对较有规律的模型，比如汽车车轮，用户可使用圆弧等工具来绘制草图，然后系统自动将其离散化为折线。按照用户要建立 ROI 所处的位置，草图基本上可以划分为两类：①位于网格表面的草图(见图 2.1(a))。把视点和光标所在位置的连线和网格的表面的首个交点，也就是靠近视点的交点 V，作为草图的一个顶点。②位于网格内部的草图(见图 2.1(b))。首先计算视点与光标所在位置的连线与网格表面的两个交点，也就是靠近视点的交点 V_1 和 V_2，把这两个交点的中心点作为草图新的顶点，也就是 $V=(V_1+V_2)/2$。在具体应用上，两大类草图没有很严格的区别，在草图被输入后，常常需要对草图顶点位置做适当的调整。在本书的原型系统中，用户选定某个草图的顶点后，从而使用键盘对位置进行微调，从而更准确合理地确定 ROI。

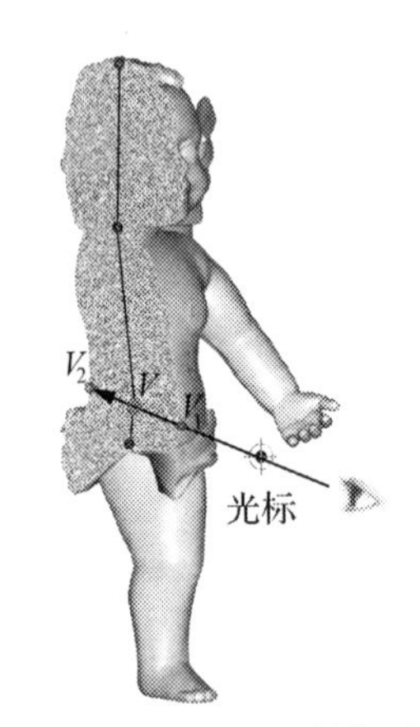

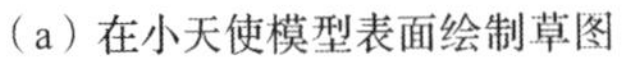
(a) 在小天使模型表面绘制草图　　(b) 在小天使模型中间绘制草图

图 2.1　草图绘制

草图首要的作用是确定源对象和目标对象的 ROI，也就是找出草图和网格顶点之间的联系。如图 2.2(a)中 V_1 和 V_2 是小天使模型网格的顶点。此折线是一条绘制在网格中间的草图，共有 4 个顶点。离顶点 V_1 最近的草图点是 V_p，

点 V_p 不是草图的顶点。离顶点 V_2 最近的草图点是 V，它是草图的一个顶点。对于比较简单的网格，本书采用一个距离阈值 ζ（见图 2.2(b)）来自动地计算 ROI，深色区域的网格顶点都位于对应的 ROI 上，图 2.2(b) 显示了 $\zeta=0.2$ 时的情形。任一条草图都会有一个对应的距离阈值，这个阈值在用户输入草图时被确定。图 2.2(c) 对应 (a) 与 (b) 的草图，显示了 $\zeta=0.3$ 时原型系统被实际计算出来的 ROI。所有到草图线段或顶点的最短距离小于此阈值的网格顶点都被划作 ROI 的一部分。针对比较复杂的情况，用户可以在草图的顶点上输入一个阈值系数，用以局部调整 ROI（见图 2.2(d)）。图 2.2(d) 中，用户调整 V_2 对应的系数 C_2 为 1.55 时，V_3 的阈值系数 C_3 可通过对点 V_2 和点 V_4 的系数线性插值产生：

$$C_3=\frac{C_2\times\|V_4-V_3\|+C_4\times\|V_2-V_3\|}{\|V_4-V_3\|+\|V_2-V_3\|}$$

其中，系数 $C_i(i=1,2,3,4)$ 表示的是顶点 V_i 的距离阈值的系数。两个顶点之间的距离阈值，可以通过上述公式的通用形式线性插值生成。图 2.2(d) 展示了 V_2 的阈值系数被调整后的结果。

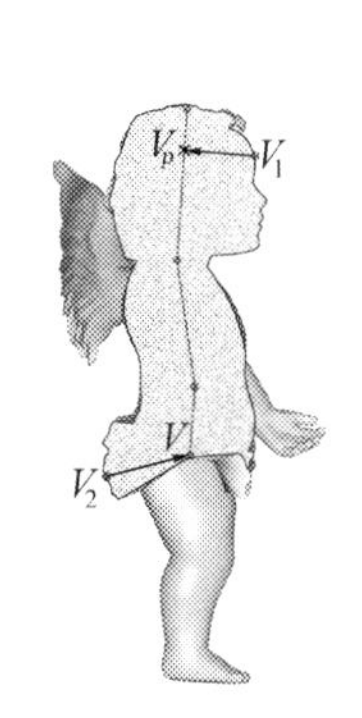

(a) 网格顶点 V_1 和 V_2

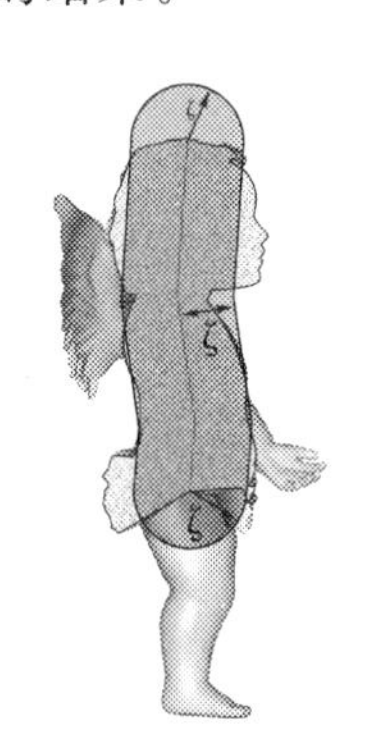

(b) ζ 的影响区域

(c) ζ =0.3时的ROI

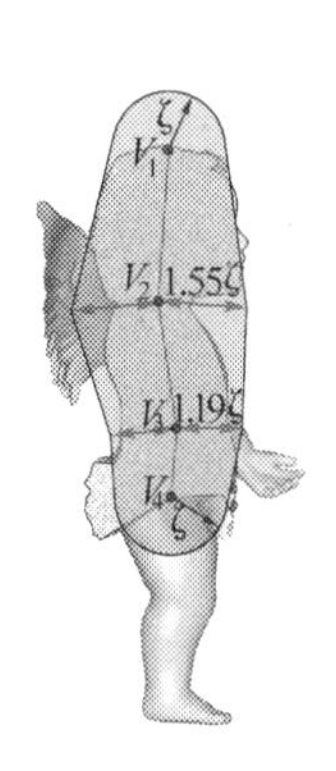

(d) C_2=1.55时的其他系数

图 2.2　草图与 ROI

如图 2.2 上所示的网格的结构非常清晰，使用一个距离阈值就可以得到较理想的 ROI。但是对于各部分之间靠得非常近的某些网格，则需增加一些额外的工作来进一步调整，如图 2.3(a) 中男孩双腿靠得较近，右腿上的草图会把左腿上的顶点 V 当作自己的 ROI 点，此情况用距离阈值无法解决。在图 2.3(b) 中，为了分开男孩的两条腿，在其两腿之间设置一个隔离平面，通过对此隔离平面进行可见性分析（即草图与网格顶点是否在平面同侧）来自动地计算 ROI，与草图在隔离平面同侧的点才可能是 ROI 的点。即只有隔离平面可见性条件以及距离阈值条件同时满足时，网格顶点才会被当作 ROI 顶点。在具体的实践中，此隔离平面通常与坐标面平行，因此操作较为简便。在本书的原型系统中，如图 2.3(b)所示的隔离平面与 yoz 坐标平面平行。这时，计算时仅需要比较 x 坐标的值来决定网格顶点和草图是否在隔离平面的同一侧，其效率是很高的。对于一些更复杂的场景，可以使用多个隔离平面来帮助生成 ROI。对于绝大多数情况，上述方法完全可以解决问题。但对一些异常复杂的对象，则需要使用拓扑信息来生成 ROI，同时用户在适当的时候进行人工干预，对自动生成的 ROI 进一步编辑。有一些复杂模型是由多个部分组合而成的，计算 ROI 时就可以使用各部分的分组信息，如图 2.1 中的小天使模型，它是由多个部分组成的：翅膀、躯体、腿以及裤子等。计算躯体部分的 ROI 时，就可以使用对象顶点的分组信息，把两个翅膀全部排斥在外，这样处理后，就不会出现各部分间“粘连”的情况了。实际上，对没有多个部分的模型，也可以对网格进行分组，把模型的所有顶点按需分为多个组，这样就可以达到准确地生成 ROI 的目的。

从计算 ROI 的过程中可以看出，每一个 ROI 上的顶点 V 在相应草图上都有对应的一个点 V_p，且 VV_p 的长度是 V 到草图的最短距离。在数学上，ROI 的准确描述可以为

$$\begin{aligned} ROI=\{(V_p,V)\mid\ & V_p\in S, V\in G, \|V-V_p\| \leqslant \|V-V_s\|, \\ & \|V-V_p\|<k\zeta;\ V_s\in S \text{ 且 } \\ & V_s\neq V_p, V \text{ 与 } V_p \text{ 位于隔离平面同侧}\} \end{aligned} \tag{2.1}$$

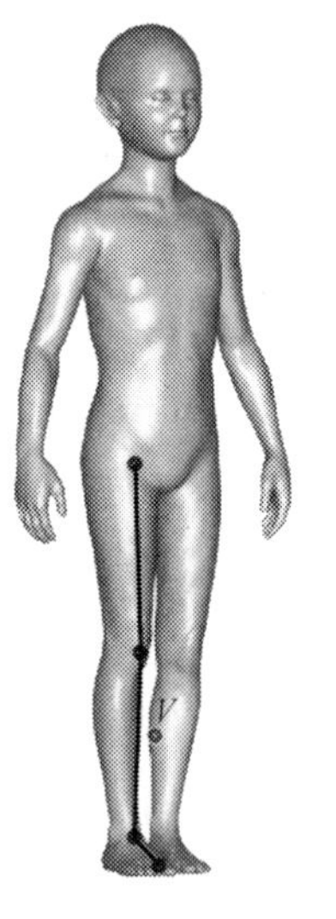

(a) 错位点

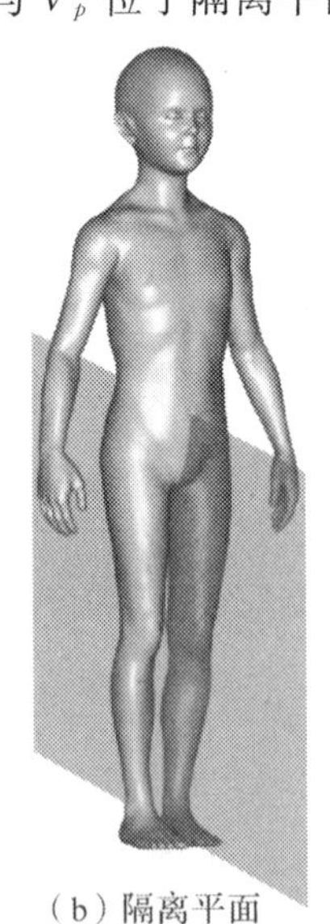

(b) 隔离平面

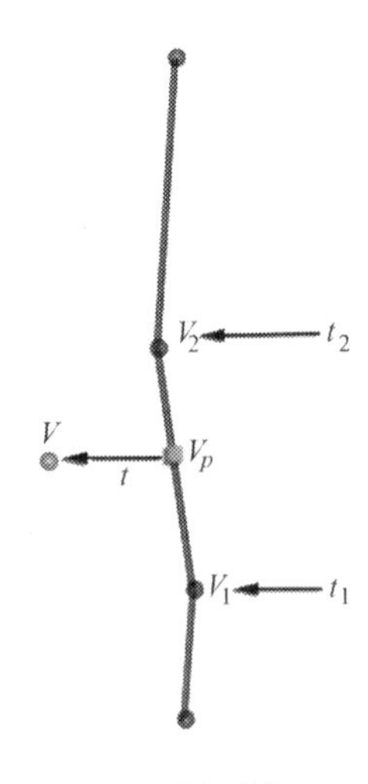

(c) 顶点赋值

图 2.3　草图的映射

其中，G 为网格所有顶点的集合，S 是草图上所有点的集合，这些点包括非顶点和顶点，ζ 是距离阈值，k 是阈值系数，k 是由图 2.2(d)所示的方法获得的，在缺省情况下取值为 1。此处需要注意的是有多个分组的模型，如某些组在本 ROI 的范围外，则 G 不包含这些组的顶点。对于目标对象而言，所有的 ROI 计算出来以后，需进一步检测是否还有目标网格的顶点没有被任何 ROI 包含。如果不是用户特意设置的，就需要调整对应的草图，然后重新计算 ROI，这样至少有一个 ROI 包含这些顶点。顶点可以同时被多个 ROI 包含，这不会影响计算结果。而对于源对象，则不需要进行这样的检测。

对于目标对象上的草图，对目标网格顶点赋参数处理的整个过程和设置草图顶点阈值系数是类似的。每一个目标顶点都有一个权重参数 $weight$ 与其相关联。参数 $weight$ 被用于调整光滑处理函数的权重，此参数的具体应用在后边有详细描述，在此着重解释使用草图对参数赋值的简便方法。目标对象的顶点有成千上万个，如果直接对它们调整参数，显然是不现实的。根据 ROI 的数学定义可以得知，每一个网格顶点在相应草图上都有对应的一个点，使用这种与草图的对应关系对参数赋值是一种高效简单的可行方法。参数赋值的过程如图 2.3(c)所示。在目标草图当中，用户通过交互界面可以分别对 V_1 和 V_2 赋予参数值 t_1 与 t_2，V_p 的参数值 t 则通过线性插值生成，即

$$t=\frac{t_1\|V_2-V\|+t_2\|V_1-V\|}{\|V_1-V_2\|} \tag{2.2}$$

通过式(2.2)，草图上的任意一点的参数值都可以计算出来。对目标 ROI 上的顶点，参数值等于其对应的草图上点的参数值，具体对图 2.3(c)而言，V 的参数值是 t。$weight$ 也可以使用上述方式计算。如要对图 2.2(c)中的 ROI 设置参数，只需对草图中的四个顶点赋予相应的参数值，与此草图对应的 ROI 上的顶点的参数就可以方便地计算出来。图 2.2(c)的 ROI 共有 18148 个顶点，现通过对应的草图就可以快速完成赋值。一般情况下这些参数都不需要设置，都采用缺省值，各个顶点的 $weight$ 的缺省值为 1.0。

2.2 源 ROI 映射到目标 ROI

源 ROI 和目标 ROI 生成后，很关键的一步就是要把两者关联起来。其核心思想是把草图当作中介，源 ROI 上的顶点将随对应源草图变换。在变形前，需对源 ROI 与目标 ROI 的方向进行调整，以便让源 ROI 的变形有意义地复制到

对应的目标 ROI。通常情况下，方向的调整依据是源 ROI 与目标 ROI 间的具体语义含义，如图 2.4 中，马首方向应与骆驼头的方向一致，如两者相反，则将马前进的运动拷贝到骆驼上后会变成很不自然的后退动作，这里的复制在技术上是没问题的，但是没有实际意义。在某些特殊的应用中，可以根据实际情况来调整两者的方向。图 2.4 展示了使用草图把马腿映射到骆驼腿上的过程。源草图与目标草图对应图 2.4 中的源和目标上的折线。点 V 是源 ROI 上的顶点，V_p 是草图上对应的点，V_p 使用函数 f 映射到目标草图，也就是 $\overline{V}_p$，映射的数学表达式是 $f(V_p)\rightarrow\overline{V}_p$。最后，源顶点 V 使用同一个函数 f 来完成映射，其结果就是 $\overline{V}$。

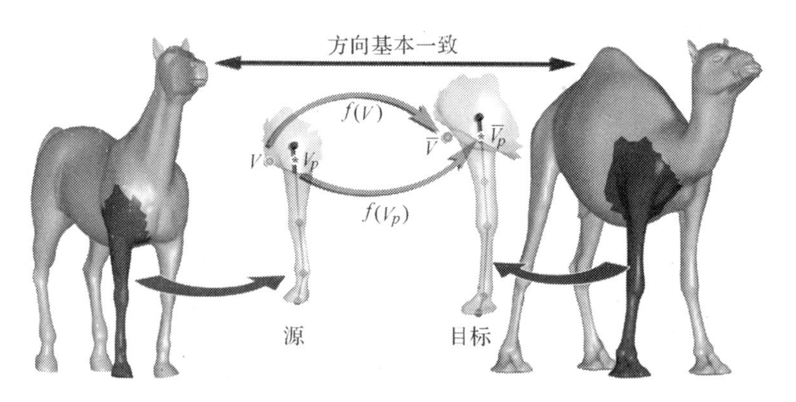

图 2.4 源于目标关联

注：深色区域分别为目标 ROI 和源 ROI。

接下来要解决的问题是确定映射函数 f。本书使用 4 个步骤来完成源草图的映射，在映射过程中，目标草图和对应的 ROI 都保持不变。源草图的 4 个变换步骤具体如下。

(1)源草图平移(translation)(见图 2.5(a))，以便源草图起始点 O_s 和目标草图起始点 O_t 在 O 点重合。平移操作移动量：O_t-O_s。

(2)源草图缩放(scaling)(见图 2.5(b))，缩放后 $|\overrightarrow{OE_1}|=|\overrightarrow{OE_2}|$。缩放因子为 $\lambda=|\overrightarrow{Oe_1}|/|\overrightarrow{Oe_2}|$。在(1)的基础上，源草图的缩放操作可定义为 $\overline{V}=\lambda(V-O)+O$，其中 $\overline{V}$ 是缩放后源草图上的点(见图 2.5(b))，V 是缩放前源草图上点(见图 2.5(a))，O 是源草图的起始点。

(3)源草图旋转(rotation)(见图 2.5(c))，旋转后源草图的最后点 E_2 与目标草图的最后点 E_1 重合于点 E。旋转操作的坐标轴在点 O 上且垂直于 O、E_1 与

E_2 确定的平面(图 2.5(b)点 O 上的箭头)。旋转角度 α 为$\overrightarrow{OE}_2$与$\overrightarrow{OE}_1$间的夹角,也就是 $\alpha=\angle E_2OE_1$。

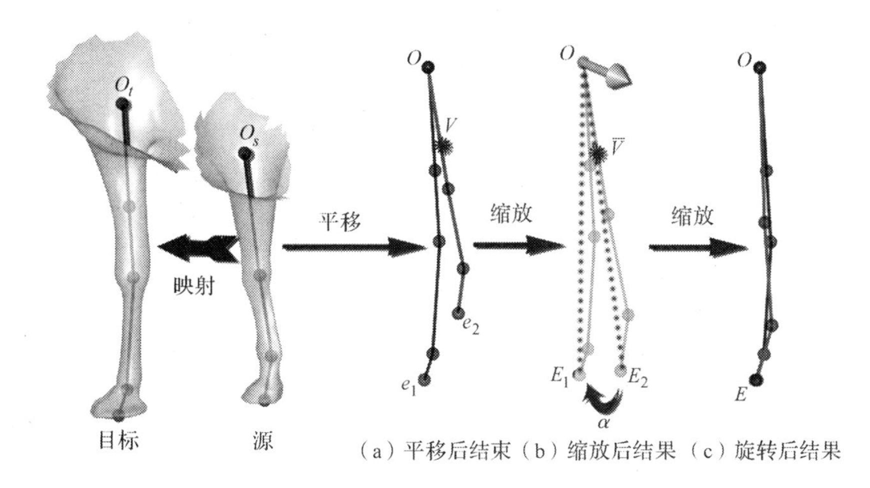

图 2.5 源草图映射到目标草图

注:深色折线为目标草图和源草图。在映射过程中,源草图向目标草图映射,而且目标草图始终不变。

(4)在图 2.5(c)中可以看出,经过以上三个步骤处理,源草图(图 2.5(c)中折线)并不能与目标草图完全重合。这就需要对源草图进行微调,以便使源草图和目标草图完全重合。为了把源草图完全映射到其对应的目标草图上,本书拓展了文献[32]中的算法。对草图上任一点(见图 2.6(a)中 V_s),使用标准化的弧长 l 表示。即对草图上给定的一点,首先从起始点沿草图计算出到此点的路径长度,然后此路径长度除以草图的总路径长度获得标准化后的弧长,标准化弧长的取值范围为 0～1。每一个在草图上的点 V 都有一参数 $l(V)$来表示草图上的对应位置。对于源草图的点 V_s,其参数为 l_s;在目标草图上可以找到对应的点 V_t(见图 2.6(b)),其参数也为 l_s。然后,V_s 就可以直接平移到 V_t。对于关联到 V_s 的源 ROI 上的顶点,使用同一个位移向量平移。这样,就可以把所有源顶点非常精确地映射到对应目标 ROI 上去。图 2.6(c)显示的是映射后的结果,框架线是映射完成后的源 ROI,网格是目标 ROI。图 2.6(d)显示了骆驼右前腿和马右前腿以相同的方式变形后的结果。

观察图 2.6 所示变形后的骆驼右前腿,其整体的变形效果是比较理想的。但脚踝关节的弯曲位置有问题,在骆驼右前腿下面弯曲的地方(见图 2.6(d)右下角小圈内)并不在正确的脚踝位置,而是依照马右前腿的脚踝位置来变形的。

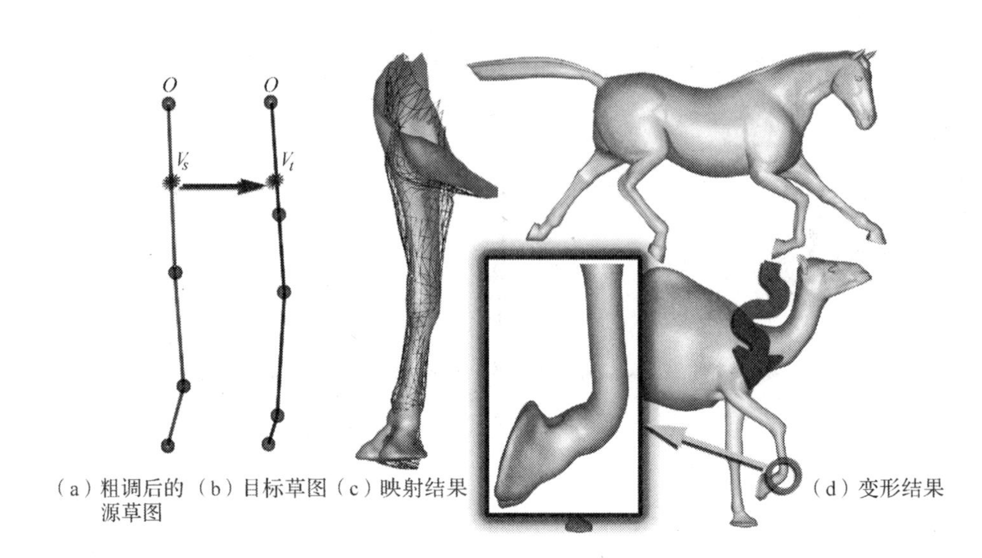

图 2.6　细调草图映射的过程

这就需要进一步调整局部映射方法。在以上的映射描述中可以看到，源和目标草图只有起始点与结尾点能够精确匹配，源草图上中间的点就不能精确地映射到目标草图的某个确切的位置。为了解决此问题，需要把草图分成若干段，然后再在分段后的子草图间进行独立映射(见图 2.7)。分段原则非常简单，就是在需要对齐的部位进行分段，比如马脚踝位置和骆驼的脚踝位置就需要对齐。图 2.7图解了分段的详细过程，在图中，源草图与目标草图都被分割为三个部分，分割点位于各自关节上，从而形成三组。对每组草图独立地使用以上四个变换，使得草图的两个端点以及分割点都能够精确匹配，最后生成图 2.7(d)所示结果。比较图 2.6 与图 2.7 圈内图案，就可以看到脚踝的关节位置已得到非常好的调整。

大部分情况下，通过上述方法在源和目标之间建立的对应关系是很可靠的，效果也是令人满意的。但是从图 2.6(c)可以看出，由于直接映射后源 ROI 和目标 ROI 在有些部位不能很好地吻合，即便对草图进行分段处理，也不能彻底消除源 ROI 与目标 ROI 之间的不一致，这会导致变形拷贝有细微失真情况。如图 2.8中把猫动作复制到狼模型中后，狼尾巴部位有压扁的失真，图上圆圈内部分显示了这种失真变形。为克服此问题，要把映射后源 ROI 顶点进一步依附到目标 ROI。图 2.9 解释了整个依附过程：对于源 ROI 的顶点 V，映射后源草图上有其对应的一个点 V_p，计算出射线 V_pV 和目标 ROI 的交点$\overline{V}$，此交点就是源 ROI 的新顶点。图 2.9(c)是完成依附计算后的结果，框架线表示源 ROI。源

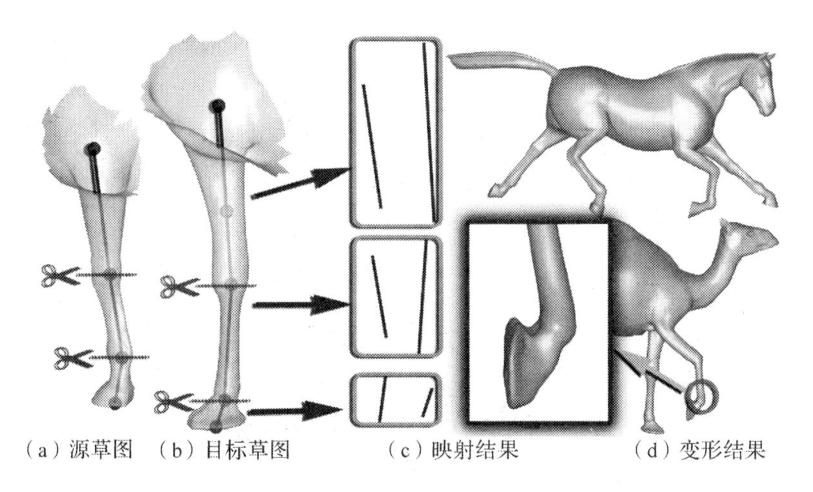

图 2.7 草图的分割

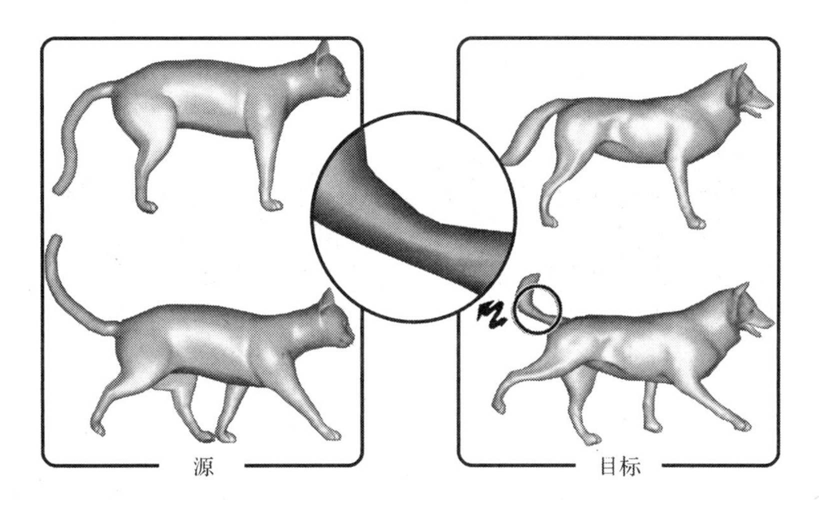

图 2.8 直接映射导致失真

ROI 经过依附处理后，图 2.8 中的微小失真就得到纠正，图 2.10 展示的就是两者结果的对比，两者的不同在于椭圆内部的部分，两者对比差别不是很大，但结果确实是改善了。

具体进行依附计算时，应保证点 V 与交点 $\overline{V}$ 在点 V_p 的同侧。此外，图 2.9 所展示的情况比较简单，处理比较复杂的网格（如小天使模型的手）时，V_pV 和目标 ROI 的交点可能会有多个，这需要在这些交点中查找离 V 最近的交点作为源 ROI 新顶点。

在某些应用中，并不需要对源 ROI 进行依附处理，或者仅部分需要依附处

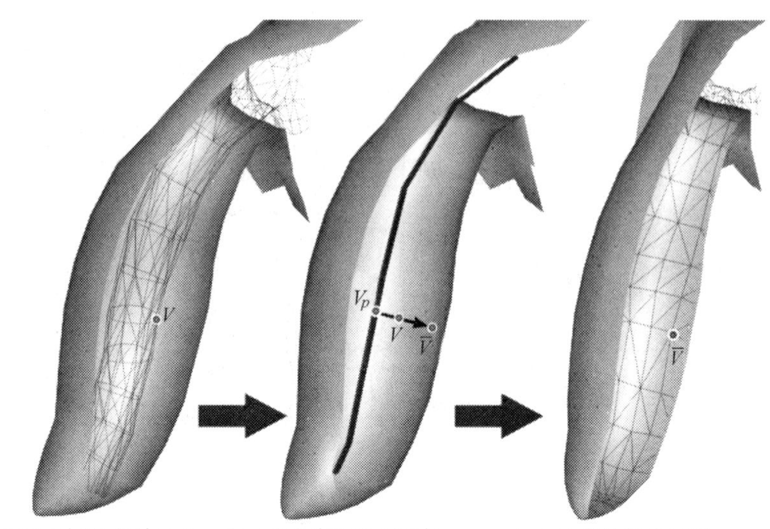

（a）源ROI映射到目标ROI　（b）计算新源ROI顶点　（c）依附计算后结果

图 2.9　ROI 的映射

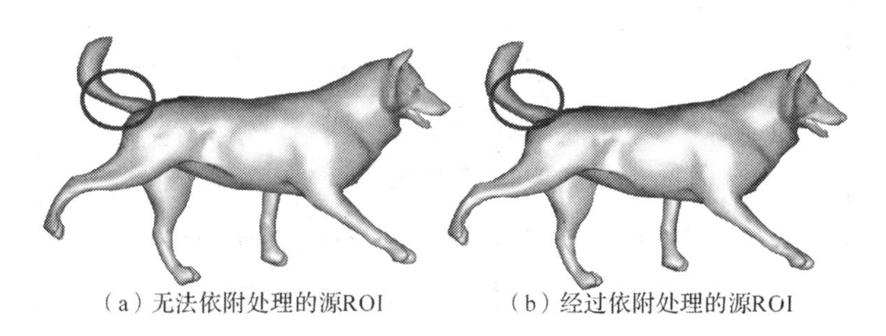

（a）无法依附处理的源ROI　（b）经过依附处理的源ROI

图 2.10　依附处理

理。本书原型系统中用一个系数 $sd(0\leqslant sd\leqslant 1)$ 控制源 ROI 的依附程度，即

$$\widetilde{V}=V\times sd+\overline{V}\times(1-sd) \tag{2.3}$$

其中，$\widetilde{V}$ 为新依附点，$\overline{V}$ 为获得的依附点。sd 等于 0 时，完全依附目标 ROI 点；sd 等于 1 时，相当于直接使用未经依附处理的点。在缺省情况下，sd 等于 1，这相当于未进行依附处理。大部分情况下都使用缺省值，因为源对象顶点较多时，依附计算非常较耗时。在实际应用中，用户可根据实际情况调整 sd，以达到最佳的效果。

3

变形复制

把源动画映射到目标网格上，建立源网格和目标网格间的对应关系后，就要对源动画变形进行量化处理，把源动画的变形通过某种方式复制到目标网格上。本书采用非闭合的均值坐标把源对象的变形信息传递到目标对象上。针对源动画的变形，本书采用仿射变换矩阵与绝对坐标值位移相结合的方式进行量化。图 3.1 显示了变形传输的整个逻辑过程，后面的章节将针对这几个关键的技术展开全面讨论。

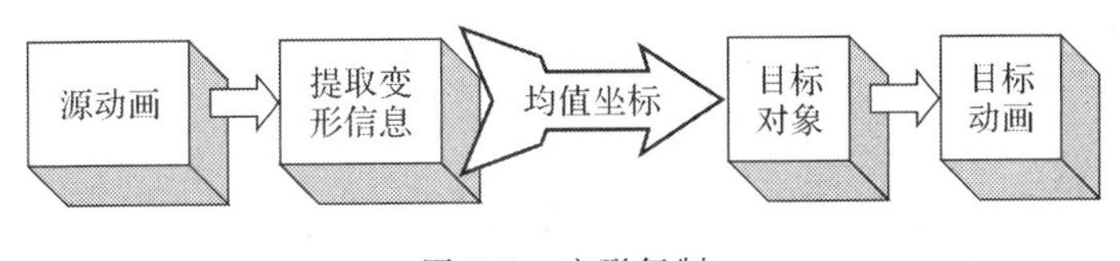

图 3.1　变形复制

3.1　非闭合的三角网格的均值坐标

本书中，均值坐标[52,61-63]是联系源网格与目标网格的桥梁，源动画的变形都是通过均值坐标复制到目标网格上去的。均值坐标的核心是一套联系源网格和目标网格的权重系数。下面详细讨论均值坐标的基本原理以及相应的推广。

3.1.1　面向闭合三角网格的均值坐标

面向样例方法的基本问题是怎样把源对象的信息比较准确地复制到对应的目标对象上，而均值坐标为此问题提供了非常理想的解决思路。均值坐标的初衷是把定义在一个网格顶点的值(见图 3.2(a)四棱体顶点$\overline{V}_i$($0\leqslant i\leqslant 5$)的值 φ_i)

推广至网格顶点外的区域，如在图 3.2(a)中的点 V 就在四棱体外部。具体定义在网格顶点上的值可以是纹理、颜色值与坐标值等。均值坐标的最基本的数学公式为[52,64]

$$\psi(V)=\frac{\sum_i w_i\psi_i}{\sum_i w_i} \tag{3.1}$$

其中，ψ_i 为定义在网格的顶点$\overline{V}_i$ 上的值，而 w_i 为顶点$\overline{V}_i$ 对应于被插值点 V 的权重值。此公式在概念上是非常简单的，其中一个特例就是网格的参数化以及自由变形的表达式，这些都要求任一点 V 可被表示为二维图形顶点或围绕网格的线性组合，也就是

$$V=\frac{\sum_i w_i\overline{V}_i}{\sum_i w_i}$$

其中，$\overline{V}_i$ 是围绕的网格顶点，w_i 为联系$\overline{V}_i$ 与 V 的权重。此公式为式(3.1)的一个特例，相当于 $\psi_i=\overline{V}_i$ 时的情况。

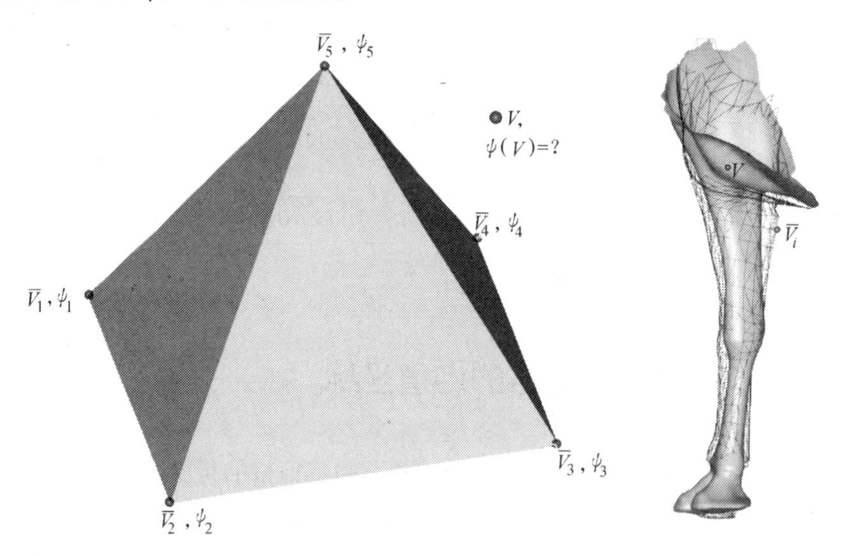

(a) 计算新的点V的值 $\psi(V)$　　(b) 映射后的所有顶点

图 3.2　均值坐标图解

在本书中，源 ROI 被映射到目标 ROI 后(见图 3.2(b))，就可以使用均值坐标(式(3.1))把源网格顶点的值推广至目标网格各顶点上去。在此情况中，$\{\overline{V}_i\}$ 为包含经映射和依附后的源 ROI 的所有顶点，图 3.2(b)显示的就是所有框架线

的顶点。任何目标 ROI 顶点的值都为待求对象。对于目标 ROI 顶点 V，有一组权重系数$\{w_i\}$和$\{\overline{V}_i\}$相关联。接下来的关键问题是怎样计算权重 w_i。

文献[52]和[64]分别提出在二维多边形中以及三维闭合三角网格中计算 w_i 的方法。此处关注的为后者。三角形$\overline{V}P_0P_1$ 在中心点为 V 的单位球 S_v 上投影会形成一个球面三角形 Tp(见图 3.3(a))，在闭合三角网格中权重 w_i 可以写为

$$w_i = \frac{\boldsymbol{n}_i \cdot \boldsymbol{m}}{\boldsymbol{n}_i \cdot (\overline{V} - V)} \tag{3.2}$$

其中，$\boldsymbol{n}_i$ 为点 V 和球面三角形 Tp 第 $i(i=1,2,3)$ 条弧边$\widehat{L_i}$所确定平面的向内的单位法线。图 3.3(a)中，$-\boldsymbol{n}_1$ 为平面$V\widehat{L}_1$的单位法线，即 $\boldsymbol{n}_1$ 垂直于平面 $VP_1\widetilde{V}$；$-\boldsymbol{n}_2$ 为平面 $V\widehat{L}_2$ 的单位法线，即 $\boldsymbol{n}_2$ 垂直于平面 VP_0P_1；$-\boldsymbol{n}_3$ 为平面 $V\widehat{L}_3$ 的单位法线，即 $\boldsymbol{n}_3$ 垂直平面 $VP_0\widetilde{V}$，$\boldsymbol{m}$ 为平均向量(mean vector，图 3.3(a)中箭头)，可以通过下式计算：

$$|\boldsymbol{m}| = \sum_{i=1}^{3} \boldsymbol{L}_i \cdot \boldsymbol{n}_i / 2$$

这里要注意的是，式(3.2)仅表示和$\overline{V}$相连的多个三角形中的一个。在具体计算 V 相对于 $\overline{V}$ 的权重时，则需遍历所有和顶点$\overline{V}$相连的网格三角形，然后对式(3.2)求和，也就是

$$w_{\overline{V}} = \frac{\sum_{Tp \in Tsp} \boldsymbol{n}_{\overline{V}Tp} \cdot \boldsymbol{m}_{Tp}}{\boldsymbol{n}_{\overline{V}Tp} \cdot (\overline{V} - V)} \tag{3.3}$$

其中，Tsp 为投影后的球面三角形集合，投影的源为与 $\overline{V}$ 相连的任意一个三角形；$\boldsymbol{n}_{\overline{V}Tp}$为对应点 $\overline{V}$ 与球面三角形 Tp 向内的单位法线向量(在图 3.3(a)中为 $\boldsymbol{n}_2$)。在图 3.3(a)中，如沿着 $V\overline{V}$方向移动 $\overline{V}$ 到$\widetilde{V}$，则新三角形$\widetilde{V}P_0P_1$ 在球 S_v 上的投影仍是 Tp，式(3.3)的所有系数都保持不变。在式(3.3)中，若$\widetilde{V}$离 V 非常远，在实际计算中就可忽略和$\widetilde{V}$直接相关的所有权重。这一发现为研究非闭合三角网格中的均值坐标明确了方向，下面将详细讨论此问题。

对式(3.3)，文献[52]提出了在数值上比较稳定的计算方法。在计算时，需要把 $\boldsymbol{m}$ 直接代入式(3.3)中，这样处理可消除计算 $\boldsymbol{m}$ 所产生的数值上的不稳定性。另一个重要的问题是在 V 位于三角形 T 所处的平面时，式(3.3)的分母为 0。为了应对这种情况，要判断 V 是否在三角形 T 的内部，如在内部，则用文献[64]的二维多边形的均值坐标的计算方法求解；如果 V 在三角形 T 外部，结果直接为 0。

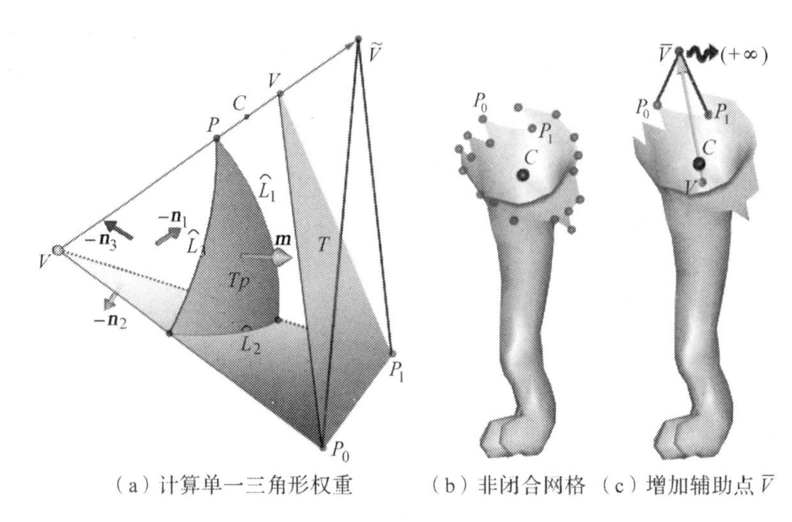

(a) 计算单一三角形权重　　(b) 非闭合网格　(c) 增加辅助点 $\bar{V}$

图 3.3　权重计算

3.1.2　非闭合三角网格均值坐标的推广

式(3.2)与(3.3)适用于闭合网格。本书中,由于使用部分源对象来控制部分目标对象,都是非闭合网格,所以要把均值坐标从闭合网格推广至非闭合网格。具体思路是通过增加额外一点使得网格闭合,然后在此基础上计算均值坐标的权重。在图 3.3(c)中,对目标对象上的任一个顶点 V,增加 $\bar{V}$ 来闭合局部源对象的缺口。$\bar{V}$ 放置于点 V 与缺口边界点的重心 C 连线上,在 $\bar{V}$ 距 V 足够远时,就可以认为是 $+\infty$(见图 3.3(c))。使用这种方法计算权重时,按照式(3.2),点 $\bar{V}$ 对点 V 的直接影响就可忽略不计。但是,点 $\bar{V}$ 仍然通过缺口边界上的点影响 V 的权重。因为三角形 T(见图 3.3(a))包含了顶点 $\bar{V}$,点 P_0 的权重仍然受 $\bar{V}$ 影响。当 $\bar{V}$ 位于直线 VC 上时,$\bar{V}$ 与 C 在单位球 S_v 上的投影重合,都是 P(见图 3.3(a))。因此,计算缺口边界上的点(图 3.3(b)中小圆球点,如 P_0 与 P_1)的权重和构造球面三角形 Tp 的时候,就可以使用 C 来代替 $\bar{V}$。于是,计算 V 权重时,$\bar{V}$ 的影响可以被彻底抵消。

在文献[52]的基础上,图 3.4 展示了稳定的均值坐标计算的伪代码,这些代码比较全面地考虑了多种特殊情形。通过原型系统的测试,这些代码的运行是很稳定可靠的。在生成 V 的非闭合均值坐标的权重后,源 ROI 为非闭合的三角网格情况,式(3.1)就可用于计算目标 ROI 顶点新的位置。接下来要解决的问题就是怎样定义源对象顶点的值 φ_i,才能比较合理地把源动画的运动复制到目标网格上。ψ_i 需要包含全面的源动画变形信息。

```
for each vertex of source ROI
        {
        d[j]=||v - P[j]||;
        if(d[j] < 1.0e-10)
                {W[j]=1.0;  return}
        else
                u[j]=(P[j]-v)/d[j];
        }
for each triangle of source ROI
        { h=0.0;
        for(j=1;j<=3;j++)
                {l[j]=||u[I(j+1)],u[I(j-1)]||;
                θ[j]= 2sdin( l[j]/2.0;)
                h+= [j]/2.0;}
                if(|PI-h|<1.0e-10)
                {       for(j=1;j<=3;j++)
                        {
                        tmp=sin(θ[j]l[j-1]l[j+1]);
                        W[I(j)]+=tmp;
                        totalW+=tmp;
                        }
                        continue;  }
                }
```

```
for(j=1;j<=3;j++)
        {
        c[j]=(2sin(h)sin(h-θ[j]))/(sin(θ[j+1])sin(θ[j-1]))-
1.0;
        if( c[j]) >=1.0) s[j]=0;
        else   s[j]=sin(acos(c[j]));
                }
        for(j=1;j<=3;j++)
        {
        if(|s[j]|<1.0e-10)  continue;
        tmp=(d[I(j)]sin(θ[j+1])s[j-1]);
if( tmp <10e-18)continue;
        tmp=(θ[j]-c[j+1] θ[j-1]-c [j-1]θ [j+1])/tmp
        W[I(j)]+tmp;totalW+=tmp;}
        }
        if(totalW>0)
        {
        for each vertex of source ROI
                W[i]=totalW;            }
        else
        {    for each vertex of source ROI
                W[i]=0.0;               }
```

图 3.4　计算权重的伪代码

注：其中 $I(j)$ 的功能就是找出三角形的第 j 个顶点在存储源 ROI 顶点的数组中的索引，W 为权重向量。

3.2　提取源动画运动信息

对于源动画每个关键帧，网格的顶点相对其初始位置都有不同程度的改变(见图 3.5)，以合适的方法提取源动画关键帧相对初始关键帧的变形是一项很重要的工作。为了方便描述，约定字符上标为关键帧索引，下标为顶点索引，比如 V_i^j 为第 j 帧上第 i 个网格的顶点。若无上标，则对所有的关键帧都通用，如 V_i 表示所有关键帧的第 i 个顶点；若无下标，则对同一关键帧上所用顶点都适用，如 V^j 为第 j 帧上的所有顶点。此外，$\overline{V}$为未变形的源网格的顶点，$\widetilde{V}$为变形后的源网格的顶点。此约定对顶点值 ψ 同样适用。

3.2.1　使用坐标差值来描述源动画的变形

ψ 最直观的定义就是坐标变形前后的差值，也就是 $\psi=\widetilde{V}-\overline{V}$。对于目标对象点 V，按照式(3.1)可得到

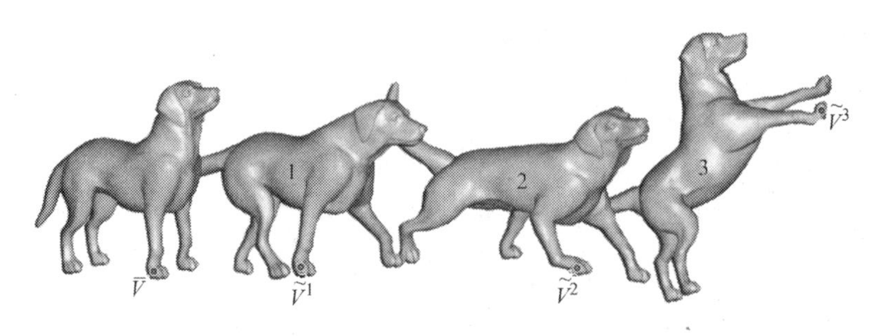

图 3.5　狗动画初始位置以及三个关键帧

注：网格(狗)顶点$\overline{V}$在各个关键帧上的$\widetilde{V}^1$、$\widetilde{V}^2$与$\widetilde{V}^3$分别对应第1、第2与第3关键帧上变形以后的点。

$$\Delta V=\psi(V)=\frac{\sum_i w_i(\widetilde{V}_i-\overline{V})}{\sum_i w_i} \tag{3.4}$$

其中，ΔV为V的相应的变化量，w_i为均值坐标的权重。这样一来，新目标网格顶点的位置为

$$V_{new}=\Delta V+V$$

其中，V为变形前目标对象顶点的初始坐标值。

在计算出点V变形以后的新坐标值后，由于源对象和目标对象在尺寸上不一致，需要按照源草图和目标草图的长度比例L_r来缩放这个新生成的坐标。L_r的具体表达式为

$$L_r=\frac{\sum\|u_i^S-u_{i-1}^S\|}{\sum\|u_i^T-u_{i-1}^T\|}$$

其中，u^S是映射前源草图的顶点，u^T是变形后源草图顶点。C是目标ROI的中心点，也就是$C=\sum V_{new}/n$。n是目标ROI的顶点数，调整后目标对象顶点V可由以下公式得出：

$$V_{new}=C+L_r(V_{new}-C) \tag{3.5}$$

到这一步后，目标网格上的顶点V有以下3类：①V没有在任何一个ROI上，因此就不需要任何变形，其坐标值保持不变；②V只在唯一的一个ROI上出现，其变形是可以唯一确定的；③V位于多个ROI上，也就是说，V在不同ROI上会有不同的变形结果，这导致在变形后，目标对象会有产生歧义的交叠区域。在此情况下，需要求各新的坐标值加权平均值V_w，即点V变形后新的坐标值。V_w权重就是相应草图权重与点V的权重参数$weight$的积。

图 3.6(a)所显示的结果是仅使用坐标的差值来复制动画而生成的。图中的"源"为马源动画的一个动作，针对此动作使用上述方法(平移)把变形复制到目标网格——骆驼腿上。图 3.6(a)中的"目标"就是动画复制完成后的结果。从图中可以看出，大致的位置基本上都到位了，但在某些细节部位，尤其是在骆驼脚蹄上，变形带有较大角度的旋转，复制结果不是很理想。直接采用坐标的差值来表示源动画动作，只能得到一个较初步的结果，而变形的细节不能得到保证。仅仅用平移是不能包含缩放和旋转等较复杂的变换的，这就导致变形传输时，部分细节信息被丢失。下面将讨论采用仿射矩阵来表示动画变形的算法。

3.2.2 使用仿射矩阵表示源动画变形

从上文的描述可以看出，坐标差值不能包含剪切、旋转、缩放等较为复杂的变换，因此在细节上动画的复制效果并不理想。为了达到能够全面描述源顶点变换的目的，此处采用 3×3 仿射变换矩阵 $\boldsymbol{M}$ 以及平移分量 $\boldsymbol{D}$ 表示各顶点关键帧相对初始位置的变换，因而可把剪切、旋转和缩放等全面地包括进去。

要确定给定的源对象顶点$\overline{V}$对应的仿射变换矩阵，需要把$\overline{V}$领域内所有相邻的顶点找出。图 3.6(b)中分别展示了点$\overline{V}$的直接邻居(见图 3.6(b)中星形)以及二级邻居(见图 3.6(b)中三角形)。设 $N(\overline{v},k)$为点$\overline{V}$的 k 级相邻的顶点集合，此集合包含了点$\overline{V}$本身与 1～k 级所有的$\overline{V}$邻居，不只是第 k 级的邻居。图 3.6(b)中，$N(\overline{v},1)$表示$\overline{V}$和星形点；$N(\overline{v},2)$除了包含 $N(\overline{v},1)$中的点外，还包含了三角形的点，也就是二级邻居。在原型系统中，为了得到较高的效率与较稳

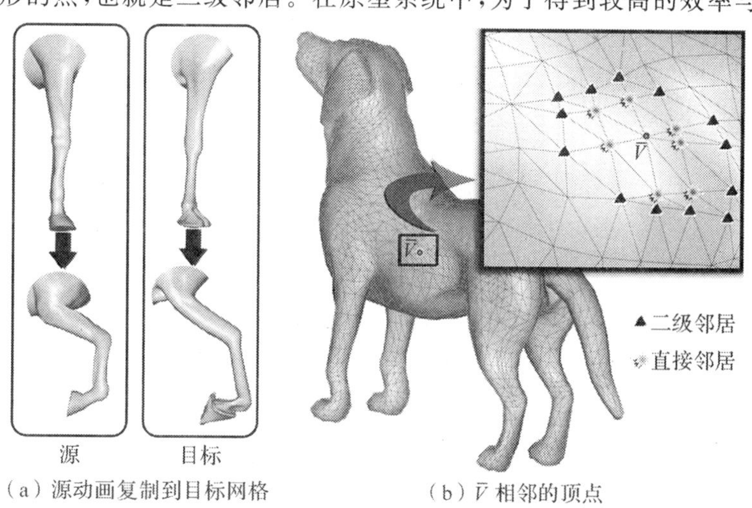

(a) 源动画复制到目标网格　　(b) $\overline{V}$ 相邻的顶点

图 3.6　顶点领域

定的结果，通常取 $k=2$。另外，用 $N(\bar{v},k)$ 表示源对象未变形时的初始顶点的集合；用 $\widetilde{N}^t(\bar{v},k)$ 来表示变形后的顶点的集合，其中 t 表示第 t 关键帧。图 3.5 中所示的 $\overline{V}$ 和另外 3 个关键帧上对应领域的顶点的集合可以分别写为 $N(\bar{v},k)$，$\widetilde{N}^1(\bar{v},k)$，$\widetilde{N}^2(\bar{v},k)$ 及 $\widetilde{N}^3(\bar{v},k)$。为描述方便，下文中使用 N 代替 $N(\bar{v},k)$，用 $\widetilde{N}^t$ 代替 $\widetilde{N}^t(\bar{v},k)$。$N$ 和 $\widetilde{N}^t$ 的对应关系可用以下函数表示：

$$\begin{gathered} F:N\rightarrow\widetilde{N}^t,\quad \widetilde{V}_i\rightarrow F(\overline{V}_i) \\ \widetilde{V}_i\in N, F(\overline{V}_i)\in\widetilde{N}^t \end{gathered} \tag{3.6}$$

其中，i 是集合的索引值。此公式的具体含义如下：源对象顶点 $\overline{V}$ 领域的所有初始顶点通过函数 F 的映射，转换成了第 t 关键帧相对应的变形后的点。在原型系统的计算中，整个领域都用相同的仿射变换进行转换。这样处理后，就可以使用仿射矩阵 $\boldsymbol{M}$ 以及对应的平移分量 $\boldsymbol{D}$ 来近似地替代 F，也就是

$$\begin{gathered} \boldsymbol{M}\times\overline{V}_i+\boldsymbol{D}\approx F(\overline{V}_i)=\widetilde{V}_i \\ \overline{V}_i\in N, \widetilde{V}_i\in\widetilde{N}^t \end{gathered} \tag{3.7}$$

对于式(3.7)，可以使用最小二乘法求源网格顶点的 $\boldsymbol{M}$ 和 $\boldsymbol{D}$：

$$\boldsymbol{M}^*,\boldsymbol{D}^*=\underset{\boldsymbol{M},\boldsymbol{D}}{\operatorname{argmin}}\sum_{i=1}^{|N|}\|\widetilde{V}_i-(\boldsymbol{M}\times\overline{V}_i+\boldsymbol{D})\|^2 \tag{3.8}$$

通过原型系统大量的实验，为了能更好地消除噪音等干扰，式(3.8)可以修正为

$$\boldsymbol{M}^*,\boldsymbol{D}^*=\underset{\boldsymbol{M},\boldsymbol{D}}{\operatorname{argmin}}\sum_{i=1}^{|N|}\|e^{|\overline{V}-\overline{V}_i|}(\widetilde{V}_i-(\boldsymbol{M}\times\overline{V}_i+\boldsymbol{D}))\|^2 \tag{3.9}$$

其中，$|N|$ 为 N 的模，也就是集合 N 元素的总数目，$\boldsymbol{M}$ 与 $\boldsymbol{D}$ 为未知数，$\widetilde{V}$ 与 $\overline{V}$ 为已知量，$|\overline{V}-\overline{V}_i|$ 是顶点 $\overline{V}$ 与 $\overline{V}_i$ 间的距离。式(3.9)在式(3.8)的基础上增加了距离系数，因为离 $\overline{V}$ 较远的点对 $\boldsymbol{M}$ 与 $\boldsymbol{D}$ 有较强的影响。此系数可以防止 $\boldsymbol{M}$ 与 $\boldsymbol{D}$ 出现不稳定的跳跃。使用式(3.9)计算出来的 $\boldsymbol{M}^*$ 与 $\boldsymbol{D}^*$ 就是对应点的仿射变换矩阵以及平移分量。对于源对象上的所有点，使用式(3.9)，可以在所有关键帧上都计算出对应的平移分量和仿射变换矩阵。此处要注意的是，矩阵 $\boldsymbol{M}$ 与源对象尺寸的大小无关，可直接应用到目标网格上，但在 $\boldsymbol{D}$ 被应用于目标对象后，还需类似式(3.5)的方式做进一步处理。在原型系统中，使用 $\boldsymbol{M}$ 与式(3.5)，而没有使用 $\boldsymbol{D}$，是因为 $\boldsymbol{D}$ 受到 $\boldsymbol{M}$ 的影响，其精度也比式(3.5)差，不可以直接应用于定位变形复制后的目标网格。

式(3.9)在 $|N|\geqslant 4$ 并且 N 的顶点不共面时有解。如果 $|N|\geqslant 4$，可以使用矩阵 $\boldsymbol{A}$ 来判断 N 的顶点是否在同一个平面上：

$$\boldsymbol{A}=\begin{bmatrix} x_1-x_0 & y_1-y_0 & z_1-z_0 \\ x_2-x_0 & y_2-y_0 & z_2-z_0 \\ x_3-x_0 & y_3-y_0 & z_3-z_0 \\ \vdots & \vdots & \vdots \\ \vdots & \vdots & \vdots \\ \vdots & \vdots & \vdots \\ x_{n-1}-x_0 & y_{n-1}-y_0 & z_{n-1}-z_0 \\ x_n-x_0 & y_n-y_0 & z_n-z_0 \end{bmatrix}$$

其中，x_i，y_i，z_i 是 N 的元素$\overline{V}_i$（$\overline{V}_i \in N$）的三维空间的坐标分量，矩阵维度为 $n\times 3$，$n=|N|-1$。根据矩阵的性质可知，矩阵 $\boldsymbol{A}$ 的秩 $r(\boldsymbol{A})=r(\boldsymbol{A}^{\mathrm{T}}\boldsymbol{A})$。从矩阵的表达式可以看出，$\boldsymbol{A}^{\mathrm{T}}\boldsymbol{A}$ 是 3×3 的矩阵，可以计算矩阵行列式的值，就可以快速判定 $r(\boldsymbol{A}^{\mathrm{T}}A)$是否等于 3。若 $r(\boldsymbol{A}^{\mathrm{T}}\boldsymbol{A})=3$，就可以推断 $r(\boldsymbol{A})=3$，则 N 的顶点是非共面的，式(3.9)有解；若 $r(\boldsymbol{A}^{\mathrm{T}}\boldsymbol{A})<3$，则 N 的顶点是共面的，式(3.9)无解，就需进一步修正。

式(3.9)两种无解的情况需要特殊的处理，即 $|N|<4$ 时或 $r(\boldsymbol{A}^{\mathrm{T}}\boldsymbol{A})<3$ 时是无解的。实际上出现这两种情况的概率极低，但在设计算法时，为了提高算法的鲁棒性，需要全面考虑各种异常情况。下面详细讨论这些情况。

(1)在 $|N|=1,2$，或者 $r(\boldsymbol{A}^{\mathrm{T}}\boldsymbol{A})=0,1$ 时，直接使 $\boldsymbol{M}=\boldsymbol{I}$，$\boldsymbol{D}=\widetilde{V}-\overline{V}$。$\boldsymbol{I}$ 是同维度的单位矩阵。

(2)在 $|N|=3$ 时，若三点共线或者重合，则按(1)处理；否则按 $r(\boldsymbol{A}^{\mathrm{T}}\boldsymbol{A})=2$ 时的情况处理。在 $r(\boldsymbol{A}^{\mathrm{T}}\boldsymbol{A})=2$ 时，N 的点共面但是不共线，这就要构造一个辅助顶点。采用类似文献[51]的变形梯度(deformation gradient)的方法来构造辅助点。取 N 中不共线三点$\overline{V}_1$，$\overline{V}_2$，$\overline{V}_3$（见图 3.7）来构造新的点$\overline{V}_4$，并满足$\overline{V}_4$，$\overline{V}_1$，$\overline{V}_2$，$\overline{V}_3$ 不共面的条件。首先，计算出三角形$\overline{V}_1\overline{V}_2\overline{V}_3$ 的中心点$\overline{V}_c$，然后在此基础上生成新的点$\overline{V}_4$。具体计算公式如下：

$$\overline{V}_c=(\overline{V}_1+\overline{V}_2+\overline{V}_3)/3,\quad \overline{V}_4=\overline{V}_c+(\overline{V}_2-\overline{V}_1)\times(\overline{V}_3-\overline{V}_1)$$

变形后对应的顶点$\widetilde{V}_1\in\widetilde{N}'$，$\widetilde{V}_2\in\widetilde{N}'$，$\widetilde{V}_3\in\widetilde{N}'$。可用同样的方法计算出$\widetilde{V}_4$。得到$\overline{V}_4$ 与$\widetilde{V}_4$ 以后，把$\overline{V}_4$ 添加到集合 N 中，把$\widetilde{V}_4$ 添加到集合$\widetilde{N}'$ 中，从而保证式(3.9)有解，接着再使用式(3.9)来计算 $\boldsymbol{M}$ 与 $\boldsymbol{D}$。

如前边章节所介绍，计算源动画各关键帧对应的仿射矩阵时，$N(\bar{v},k)$中的系数 k 在绝大部分情况下值为 2。如 k 的取值较大，可以把一些不稳定的“噪

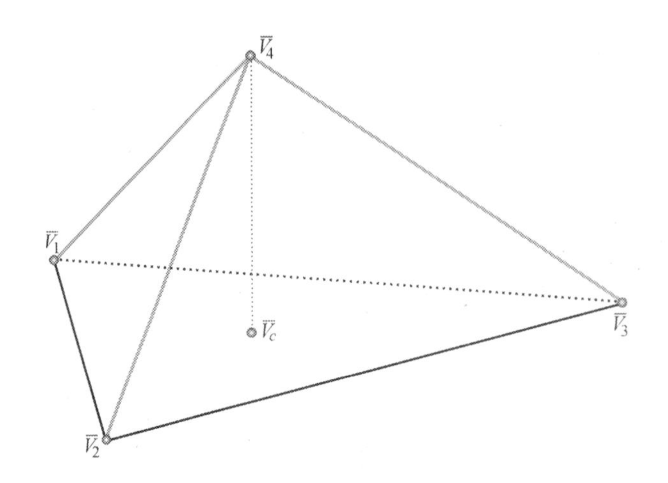

图 3.7 辅助点计算

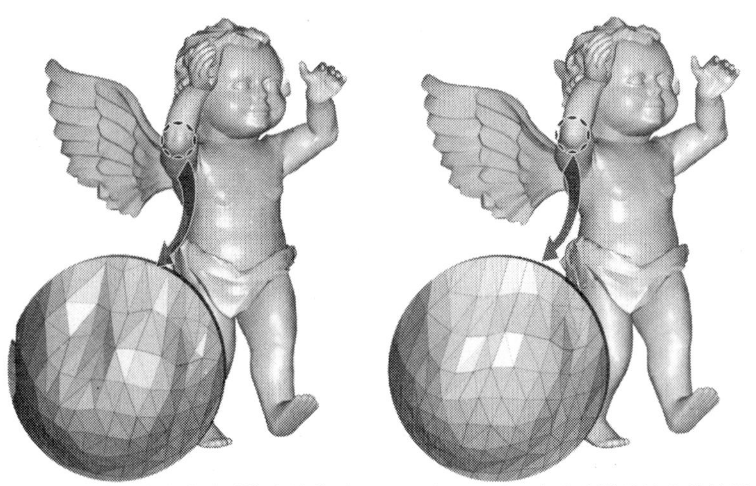

(a) k=2 时，右边胳膊肘放大的结果　　(b) k=3 时，右边胳膊肘放大的结果

图 3.8 不同 k 值的结果比较

注：为了能够更清楚地比较，在放大图上，采用三角面片法向量而不是顶点的向量绘制网格。

音”有效地去除，但计算所用时间将变长。图 3.8(a)与(b)显示的结果分别是 k 等于 2 和 3 时的情形，对应图 1.2 中小天使模型的关键帧的两个不同结果。图 3.8 中小天使模型的绝大部分区域基本一致，但在右胳膊的肘部区域，$k=3$ 时的结果更理想，但其计算时间大概是 $k=2$ 时的两倍。

3.3 目标 ROI 的变形

上面章节中讨论了关联源 ROI 和目标 ROI 的算法，也讨论了抽取源 ROI 中顶点变形信息的算法，接下来要解决下一个重要问题：使用均值坐标把源顶点的变形复制到对应的目标 ROI 顶点上。

上面章节中讨论了两种源 ROI 顶点的变形的描述，也就是坐标差值以及仿射变换矩阵。对于坐标差值，其公式是可以线性叠加的，式(3.4)与式(3.5)已经给出了合成目标对象顶点新坐标的算法。但是对于仿射变换矩阵，其中的旋转部分是非线性的，不能够使用线性的办法线性合成，需要使用更加合理的算法。

3.3.1 合成仿射变换矩阵

按照式(3.1)，当 $\boldsymbol{\psi}_i=\boldsymbol{M}_i$ 时($\boldsymbol{M}_i$ 是源 ROI 的顶点$\overline{V}_i$ 对应的仿射变换矩阵)，$\boldsymbol{\psi}(V)$为 $\boldsymbol{M}_i$ 的线性组合。然而，3×3 的仿射变换矩阵是非线性的，不能够简单地叠加，原因是旋转矩阵不能被线性组合。因此，合成前需要对变换矩阵 $\boldsymbol{M}$ 进行分解，把旋转矩阵分离出来，由于其不能线性叠加，要进行额外的处理。根据文献[55]提出的矩阵极分解(polar decomposition)算法，一个仿射变换矩阵 $\boldsymbol{M}$ 可以被分解成一个正交(orthogonal)矩阵 $\boldsymbol{R}$ 以及一个对称正定(symmetric positive definite)矩阵 $\boldsymbol{S}$，也就是 $\boldsymbol{M}=\boldsymbol{RS}$。在 $\boldsymbol{M}$ 的行列式值大于 0 时，$\boldsymbol{R}$ 为纯旋转的矩阵，否则还包含一个反射矩阵。若 $\boldsymbol{M}=\boldsymbol{R}$，表明网格没有局部变形，整个网格完全是同一个刚体变换。矩阵的极分解算法有很多种，本书采用矩阵的奇异值分解(singular value decomposition，SVD)来极分解矩阵。通过 SVD 可以把矩阵 $\boldsymbol{T}$ 分解为 $\boldsymbol{T}=\boldsymbol{UKV}^{\mathrm{T}}$，$\boldsymbol{U}$ 与 $\boldsymbol{V}$ 为正交矩阵，$\boldsymbol{K}$ 为一个正定对角矩阵。$\boldsymbol{T}$ 可以进一步改写为 $\boldsymbol{T}=\boldsymbol{UKV}^{\mathrm{T}}=(\boldsymbol{UV}^{\mathrm{T}})(\boldsymbol{VKV}^{\mathrm{T}})$。其中，$\boldsymbol{UV}^{\mathrm{T}}$ 为正交矩阵，$\boldsymbol{VKV}^{\mathrm{T}}$ 为对称的正定矩阵。因此，$\boldsymbol{T}=(\boldsymbol{UV}^{\mathrm{T}})(\boldsymbol{VKV}^{\mathrm{T}})=\boldsymbol{RS}$。其中，$\boldsymbol{S}=\boldsymbol{VKV}^{\mathrm{T}}$，$\boldsymbol{R}=\boldsymbol{UV}^{\mathrm{T}}$。这样就把矩阵 $\boldsymbol{T}$ 有效地极分解了。因为本书中应用的矩阵为 3×3 矩阵，因此使用 SVD 极分解矩阵有非常高的效率。对于其他有效的极分解算法[65-66]，本书就不再一一赘述了。

文献[67－68]提出了使用矩阵对数的旋转矩阵叠加的算法，也就是先求出旋转矩阵的对数(matrix logarithm)，然后对矩阵的对数进行线性叠加，最后应用矩阵指数(matrix exponential)运算把叠加后的矩阵对数映射到原坐标空间。

整个运算过程的数学公式为

$$\boldsymbol{T}_r = \exp(\sum_{i=1}(w_i/W) \times \log(\boldsymbol{R}_i)) \tag{3.10}$$

其中，w_i 为矩阵$\boldsymbol{R}_i$ 对应的权重分量，$W = \sum_{i=1} w_i$，w_i/W 为标准化(normalized)后的权重。log 为矩阵的对数函数，exp 为矩阵的指数函数。在形式上，矩阵对数与标量(scalar) 的自然对数相似，可使用泰勒公式展开：

$$\log(\boldsymbol{A}) = \sum_{k=1}^{\infty} \frac{(\boldsymbol{I} - \boldsymbol{A})^k}{k} = \log(\boldsymbol{I} + \boldsymbol{X}) = \sum_{k=1}^{\infty} \frac{(-1)^{k+1}}{k} \boldsymbol{X}^k \tag{3.11}$$

式(3.11) 的收敛域是 $\| \boldsymbol{I} - \boldsymbol{A} \|_F < 1$，$\boldsymbol{A}$ 是一个方阵。log($\boldsymbol{A}$) 可直接通过式(3.11) 求解，但必须满足此公式的收敛条件。在原型系统的运算中，为保证能够计算 log($\boldsymbol{A}$) 并且有较快的收敛速度，使用以下公式代替式(3.11)：

$$\log(\boldsymbol{A}) = 2^k \log \boldsymbol{A}^{1/2^k} \tag{3.12}$$

本书中，k 的取值要满足 $\| \boldsymbol{A}^{1/2^k} - \boldsymbol{I} \| < 0.2$，计算矩阵平方根采用文献[68—69]的算法，该算法的伪代码如图 3.9(a)所示。

矩阵指数函数是矩阵对数函数的逆函数，下面用泰勒级数展开对数函数 exp($\boldsymbol{A}$)为

$$\exp(\boldsymbol{A}) = \sum_{k=0}^{\infty} \frac{\boldsymbol{A}^k}{k\,!}$$

上面公式的收敛域是任何方阵。为获得较快的收敛速度，采用文献[70]的算法，其伪代码如图 3.9(b)所示。仿射矩阵 $\boldsymbol{S}$ 部分，由于可进行线性叠加，直接求其加权平均值即可：

$$\boldsymbol{T}_s = \sum_{i=1} w_i \times \boldsymbol{S}_i / W$$

因此，使用仿射变换矩阵表示源对象的变形，复制到目标对象顶点 V 后的值为

```
Funtion  X=A^(1/2)
  X=A ; Y=I
  while ‖XX - A‖ > ε
  X1 = X-1
  Y1 = Y- 1
  X= ( X+ Y1 )/2
  Y= ( Y+ X1 )/2
  end while
```

(a) 矩阵平方根计算的伪代码

```
Function X = e^A
  j = max(0,1+floor(log2(  A  ))
  A = 2^(-j) A
  D= I;  N= I;  X= I;  c = 1
  for k = 1 to q
  c = c(q - k + 1)/(k(2q - k + 1))
  X= AX; N= N+ cX; D= D+(-1)^k cX
  end for
```

(b) 矩阵指数计算的伪代码

图 3.9 矩阵运算的主要伪代码

$$\begin{aligned} \boldsymbol{M}_V &= \psi(V) = \boldsymbol{T}_r \boldsymbol{T}_s \\ &= \exp\left(\sum_{i=1}(w_i/W)\log(\boldsymbol{R}_i)\right)\sum_{i=1} w_i \boldsymbol{S}_i / W \end{aligned} \tag{3.13}$$

为能够控制目标对象变形的幅度，引入两个参数，即 C_r 与 C_s，它们分别控制动画的旋转程度以及形变程度，$\boldsymbol{M}_V$ 可以调整为

$$\boldsymbol{M}_V = \exp\left(\sum_{i=1}(C_r w_i/W)\log(\boldsymbol{R}_i)\right)\sum_{i=1} C_s w_i \boldsymbol{S}_i / W \tag{3.14}$$

在缺省情况下，C_r 与 C_s 取值为 1.0。图 3.10 展示了 C_r 取值不同时，将马腿动作复制到骆驼腿上的结果。当 C_s 变化时，复制的结果有局部的缩放。C_r 越大，结果中弯曲程度就越大。

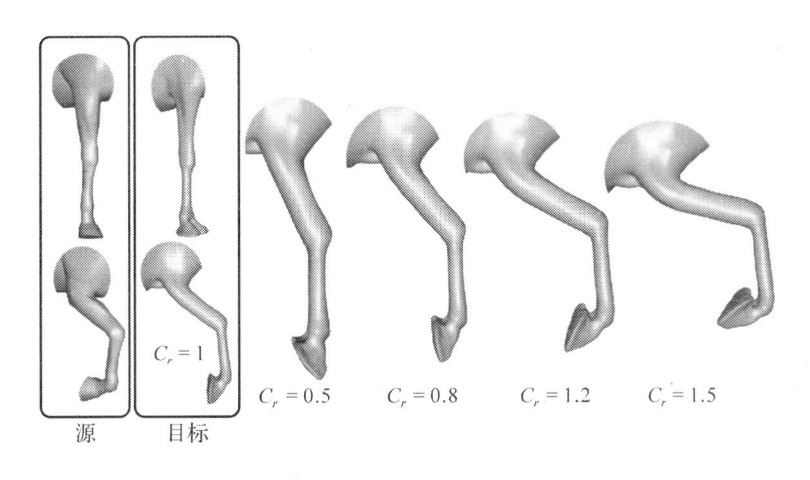

图 3.10　不同 C_r 对应的结果

式(3.14)在处理变形不剧烈的源网格时，总体效果是非常理想的。但如果源网格的变形非常剧烈，变形复制的结果会出现不自然的情况，如图 3.11(f)所示。作为源对象的猫，尾巴末端部分的旋转幅度很大，在此情况中，式(3.10)中的 $\boldsymbol{T}_r$ 部分需更进一步修正。

文献[68]的核心内容是关于公式(3.10)中 $\boldsymbol{T}_r$ 的分析，而文献[71－72]在文献[68]的基础上进行了一些讨论，并有独特的看法。本书实现了文献[71－72]所提的算法，并深入进行分析，发现其结果相对于文献[68]并没有明显的改善。文献[68]指出了使用旋转矩阵对数合成仿射矩阵的一些缺陷：矩阵指数映射(exponential map)并不能准确地把参数空间直线完整地映射到对应的变换空间的直线上(也就是测地线，geodesic)。此外，图 3.11(f)中出现变形突变的主要原因是旋转角度 $\varphi=\pi$ 时旋转矩阵的指数映射是不连续的。接下来需要在全旋

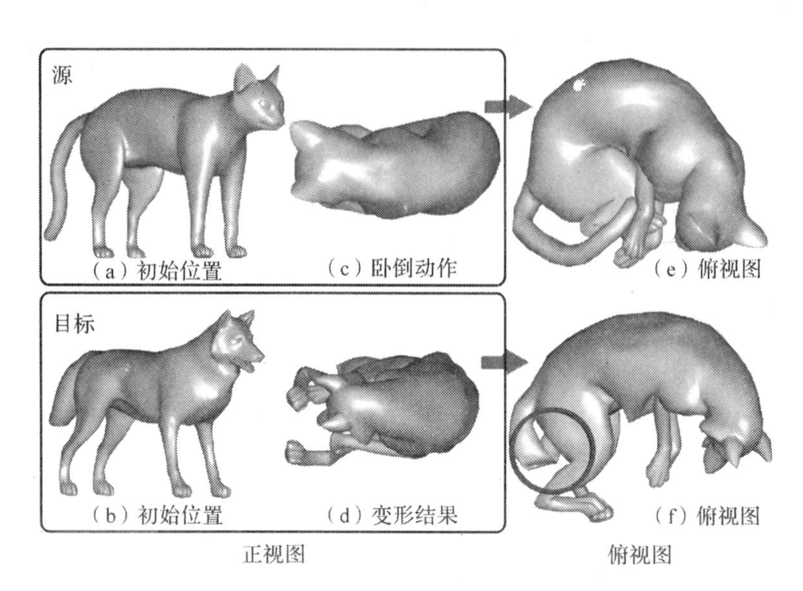

图 3.11　大幅度变形复制的问题

注:大幅度运动的猫的卧倒动作传递到狼上,在狼尾巴区域出现断裂的情况(见(f)圆圈)。

转群 $SO(3)$空间具体地分析此问题。在对数空间中,旋转矩阵是可以进行线性组合的。按照线性代数的原理,旋转矩阵对数可以使用任何一组基来线性表示。在此处采用绕 x,y,z 轴旋转,角度 θ 满足 $0<\theta<\pi$ 的 3 个旋转矩阵 $\boldsymbol{J}_x,\boldsymbol{J}_y,\boldsymbol{J}_z$ 的对数来构成一个基(见图 3.12(a))。在此基的基础上来详细讨论 $\boldsymbol{T}_r$ 的各种性质。$\boldsymbol{J}_x,\boldsymbol{J}_y,\boldsymbol{J}_z$ 的具体定义用矩阵表示如下:

$$\boldsymbol{J}_x=\begin{bmatrix}1 & 0 & 0\\ 0 & \cos\theta & \sin\theta\\ 0 & -\sin\theta & \cos\theta\end{bmatrix}\quad \boldsymbol{J}_y=\begin{bmatrix}\cos\theta & 0 & \sin\theta\\ 0 & 1 & 0\\ -\sin\theta & 0 & \cos\theta\end{bmatrix}$$

$$\boldsymbol{J}_z=\begin{bmatrix}\cos\theta & \sin\theta & 0\\ -\sin\theta & \cos\theta & 0\\ 0 & 0 & 1\end{bmatrix}$$

从这些基的定义可以得知,$\boldsymbol{J}_x,\boldsymbol{J}_y,\boldsymbol{J}_z$ 都为正交矩阵。根据文献[68]中的算法,对任何一个旋转矩阵 $\boldsymbol{M}$,都可以通过它的对数和基矩阵对数的内积来生成因子,也就是

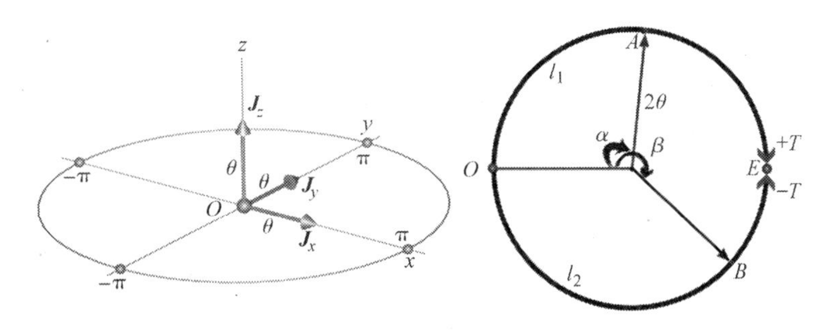

（a）SO(3)空间上的基 J_x，J_z，J_y　　（b）因子分布示意图

图 3.12　计算矩阵对数

注：(b) 为矩阵对数 $\log(\boldsymbol{J}_x)$，$\log(\boldsymbol{J}_y)$ 与 $\log(\boldsymbol{J}_z)$ 因子化处理后，因子分布的示意图。因子取值范围是$[-T,T]$，$-T$ 和 T 重叠于点 E，E 在角度等于 π 的射线上。

$$
\begin{aligned}
X_M &= \log(\boldsymbol{M}) \cdot \log(\boldsymbol{J}_x) = \sum_{i=1,j=1}^{3,3} M(i,j) J_x(i,j) \\
Y_M &= \log(\boldsymbol{M}) \cdot \log(\boldsymbol{J}_y) = \sum_{i=1,j=1}^{3,3} M(i,j) J_y(i,j) \\
Z_M &= \log(\boldsymbol{M}) \cdot \log(\boldsymbol{J}_z) = \sum_{i=1,j=1}^{3,3} M(i,j) J_z(i,j)
\end{aligned}
\tag{3.15}
$$

其中，$M(i,j)$是矩阵对数 $\log(\boldsymbol{M})$的第 i 行第 j 列元素，$J(i,j)$为矩阵对数$\log(\boldsymbol{J})$第 i 行第 j 列元素。如图 3.12(b)所示，各因子的取值在区间$[-T,T]$内，且 $T=2\pi\theta$。为方便讨论，设 $\boldsymbol{M}$ 为绕坐标轴 x 旋转的矩阵。对不同旋转角度，其因子 X_M 具有如下特征：

(1)当 $\boldsymbol{M}$ 的旋转角度等于 0 或者 2π 时，因子 $X_M=0$，对应图 3.12(b)中 O 所在的位置；

(2)当 $\boldsymbol{M}$ 的旋转角度等于 $\pi-\varepsilon$（ε 为极小值）时，$X_M\to+T$，角度等于 $\pi+\varepsilon$ 时，$X_M\to-T$；

(3)当 $\boldsymbol{M}$ 的旋转角度大于 π 时，$X_M<0$，也就是弧$\widehat{OBE}$都为负数；

(4)当旋转角度为$(2n+1)\pi$ 时，矩阵对数无法计算，所以没有对应的因子；

(5)因子 Y_M 与 Z_M 有和 X_M 完全相同的性质。

从以上分析可看出，在旋转角度 π 处，因子的数值不是连续的，也就是角度 $2\pi\theta$ 会直接跳跃到 $-2\pi\theta$。$\boldsymbol{M}_\alpha$ 与 $\boldsymbol{M}_\beta$ 是旋转角度分别等于 α 与 β 的旋转矩阵，它们的因子是 l_1 与 l_2，且 $l_2<0$（见图 3.12(b)）。如果直接在 $\log(\boldsymbol{M}_\alpha)$与

$\log(\boldsymbol{M}_\beta)$的中间插值，结果等于$(l_1+l_2)/2$，且在较长的弧$\widehat{AOB}$上。这结果显然是不正确的，原因在于计算过程中使用了较长的那条路径。正确的结果显然应该是选择最短路径，位于弧$\widehat{AEB}$上。这些讨论都仅仅针对1个因子，在实际情况中，可在两个旋转矩阵的对数的3个因子分量的最短路径上插值计算，从而获得正确的结果。$\boldsymbol{T}_r$更复杂，需计算多个矩阵对数加权后的平均值，下文将进行详细分析。

第一步，找出$\{w_i/W\}$中最大的值并标记在数组中，索引值为τ，即w_τ/W。由于$\sum w_i/W=1$，所以$w_\tau/W=1-\sum\limits_{i\neq\tau}w_i/W$，$\boldsymbol{T}_r$改写为

$$\begin{aligned}\boldsymbol{T}_r &= \exp\Big(\sum_{i=1}(w_i/W)\times\log(\boldsymbol{R}_i)\Big)\\ &= \exp\Big(\log(\boldsymbol{R}_\tau)+\sum_{i\neq\tau}(w_i/W)(\log(\boldsymbol{R}_i)-\log(\boldsymbol{R}_\tau))\Big)\end{aligned}$$

第二步，关键的问题是要在$\log(\boldsymbol{R}_i)$与$\log(\boldsymbol{R}_\tau)$之间的较短路径上进行插值，不能直接计算公式$(w_i/W)(\log(\boldsymbol{R}_i)-\log(\boldsymbol{R}_\tau))$，须使用各分量的因子计算。设$\log(\boldsymbol{R}_i)$的因子分别是$X_{Ri}, Y_{Ri}, Z_{Ri}$；而设$\log(\boldsymbol{R}_\tau)$的因子分别是$X_{R\tau}, Y_{R\tau}, Z_{R\tau}$。对应合成以后矩阵的对数的各个因子$X_i, Y_i, Z_i$可写成下式$(i\neq\tau)$：

$$X_i=\begin{cases}(w_i/W)(X_{Ri}-X_{R\tau}), & |X_{Ri}-X_{R\tau}|\leqslant 2\pi\theta\\ (w_i/W)(X_{Ri}-X_{R\tau}+4\pi\theta), & |X_{Ri}-X_{R\tau}|>2\pi\theta \text{ 且 } X_{R\tau}\geqslant 0\\ (w_i/W)(X_{Ri}-X_{R\tau}-4\pi\theta), & |X_{Ri}-X_{R\tau}|>2\pi\theta \text{ 且 } X_{R\tau}<0\end{cases}$$

$$Y_i=\begin{cases}(w_i/W)(Y_{Ri}-Y_{R\tau}), & |Y_{Ri}-Y_{R\tau}|\leqslant 2\pi\theta\\ (w_i/W)(Y_{Ri}-Y_{R\tau}+4\pi\theta), & |Y_{Ri}-Y_{R\tau}|>2\pi\theta \text{ 且 } Y_{R\tau}\geqslant 0\\ (w_i/W)(Y_{Ri}-Y_{R\tau}-4\pi\theta), & |Y_{Ri}-Y_{R\tau}|>2\pi\theta \text{ 且 } Y_{R\tau}<0\end{cases} \tag{3.16}$$

$$Z_i=\begin{cases}(w_i/W)(Z_{Ri}-Z_{R\tau}), & |Z_{Ri}-Z_{R\tau}|\leqslant 2\pi\theta\\ (w_i/W)(Z_{Ri}-Z_{R\tau}+4\pi\theta), & |Z_{Ri}-Z_{R\tau}|>2\pi\theta \text{ 且 } Z_{R\tau}\geqslant 0\\ (w_i/W)(Z_{Ri}-Z_{R\tau}-4\pi\theta), & |Z_{Ri}-Z_{R\tau}|>2\pi\theta \text{ 且 } Z_{R\tau}<0\end{cases}$$

这样处理后，$\boldsymbol{T}_r$对数的因子可写为

$$\begin{aligned}X_{Tr} &= X_{R\tau}+\sum_{i\neq\tau}X_i\\ Y_{Tr} &= Y_{R\tau}+\sum_{i\neq\tau}Y_i\\ Z_{Tr} &= Z_{R\tau}+\sum_{i\neq\tau}Z_i\end{aligned} \tag{3.17}$$

因子合成后还需要对取值范围进行规范化，并把它们折算到$[-2\pi\theta, 2\pi\theta]$之内，具体的公式可写为

$$X_{Tr}=\begin{cases}X_{Tr}, & -2\pi\theta\leqslant X_{Tr}\leqslant 2\pi\theta\\ X_{Tr}-4\pi\theta, & X_{Tr}>2\pi\theta\\ X_{Tr}+4\pi\theta, & X_{Tr}<-2\pi\theta\end{cases}$$

$$Y_{Tr}=\begin{cases}Y_{Tr}, & -2\pi\theta\leqslant Y_{Tr}\leqslant 2\pi\theta\\ Y_{Tr}-4\pi\theta, & Y_{Tr}>2\pi\theta\\ Y_{Tr}+4\pi\theta, & Y_{Tr}<-2\pi\theta\end{cases}$$

$$Z_{Tr}=\begin{cases}Z_{Tr}, & -2\pi\theta\leqslant Z_{Tr}\leqslant 2\pi\theta\\ Z_{Tr}-4\pi\theta, & Z_{Tr}>2\pi\theta\\ Z_{Tr}+4\pi\theta, & Z_{Tr}<-2\pi\theta\end{cases}$$

现在需要根据因子 X_{Tr},Y_{Tr},Z_{Tr} 来求解矩阵 $\boldsymbol{T}_r$。首先计算基的对数的内积，然后构成一个系数矩阵。内积计算方法和式(3.15)相同：

$$\mathbf{A}=\begin{bmatrix}\log(\boldsymbol{J}_x)\cdot\log(\boldsymbol{J}_x) & \log(\boldsymbol{J}_x)\cdot\log(\boldsymbol{J}_y) & \log(\boldsymbol{J}_x)\cdot\log(\boldsymbol{J}_z)\\ \log(\boldsymbol{J}_y)\cdot\log(\boldsymbol{J}_x) & \log(\boldsymbol{J}_y)\cdot\log(\boldsymbol{J}_y) & \log(\boldsymbol{J}_y)\cdot\log(\boldsymbol{J}_z)\\ \log(\boldsymbol{J}_z)\cdot\log(\boldsymbol{J}_x) & \log(\boldsymbol{J}_z)\cdot\log(\boldsymbol{J}_y) & \log(\boldsymbol{J}_z)\cdot\log(\boldsymbol{J}_z)\end{bmatrix}$$

根据 $\mathbf{A}$ 的逆矩阵以及各个因子就可计算出对应的系数 C_x,C_y 和 C_z：

$$[C_x \quad C_y \quad C_z]=[X_{Tr} \quad Y_{Tr} \quad Z_{Tr}]\mathbf{A}^{-1}$$

然后，通过 C_x,C_y,C_z 和 $\boldsymbol{J}_x$,$\boldsymbol{J}_y$,$\boldsymbol{J}_z$，就可以计算 $\boldsymbol{T}_r$：

$$\boldsymbol{T}_r=\exp(C_x\log(\boldsymbol{J}_x)+C_y\log(\boldsymbol{J}_y)+C_z\log(\boldsymbol{J}_z)) \tag{3.18}$$

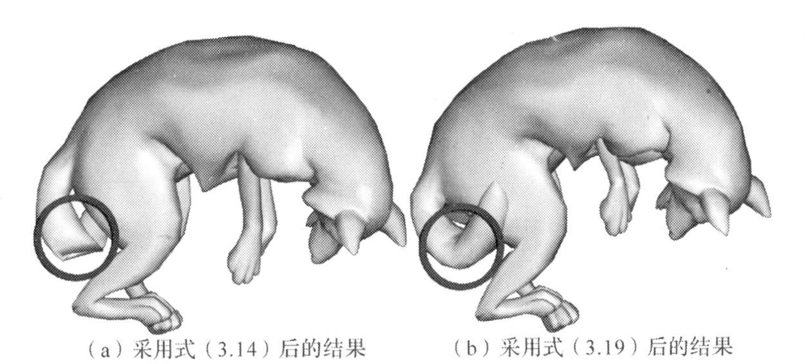

(a) 采用式(3.14)后的结果　　(b) 采用式(3.19)后的结果

图 3.13　矩阵对数的效果

把式(3.18)代入式(3.14)可得到

$$\boldsymbol{M}_V=\exp(\sum_{i=1}C_r(C_x^i\log(\boldsymbol{J}_x)+C_y^i\log(\boldsymbol{J}_y)+C_z^i\log(\boldsymbol{J}_z)))\sum_{i=1}C_s w_i\boldsymbol{S}_i/W \tag{3.19}$$

其中，C_x^i，C_y^i 和 C_z^i 分别为对应于第 i 个源顶点的分量系数。

使用式(3.19)，图 3.11(f)中的结果可以得到较大程度的改善，图 3.13 展示了两种不同结果的对比图。

3.3.2 目标 ROI 变形的结果

式(3.4)以及式(3.5)采用源顶点坐标差值生成了目标对象顶点的新坐标，这种处理方法针对旋转变形幅度不大的情况是非常适合的，但是对于旋转变换幅度比较大的情况，计算结果不是很理想。对于这种情况，本书算法提出采用仿射变换矩阵表示源动画的变形，使用一系列数学变化，得到式(3.19)。下面要使用式(3.5)与式(3.19)来求解目标 ROI 变形的最后结果。

给定一个目标 ROI 的顶点 V，使用式(3.19)计算 $\boldsymbol{M}_V$，然后求取 V 的变形结果，这是前几节求解仿射矩阵的一个逆过程。和源 ROI 顶点求取相邻点一样，对目标顶点 V，需在目标 ROI 上计算相邻顶点的集合 $N(V,k)$。如果目标为一个拥有拓扑信息的网格，$N(V,k)$的获取方法与前几节的描述完全一样。如果目标是未结构化的点云数据，或者是由多部分组成的网格(见图 3.14(a)，这在复杂模型中比较常见)，则需增加距离阈值 λ 辅助形成 $N(V,k)$。对于纯粹的点云数据而言，$N(V,k)$的 k 没有具体意义，顶点 V 的相邻点完全要使用阈值 λ 求解，也就是到 V 距离小于 λ 的所有顶点都属于 $N(V,k)$；对于多部分组合的复杂对

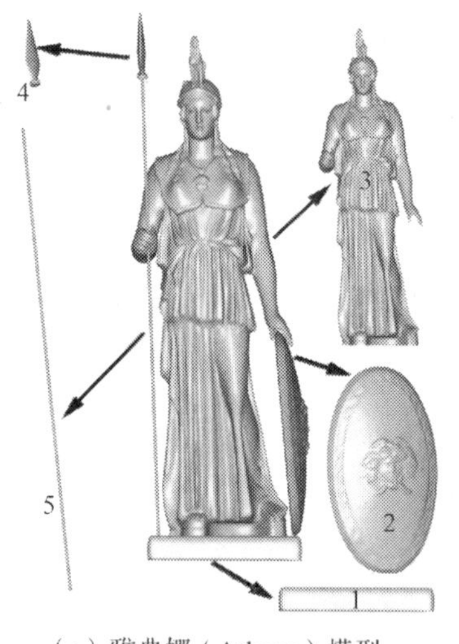

(a) 雅典娜(Athena)模型

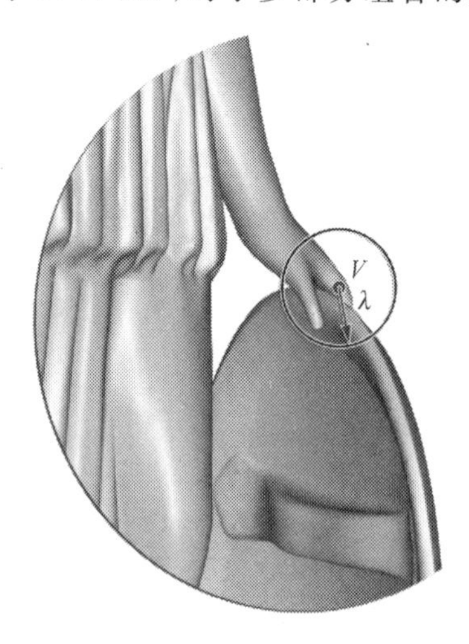

(b) 利用距离阈值 λ 寻找 V 的邻点

图 3.14 目标顶点的领域

象，各部分（图 3.14(a)中盾牌）内部是具有拓扑信息的，而各部分之间没有连接的信息，则 $N(V,k)$ 除了包含通过上述方法找到的顶点外，还要包括使用距离阈值 λ 得到的顶点（见图 3.14(b)）。使用距离阈值 λ 获取相邻点时，有可能遇到与利用草图建立 ROI 同样的难题：把不属于该部件的邻点采集进来了。要处理这种情况，除了采用隔离平面之外，在本书原型系统软件中，对模型中每个部件建立属性列表，在此列表中保存不能作为相邻点的部件的索引号。图 3.14(a)中，所有部件都有对应的索引号，1 号底座与 2 号盾牌相互间不可能有相邻点，因此，在 1 号部件的属性列表中保存 2 号，反之亦然。通过这样处理，就可以准确地发现相邻点。在本书后边比较复杂的马车例子中，使用此方法准确分离出了不相关的部件。

在找出点 V 的邻点集合 $N(V,k)$ 以后，所有 $N(V,k)$ 的元素都以同一个仿射矩阵进行变换，消除平移分量后可得到如下公式：

$$V^* = \underset{\overline{V}}{\operatorname{argmin}} \sum_{k=1}^{l} \Big(\sum_{i \in ROI(k)} \Big(\sum_{j \in N(i)} e^{|V_i - V_j|} \left\| \boldsymbol{M}_i (V_i - V_j) - (\overline{V}_i - \overline{V}_j) \right\|^2 \Big) \Big) \tag{3.20}$$

其中，V^* 是最后优化计算后的点，V_i 是未变形的点，$\overline{V}_i$ 是变形后的点，l 是草图对的数目，$ROI(k)$ 表示第 k 条目标草图对应的 ROI 顶点集合，$N(i)$ 是顶点 V_i 的相邻点集合，$|V_i - V_j|$ 是点 V_i 与 V_j 的距离，$\boldsymbol{M}_i$ 是对应顶点 V_i 的仿射变换矩阵。式(3.20)有无穷多个解，任意的平移量加其中一个解都为此方程的解。因此，只有式(3.15)有确定的平移量时，式(3.20)才有唯一的解。式(3.4)与式(3.5)的结果是确定平移分量的非常好的参考值。把式(3.20)修改成式(3.21)，如下：

$$V^* = \underset{\overline{V}}{\operatorname{argmin}} \Big(\sum_{\tau=1}^{l} \Big(\sum_{i \in ROI(\tau)} (k_1 \times part_1 + k_2^{\tau} \times part_2) \Big) \Big) \tag{3.21}$$

$part_1$ 以及 $part_2$ 由如下公式确定：

$$part_1 = \sum_{j \in N(i)} e^{|V_i - V_j|} \left\| \boldsymbol{M}_i (V_i - V_j) - (\overline{V}_i - \overline{V}_j) \right\|^2$$

$$part_2 = \left\| \overline{V}_i - V_{new}^i \right\|^2$$

其中，V_{new}^i 是由式(3.5)求得的顶点 V_i 的变形结果。k_1 与 k_2^{τ} 为调节不同变形方法所起作用的权重。对所有草图，k_1 取值都一样，在大部分情况下 k_2^{τ} 取值基本相同，但对不需要独立确定初步位置的 ROI，k_2^{τ} 可等于 0 或接近 0。图 3.15 中，翅膀对应的草图的 k_2^{τ} 等于 0，使用 $part_1$ 实现其定位。观察此图可看到，顶点 V 有一部分邻点在翅膀 ROI 上，另一部分在躯体 ROI 上，因此，$part_1$ 表达式可以把不同的 ROI 连接在一起。对于 k_1 与 k_2^τ 具体的取值，一般情况下遵循以下规律：当源动画旋转动作较大时，k_1 的取值较大，而 k_2^τ 的取值较小；当源动画变形较小时，如口型传输这种场合，k_1 的取值较小，但 k_2^τ 的取值较大。通常情况下，k_1 的取值是 k_2^τ 取值的 10 倍以上。

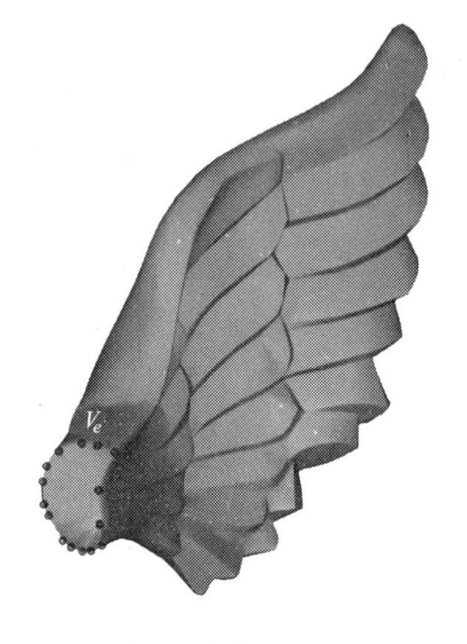

（a）翅膀 ROI 中 $k_2^\tau=0$　　（b）孤立边界点 V_e

图 3.15　网格组合

从式(3.21)可看出，目标对象上的点 V 可分为以下 3 种：①V 没有被任何一个 ROI 覆盖，也就是 V 没有在式(3.21)中，因而不涉及任何变形，从而坐标值保持不变；②V 被唯一的一个 ROI 覆盖，所以变形的结果是唯一确定的；③V 被多个 ROI 共同覆盖，也就是 V 会在不同目标 ROI 上出现，得到不同的计算结果，这会在变形后的目标对象上产生引起歧义的交叠区域，式(3.21)实际上是求取多个 ROI 变形的算术平均值。为能够更加合理地处理多个 ROI 交叠的情形，每一条目标草图都有一个权重值 $sweight$，在式(3.21)中加上该权重后，公式就可以改为

$$V^* = \underset{\bar{V}}{\operatorname{argmin}}\Big(\sum_{\tau=1}^{l}\Big(\sum_{i\in ROI(\tau)}(k_1\times part_1 + k_2^\tau\times part_2)\times sweight_\tau\Big)\Big)$$

其中，$sweight_\tau$ 为第 τ 条草图对应的权重，即第 τ 目标 ROI 对应的权重。此公式考虑的是不孤立的 ROI，也就是说，所有边界点都是其他相邻 ROI 点。图 3.15(b)中，如天使躯干上没有任何草图，那么翅膀就是一个孤立的 ROI。若一个 ROI 中至少存在一个边界点 V_e，且这个点 V_e 不属于任何其他相邻 ROI，那么此 ROI 就是孤立 ROI，而 V_e 是孤立的边界点。为保持翅膀与躯干在变形过

程中的连续性，需额外增加一个控制函数，即

$$part_3 = \sum_{j \in \{V_e\}} \| \overline{V}_e^j - V_e^j \|^2$$

其中，$\{V_e\}$为所有孤立边界点的集合，它包含了不同 ROI 上的所有孤立边界点。V_e^j 为原始的未变形的孤立边界点坐标，$\overline{V}_e^j$ 是待求孤立边界顶点的未知变量，$part_1$ 以及 $part_2$ 中同样包含了这些孤立点变量，仅仅是表达方式不同而已。结合以上两式，可以得到如下表达式：

$$V^* = \underset{\overline{V}}{\operatorname{argmin}} \left(\sum_{\tau=1}^{l} \left(\sum_{i \in ROI(\tau)} (k_1 part_1 + k_2^{\tau} part_2) sweight_{\tau} \right) + k_3 part_3 \right) \tag{3.22}$$

其中，k_3 为 $part_3$ 的权重，通常情况下取值 100。

式(3.22)的未知数在 x，y 和 z 坐标的分量是相互独立的，因此可作为矢量值(vector-value)的公式进行处理。各坐标分量的所有系数是相同的，仅在常数部分不同。式(3.22)可以转化成通用形式，以 $\boldsymbol{x}^*$ 表示优化后的坐标分量：

$$\boldsymbol{x}^* = \underset{x}{\operatorname{argmin}} \| \boldsymbol{A}\boldsymbol{x} - \boldsymbol{C} \|^2 \tag{3.23}$$

其中，$\boldsymbol{x}$ 是矢量未知数，也就是，$\boldsymbol{x} = [x_1, x_2, x_3, \cdots, x_n]^{\mathrm{T}}$，$x_i$ 为 3 个顶点坐标分量之一，在三维空间中对应不同的坐标分量；$\boldsymbol{C}$ 为常数矢量，对于不同的坐标分量有不同的值，分别是 C_x，C_y 和 C_z，即对应 3 个不同的坐标分量。$\boldsymbol{A}$ 为 $m \times n$ 的稀疏矩阵，其列数 n 为变量数目，即 $n = |\boldsymbol{x}|$，行数 m 是式(3.22)的项数，每一个 $\| \cdot \|^2$ 部分算一项，其计算公式为

$$m = \sum_{k=1}^{l} \left(| ROI(k) | + \sum_{i \in ROI(k)} | N(i) | \right) + | \{V_e\} |$$

式(3.23)的解可以使用下面线性方程组来求得：

$$\boldsymbol{A}^{\mathrm{T}} \boldsymbol{A} \boldsymbol{x} = \boldsymbol{A}^{\mathrm{T}} \boldsymbol{C} \tag{3.24}$$

当矩阵 $\boldsymbol{A}$ 规模非常大时，方程组的求解是比较耗时的，可使用本书后面光滑处理目标对象时所使用的求解方法来加速计算。3 个坐标分量需要依次采用对应的常数 C_x，C_y 和 C_z 来求解，这 3 个常数通常不同。

3.4 三维动画传输完整的实例

综合上述各项技术，本节展示把狗的动作复制到恐龙上的完整过程。本例不是很复杂，只有一个源网格，并且源网格和目标网格的身体结构基本上是

可以一一对应的，比如头和头、尾巴和尾巴、四肢和四肢相对应。从图 3.16 中可以看到，狗和恐龙在具体部位的形体有很大不同，表面结构的差异性也很大，使用草图，可以在两者间建立很好的相互对应关系。图 3.16 显示了源对象（狗）映射到目标对象（恐龙）上所需要的 6 对草图。用户输入草图后，就可以建立各自的 ROI。图 3.17 列出了计算出的全部 ROI，同时展示了源 ROI 映射至目标 ROI 后的结果。从图 3.17 可以看出，源 ROI 以及目标 ROI 在形状上非常不同，但是这并不会妨碍在源与目标之间进行三维动画的复制。

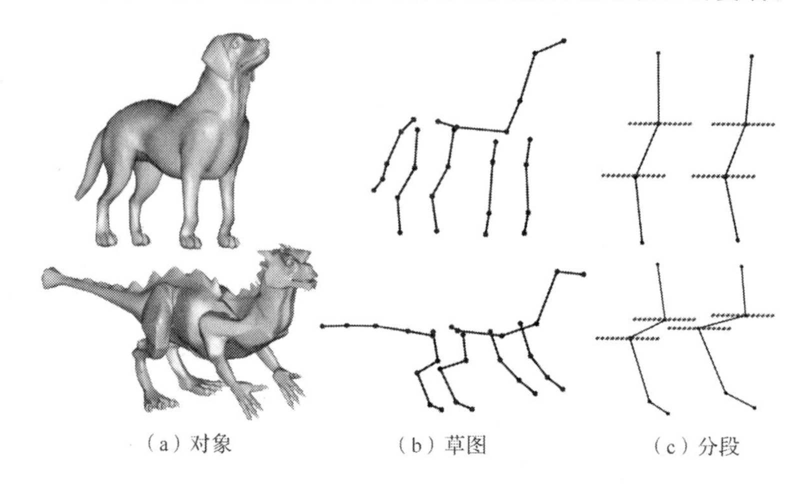

图 3.16　狗与恐龙间动作复制

注：狗的动作复制到恐龙上时，在源对象（狗）和目标对象（恐龙）上各输入 6 条草图(b)，就是在四肢、尾巴与躯干上。所有草图位于网格内部。因为狗和恐龙后腿的形状差异很大，要把后腿对应的草图分段处理，图(c)中用虚线标示了分段的位置。

ROI 完成映射后，接下来需要提取源对象的变形信息，同时计算目标 ROI 点相对于映射后源 ROI 点均值坐标的权重。在这些工作全部完成后，就可以使用式(3.22)计算变形后的目标对象上。图 3.18 显示的是动画复制后的结果。此处要注意的地方就是目标网格的变形结果和初始姿态有非常紧密的联系。恐龙尾巴的初始位置比较高，这样在后续关键帧中的位置都相对较高。源动画传递的仅仅是变形信息，是相对变化的信息，并不是把关键帧的确切姿态位置复制到目标对象。

在图 3.18 上可以看出，以上算法已经能够较好地把源对象的动作复制到目标对象上。但因为存在多 ROI 的交叠，还有其他一些干扰，目标对象放大后，可以看到局部一些不光滑区域，这些需要进一步细调。后面的光滑处理章节将具体讨论此问题。

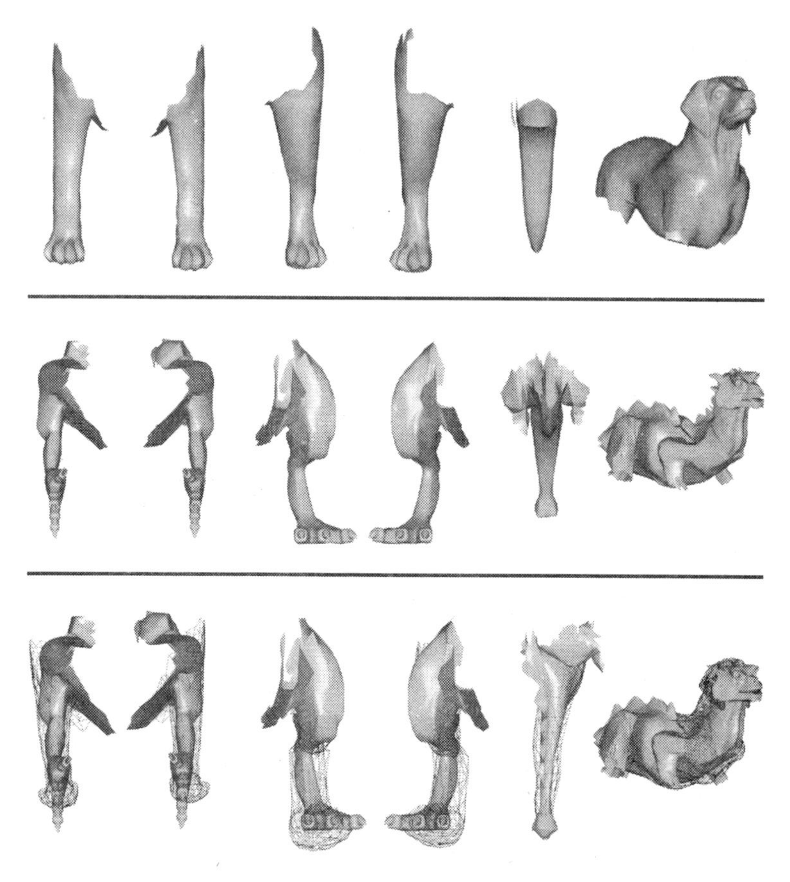

图 3.17　建立源 ROI 以及目标 ROI

注：首行为源（狗）ROI，第二行为目标（恐龙）ROI。最后一行为源 ROI 映射至目标 ROI 后的结果，其中框架线表示映射后的源 ROI，网格就是目标 ROI。此图中，一部分源 ROI 被目标 ROI 遮挡了，且源 ROI 都没有进行依附处理。

3.5　基于二维动画创作三维动画

在我们的现实生活中，每时每刻都有大量的 FLASH 与视频，因而基于二维动画创建三维动画是极有意义的。使用二维动画来生成三维动画在游戏与电影中有比较广泛的应用。在前面的基础上，本节研究基于二维动画创建三维动画的方法。总体来讲，主要有 3 步：①从二维动画中获取运动轮廓线；②在轮廓线的基础上构造源网格，用来控制目标网格；③用本书前述算法复制源动画至目标网格。下文对各部分细节展开讨论。

图 3.18 狗动画复制到恐龙的 5 个关键帧

注:(a)源与目标网格的初始位置;(b—f):5 个关键帧,具体计算时,式(3.22)中的参数 $k_1=1$,$k_2=0.0001$,但此例无孤立 ROI,所以 k_3 没有起作用。

3.5.1 提取二维运动轮廓线

随着计算机多媒体技术的迅猛发展,各种视频图像信息在人们的日常生活中起着越来越重要的作用。随着硬件设备的快速发展,生成视频信息是比较方便容易的,在日常生活中人们每天都会碰到海量的视频动画作品。怎样重复利用这些视频信息是一个非常重要且有意义的课题,这方面的研究具有极为广阔的实用价值。FLASH 为二维动画制作中非常重要的一种形式,其文件小巧,但显示清晰度高,而且具有非常灵活的表现形式,深受人们欢迎,在节日贺卡、媒体宣传、视听以及广告等领域有着非常广泛的市场。对从 FLASH 动画复制到三维网格上的技术进行研究,是非常有意义的。通常,可以先把 FLASH 动画转化为普通视频动画，然后抽取动画运动的轮廓线。

复制视频动画首先要做的就是提取信息视频中感兴趣部分的动作，有许多学者在这方面进行了极有价值的探索研究[73-77]。文献[78－79]提出的视频轮廓的跟踪算法，可以较好地对动画的动作信息进行有效的提取。文献[78]研究了动态遮照(rotoscoping)算法，可在视频序列中用线勾勒运动对象的轮廓。本书二维动画信息的提取算法就是基于这种技术的。下文对算法的整个流程进行简要介绍，具体一些细节可参见文献[78]。

从用户操作的角度来看，所需要的交互性操作可以分成4个步骤。

(1)在起始帧上绘制跟踪曲线：在整个视频序列中选择第一帧 K_a 用于跟踪，在 K_a 上面绘制若干跟踪曲线。本书中采用3次贝塞尔(Bézier)曲线来绘制，绘制时设置几个控制点就可确定整条曲线。这些曲线对应于动作图像的特征或轮廓线。

(2)在结束帧上绘制跟踪曲线：在整个视频序列中选择最后一帧 K_b 用于跟踪，把 K_a 上的曲线复制过来。在此基础上，再根据 K_b 的具体情况在细节上调整这些曲线。

(3)优化处理：优化处理位于 K_a 与 K_b 之间的帧，在每帧上计算出曲线相应的形状与位置，这是整个动作跟踪算法的核心。该算法的核心是一组目标约束函数。共有两种约束函数，即图像(image)约束函数以及形状(shape)约束函数。前者用于跟踪图像上对象的轮廓线与特征的运动变化，后者用于调节曲线的形状。这两种约束函数为互补的，借助约束函数，图像遮挡或噪音问题可以被有效地处理。

(4)精调结果：视频动画是复杂的和多样的，一些复杂视频的跟踪结果不一定理想，这时可以做一些适当的调整，也就是通过交互地调整曲线的控制点来改变曲线形状，调整完成后再返回到优化处理步骤。

在以上过程完成后，K_a 与 K_b 之间所有的帧都拥有合适的曲线来描述被跟踪对象的特征以及轮廓。接下来要离散化这些曲线，把全部曲线转化为折线，可用于动画复制。在本质上，此轮廓跟踪方法是一种把图像信息以及形状信息综合处理的算法，总体效果比单一的图像或形状信息要更加理想。

3.5.2 用于控制的网格的生成

用于控制的网格就是源网格。源网格创建的第一步需要对生成的不同帧上的轮廓线进行规范化处理，规范化以第一帧上的轮廓线为基准。在图3.19中，

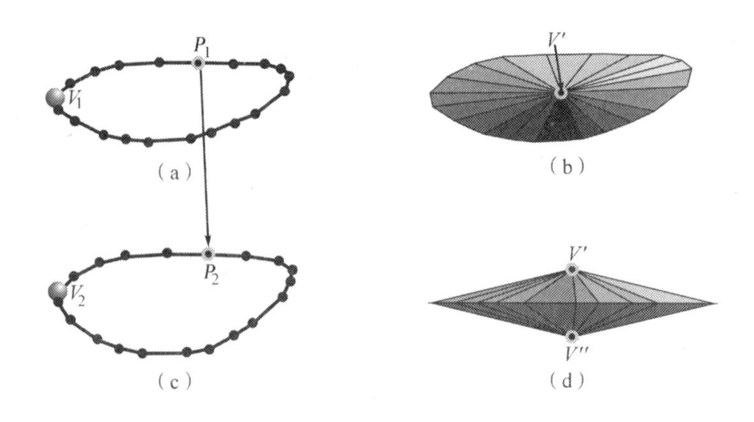

图 3.19　根据视频轮廓线来构造网格

注:(a)与(c)为放大后的嘴唇轮廓多边形,P_1 与 P_2 拥有相同的参数;(b)与(d)为根据轮廓线创建的三维网格。

第一列为某二维动画视频中的两个关键帧为对应的嘴唇轮廓线。在图中,各轮廓线的起始顶点被标记,在图 3.19(a)与(c)中顶点为 V_1 与 V_2,轮廓线参数化时需使用这些标记好的起始点。轮廓线要按其总长度做参数化处理。参数化计算时需要先计算出整体轮廓线的总长度,再计算每个折点离起始点的弧线距离(即非直线距离,是沿轮廓的各线段累加的长度,方向为顺时针),最后折点的弧线长度除以总弧线长度为该折点参数化的数值,该过程和映射源草图类似。轮廓线的参数取值范围都在 0 与 1 之间,顺时针一圈后到起始点 0 位置。这样,在区间[0,1]内任意一个参数,在轮廓线上都有其相对应的点,并且两者是一一对应的。下一步,要采用第一条轮廓线重构其余关键帧上的轮廓线。遍历在第一条轮廓线上的所有折点,对点 P_1,有参数值 t。在其余关键帧的轮廓线上找出对应参数值 t 的点(见图 3.19(c)所示 P_2),每个关键帧都要计算,并把采集的点作为该关键帧轮廓线新的顶点。使用该方法,所有关键帧的轮廓线都有相同的顶点数,每条轮廓线上对应的折点都有相同的参数值。如此处理之后,就自动建立了不同关键帧轮廓线折点间的对应关系(correspondence)。为进一步构造网格,需增加两个虚拟点,如图 3.19(b)与 3.19(d)中的 V' 与 V''。令轮廓线所在的平面为 P,轮廓线中心点为 C,平面 P 的法线向量为 $\boldsymbol{n}$,则 $V'=C+d\times\boldsymbol{n}$,$V''=C-d\times\boldsymbol{n}$。$d$ 为自定义长度,其具体值对网格构造结果无直接影响,在原型系统中取轮廓线总弧线长度的三分之一。这一步完成后,一系列与视频动画相匹配的三维网格就产生了,每个关键帧都有一个三维网格。

3.5.3 二维动作复制到三维对象

用于控制的源网格创建以后，就可创建如图 3.20 所示嘴唇的三维动画，整个过程与三维动画拷贝一样：草图输入→ROI 计算→源 ROI 映射以及依附→复制变形→动画光顺等一些后期处理。此例中用了两条草图线（见图 3.20 首列深色曲线）：上嘴唇一条，下嘴唇一条。为让整个头像的脸活动起来，把头的上半部分（见图 3.20 左一的深色部分）作为第一条目标草图线的 ROI，头的下半部分（见图 3.20 左一的浅色部分）作为另一条目标草图线的 ROI。图 3.20 是用视频创建的三维动画。

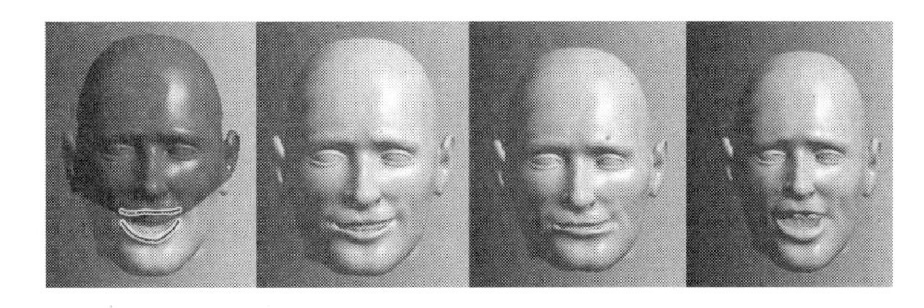

图 3.20 从二维创建三维头像口型动画

光滑、插值和阴影处理

4.1 光滑处理

在图 3.18 中可以看到，狗的动画复制到恐龙上以后，恐龙动画的效果整体上比较理想，但在许多细节上还有待完善。本节介绍对动画复制完成后的结果(见图 3.18)进行光滑处理的算法，该算法优劣的衡量标准主要有以下几部分：变换的刚性(rigidity of the transform)，变换的一致性(uniformity of the transform)，平滑性(flatness)，最小化坐标偏离。

为了能够准确地衡量网格变形，本书中使用仿射变换矩阵衡量目标网格的变形。这里使用与文献[51]类似，但有更高效率的方法来构造仿射变换矩阵。此方法与文献[51]不同的地方在于没有使用变形梯度(deformation gradient)，而是使用网格上同一个邻域内不共面的 4 个顶点来构造仿射变换矩阵，这种方法不需要增加辅助点(不需要像文献[51]那样，要在每个三角面片上增加一个辅助点)，从而提高效率，增强效果。

给定点 V 以及用户输入的距离阈值 λ，使用有些类似于求邻点的方法，找出离 V 的距离小于 λ 的点，且把这些点以及一级邻点(也就是 $N(V,1)$)放入循环队列 a_V 中，顺序是随机的。在这里使用的点是 V 的一级邻点，且 V 本身不在 a_V 中。在图 4.1 中，马是由多个独立部分组成的(见图左上角)，它们之间无拓扑联系。在此情况下，距离阈值 λ 对有效地选择点 V 的邻点有很重要的作用(图右下角为所有邻点)。对于数组 a_V 中的元素 P，令其在数组中的索引为 i，采用点 V，P，$a_V[i-1]$及 $a_V[i+1]$来构造一个仿射变换矩阵，如 $i-1=0$ 时，使用 $i-1+$

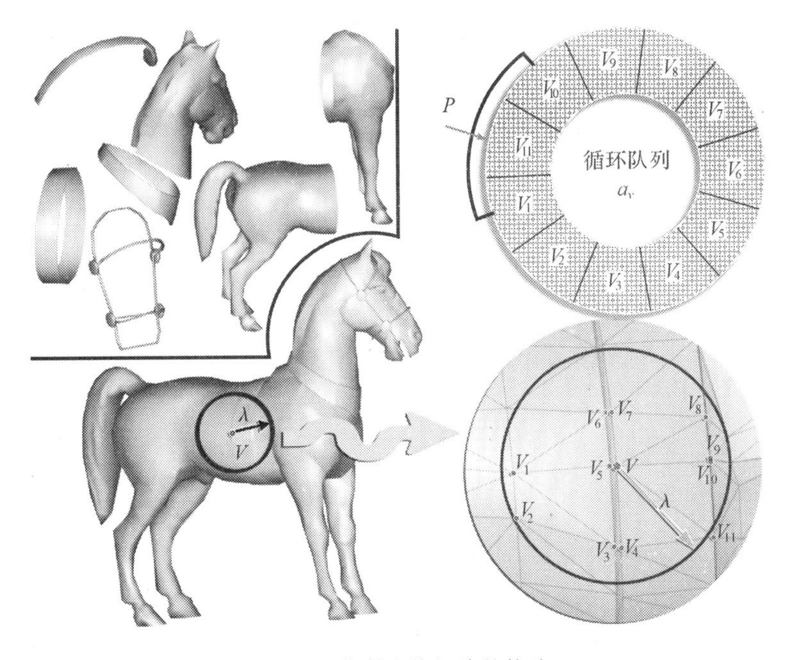

图 4.1 仿射变换矩阵的构造

注:使用 4 个不共面的顶点建立仿射变换矩阵,该矩阵用于光滑处理。

$|a_V|$代替,具体过程参见图 4.1。如图 4.1 所示,在 P 为 V_{11} 时,V,V_1,V_{10},V_{11} 构成一个仿射变换矩阵。用 $A_i(x_i,y_i,z_i)$ 与 $\overline{A}_i(\overline{x}_i,\overline{y}_i,\overline{z}_i)(i=1,2,3,4)$ 来分别表示变形之前和变形之后的目标对象的顶点坐标,两者的关系在数学上可以写成

$$\boldsymbol{M}A_i+\boldsymbol{d}=\overline{A}_i,i=1,2,3,4$$

在 A_1,A_2,A_3,A_4 非共面时,消除上式中的 $\boldsymbol{d}$,并改写成矩阵形式:

$$\boldsymbol{M}=\Delta\overline{\boldsymbol{A}}\times\Delta\boldsymbol{A}^{-1} \tag{4.1}$$

其中,

$$\Delta\overline{\boldsymbol{A}}=\begin{bmatrix}\overline{x}_2 & \overline{x}_3 & \overline{x}_4\\ \overline{y}_2 & \overline{y}_3 & \overline{y}_4\\ \overline{z}_2 & \overline{z}_3 & \overline{z}_4\end{bmatrix}-\begin{bmatrix}\overline{x}_1 & \overline{x}_1 & \overline{x}_1\\ \overline{y}_1 & \overline{y}_1 & \overline{y}_1\\ \overline{z}_1 & \overline{z}_1 & \overline{z}_1\end{bmatrix}$$

$$\Delta\boldsymbol{A}=\begin{bmatrix}x_2 & x_3 & x_4\\ y_2 & y_3 & y_4\\ z_2 & z_3 & z_4\end{bmatrix}-\begin{bmatrix}x_1 & x_1 & x_1\\ y_1 & y_1 & y_1\\ z_1 & z_1 & z_1\end{bmatrix}$$

从 $\Delta\boldsymbol{A}$ 的表达式可以看出,$\Delta\boldsymbol{A}$ 只与变形前的目标对象顶点的坐标值有关,而这些坐标值是已知的,因此 $\boldsymbol{M}$ 为变形后目标顶点的函数。显然,$\boldsymbol{M}$ 与点 V 及

P 有关，为了方便陈述，把 $\boldsymbol{M}$ 改写成 $\boldsymbol{M}(V,ind)$，其中 ind 为点 P 在数组 a_V 中的索引。如在图 4.1 中，$\boldsymbol{M}(V,11)$ 指由点 V,V_{11},V_1,V_{10} 构建的仿射变换矩阵。

在式(4.1)的基础上，本书定义了变形结果优化的约束函数。在优化过程中总有 4 个约束函数，它们都基于仿射变换矩阵来表示。第一个函数与文献[51]中的光滑目标函数以及文献[80]中的模板适应进程类似。E_s 为变形光滑度，表示目标对象的同一邻域内，任何两个由 4 个顶点构成的四面体的对应仿射变换尽量相等：

$$E_s(\overline{V}_1,\overline{V}_2,\cdots,\overline{V}_n)=\sum_{j=1}^{n}\sum_{k=1}^{|a_{V_j}|}\|w_j^s(\boldsymbol{M}(\overline{V}_j,k)-\boldsymbol{M}(\overline{V}_j,k+1))\|_F^2 \quad (4.2)$$

其中，$\overline{V}$ 是目标对象顶点 V 的新位置，是需要求解的未知数。$|a_V|$ 为数组 a_V 中元素的数目。索引 $(k+1)$ 在计算过程中要应用循环规则，也就是 $(k+1)\ \mathrm{mod}|a_V|$；n 为目标对象顶点的数目；w^s 为权重。

变形复制后，一个变形目标对象就生成了，也就是式(3.22)的运算结果。对于 4 个不共面的初始顶点 $\{V_i|i=1,2,3,4\}$，通过式(3.22)得到其相应变形后的坐标 $\{V_i^*|i=1,2,3,4\}$。按照式(4.1)，可由 V 与 V^* 构造出过渡的仿射变换矩阵 $\boldsymbol{M}^*$。使用矩阵极分解算法，可把 $\boldsymbol{M}^*$ 分解成对称正定因子 $\boldsymbol{S}$ 以及正交因子 $\boldsymbol{Q}^*$，也就是 $\boldsymbol{M}^*=\boldsymbol{Q}^*\boldsymbol{S}$。若 $\boldsymbol{M}^*$ 的行列式值大于 0，则 $\boldsymbol{Q}^*$ 为纯旋转矩阵，否则还包含反射矩阵。若 $\boldsymbol{M}^*=\boldsymbol{Q}^*$，则网格无局部扭曲，是一个完全的刚体变换。

E_r 为第二个目标函数，用来保持整个网格在变形过程中的刚性：

$$E_r(\overline{V}_1,\overline{V}_2,\cdots,\overline{V}_n)=\sum_{j=1}^{n}\sum_{k=1}^{|a_{V_j}|}\|w_j^r(\boldsymbol{M}(\overline{V}_j,k)-\boldsymbol{Q}^*(V_j^*,k))\|_F^2 \quad (4.3)$$

其中，$\boldsymbol{Q}^*(V_j^*,k)$ 的参数含义和 $\boldsymbol{M}(V,ind)$ 相同，ind 是一个常量索引，w^r 为权重。

从公式的推导过程可以看出，函数(4.2)与(4.3)的前提条件是用于计算仿射变换矩阵的 4 个点是非共面的。这个条件不是总能成立的。针对共面时的情况，要增加另外一个目标函数 E_l，用来确保在同一个邻域内，在变形前与变形后各顶点间的距离能够尽量不变。

$$E_l(\overline{V}_1,\overline{V}_2,\cdots,\overline{V}_n)=\sum_{j=1}^{n}\sum_{k=1}^{|a_{V_j}|}\|w_j^l((\overline{V}_j-\overline{V}_{a[k]})-(V_j-V_{a[k]}))\|^2 \quad (4.4)$$

其中，$a[k]$ 为数组 a_{V_j} 中第 k 个元素，w^l 为权重。

E_d 是最后的目标函数，是非常重要的一个函数。该函数驱动网格变形，让网格的最终变形结果尽量与初步变形产生的中间结果一致：

$$E_d(\overline{V}_1,\overline{V}_2,\cdots,\overline{V}_n)=\sum_{j=1}^{n}\|w_j^d(\overline{V}_j-V_j^*)\|^2 \qquad (4.5)$$

其中，V_j^* 是第 3.3.2 节中变形复制的结果，w^d 为权重。

为方便指定这 4 个目标函数各自的权重，并能够根据各目标草图来确定 ROI 的不同重要程度，各个目标草图都有一个全局性权重 w_{sk}；4 个目标函数有各自的权重分量，即 sw^s，sw^r，sw^l 及 sw^d。各目标函数权重为草图权重分量 sw^*（$*$ 为 s,r,l,d）与顶点权重（也就是第 3.3.2 节中的 $sweight$，在计算 E_d 与 E_l时，顶点的权重设为 1.0）的积。在多个目标 ROI 覆盖顶点时，sw^* 为各草图权重的加权平均值，权重等于各草图的 w_{sk}。在实践中，草图权重分量的缺省值分别为 $sw^r=0.0005$，$sw^s=0.0005$，$sw^d=500$，$sw^l=0.001$。用户可在此基础上做进一步细调。

4 个目标函数的加权和就是全局目标函数值。这样，全局最小值问题就改变了——求解以下公式的最小值，从而可以计算出目标对象顶点的新坐标值 $\{V'_1,V'_2,\cdots,V'_n\}$。

$$V'=\underset{\overline{V}}{\operatorname{argmin}}(E_s+E_r+E_l+E_d) \qquad (4.6)$$

对式(4.6)全面仔细地分析就可以发现一些特点。第一个特点就是各个顶点的 3 个坐标分量是相互独立的，所以，可直接使用向量来替代式(4.6)。式(4.6)为向量值(vector-valued)的公式，与式(3.22)相似。第二个特点是该目标函数为变量的二次多项式，所以求最小值问题就变成求解线性方程组的问题。此线性方程组可通过式(4.6)对变量求偏导数来求解，此过程是一个标准的数学求解方法。但由于方程组规模大，为提高求解的速度，现具体分析式(4.6)。

对于式(4.1)中的矩阵 $\boldsymbol{M}(\overline{V}_j,k)$，记矩阵 $\Delta\boldsymbol{A}^{-1}$元素为 $\boldsymbol{C}^{j,k}$。通过向量展开式(4.2)与式(4.3)，得

$$E_s=\sum_{j=1}^{n}\sum_{k=1}^{|a_{V_j}|}\sum_{i=1}^{3}\left\| w_j^s\begin{bmatrix}\boldsymbol{C}_{[1][i]}^{(j,k)}(\overline{V}_{a_{V_j}[k-1]}-\overline{V}_j)\\+(\boldsymbol{C}_{[2][i]}^{(j,k)}-\boldsymbol{C}_{[1][i]}^{(j,k+1)})(\overline{V}_{a_{V_j}[k]}-\overline{V}_j)\\+(\boldsymbol{C}_{[3][i]}^{(j,k)}-\boldsymbol{C}_{[2][i]}^{(j,k+1)})(\overline{V}_{a_{V_j}[k+1]}-\overline{V}_j)\\-\boldsymbol{C}_{[3][i]}^{(j,k+1)}(\overline{V}_{a_{V_j}[k+2]}-\overline{V}_j)\end{bmatrix}\right\|^2 \qquad (4.7)$$

$$E_r=\sum_{j=1}^{n}\sum_{k=1}^{|a_{V_j}|}\sum_{i=1}^{3}\left\| w_j^s\begin{bmatrix}\boldsymbol{C}_{[1][i]}^{(j,k)}(\overline{V}_{a_{V_j}[k-1]}-\overline{V}_j)\\+\boldsymbol{C}_{[2][i]}^{(j,k)}(\overline{V}_{a_{V_j}[k]}-\overline{V}_j)\\+\boldsymbol{C}_{[3][i]}^{(j,k)}(\overline{V}_{a_{V_j}[k+1]}-\overline{V}_j)\\-\boldsymbol{Q}_{[i]}^{(j,k)}\end{bmatrix}\right\|^2 \qquad (4.8)$$

其中，$\boldsymbol{Q}_{[i]}^{(j,k)}$ 为向量值公式(4.3)中矩阵 $\boldsymbol{Q}^*(V_j^*,k)$ 的第 i 个列向量。设 N^s，N^r，N^l 与 N^d 分别为式(4.2)至(4.5)的项数，则有

$$N^r = N^s = 3 \times \sum_{j=1}^{n} |a_{V_j}|, N^d = n, N^l = \sum_{j=1}^{n} |a_{V_j}|$$

E^*（$*$ 为 s,r,l,d）中各项线性形式表示为

$$E^* = \sum_{\xi=1}^{N^*} \| \boldsymbol{A}_\xi^* \overline{V} + \boldsymbol{D}_\xi^* \|_F^2 \tag{4.9}$$

其中，$\boldsymbol{A}_\xi^*$ 为 $N^* \times n$ 矩阵，$\boldsymbol{D}_\xi^*$ 为 N^* 维列向量。这些全是稀疏矩阵，其中的非零元素可根据下面进行运算。

对 E_s 与 E_r，有

$$\text{for} \begin{pmatrix} i=1; i \leqslant 3; i++ \\ j=1; j \leqslant n; j++ \\ k=1; k \leqslant |a_{V_j}|; k++ \end{pmatrix}$$

$$\{\xi_{i,j,k} = 3\sum_{\tau=1}^{j-1} |a_{V_\tau}| + 3(k-1) + i; \eta_{j,k} = a_{V_j}[k];$$

$$\boldsymbol{A}_{\xi_{i,j,k}}^s(\xi_{i,j,k},\eta_{j,k-1}) = w_j^s \boldsymbol{C}_{[1][i]}^{(j,k)}; \boldsymbol{A}_{\xi_{i,j,k}}^r(\xi_{i,j,k},\eta_{j,k-1}) = w_j^r \boldsymbol{C}_{[1][i]}^{(j,k)};$$

$$\boldsymbol{A}_{\xi_{i,j,k}}^r(\xi_{i,j,k},\eta_{j,k}) = w_j^r \boldsymbol{C}_{[2][i]}^{(j,k)}; \boldsymbol{A}_{\xi_{i,j,k}}^r(\xi_{i,j,k},\eta_{j,k+1}) = w_j^r \boldsymbol{C}_{[3][i]}^{(j,k)};$$

$$\boldsymbol{A}_{\xi_{i,j,k}}^r(\xi_{i,j,k},j) = -w_j^r(\boldsymbol{C}_{[3][i]}^{(j,k)} + \boldsymbol{C}_{[2][i]}^{(j,k)} + \boldsymbol{C}_{[1][i]}^{(j,k)});$$

$$\boldsymbol{D}_{\xi_{i,j,k}}^r(\xi_{i,j,k}) = -w_j^r \boldsymbol{Q}_{[i]}^{(j,k)}; \boldsymbol{A}_{\xi_{i,j,k}}^s(\xi_{i,j,k},\eta_{j,k+2}) = -w_j^s \boldsymbol{C}_{[3][i]}^{(j,k+1)};$$

$$\boldsymbol{A}_{\xi_{i,j,k}}^s(\xi_{i,j,k},\eta_{j,k}) = w_j^s(\boldsymbol{C}_{[2][i]}^{(j,k)} - \boldsymbol{C}_{[1][i]}^{(j,k+1)});$$

$$\boldsymbol{A}_{\xi_{i,j,k}}^s(\xi_{i,j,k},\eta_{j,k+1}) = w_j^s(\boldsymbol{C}_{[3][i]}^{(j,k)} - \boldsymbol{C}_{[2][i]}^{(j,k+1)});$$

$$\boldsymbol{A}_{\xi_{i,j,k}}^s(\xi_{i,j,k},j) = w_j^s(\boldsymbol{C}_{[3][i]}^{(j,k+1)} + \boldsymbol{C}_{[2][i]}^{(j,k+1)} + \boldsymbol{C}_{[1][i]}^{(j,k+1)} - \boldsymbol{C}_{[3][i]}^{(j,k)} - \boldsymbol{C}_{[2][i]}^{(j,k)} - \boldsymbol{C}_{[1][i]}^{(j,k)});\}$$

对 E_l，有

$$\text{for} \begin{pmatrix} j=1; j \leqslant n; j++ \\ k=1; k \leqslant |a_{V_j}|; k++ \end{pmatrix}$$

$$\{\xi_{j,k} = \sum_{\tau=1}^{j-1} |a_{V_\tau}| + k + i; \eta_{j,k} = a_{V_j}[k];$$

$$\boldsymbol{D}_{\xi_{j,k}}^l(\xi_{j,k}) = -w_j^l(V_j - V_{\eta_{j,k}});$$

$$\boldsymbol{A}_{\xi_{j,k}}^l(\xi_{j,k},\eta_{j,k}) = -w_j^l; \boldsymbol{A}_{\xi_{j,k}}^l(\xi_{j,k},j) = w_j^l;\}$$

表达式中 V_j 为目标对象原始的顶点。对 E_d，有

$$\text{for } (j=1; j \leqslant n; j++)$$

$$\{\xi_j = j; \boldsymbol{A}^d_{\xi_j}(\xi_j, j) = w^d_j; \boldsymbol{D}^d_{\xi_j}(\xi_j) = -w^d_j V_{j_{new}};\}$$

把公式(4.9)调整成

$$E^* = \sum_{\xi}^{N^*} \|\boldsymbol{A}^*_{\xi}\overline{\boldsymbol{V}} + \boldsymbol{D}^*_{\xi}\|^2_F = \sum_{\xi}^{N^*}((\boldsymbol{A}^*_{\xi}\overline{\boldsymbol{V}})^{\mathrm{T}} + \boldsymbol{D}^{*\,\mathrm{T}}_{\xi}) \cdot (\boldsymbol{A}^*_{\xi}\overline{\boldsymbol{V}} + \boldsymbol{D}^*_{\xi})$$

$$= \sum_{\xi}^{N^*}(\boldsymbol{V}^{\mathrm{T}}\boldsymbol{A}^{*\,\mathrm{T}}_{\xi}\boldsymbol{A}^*_{\xi}\overline{\boldsymbol{V}} + \overline{\boldsymbol{V}}^{\mathrm{T}}\boldsymbol{A}^{*\,\mathrm{T}}_{\xi}\boldsymbol{D}^*_{\xi} + \boldsymbol{D}^{*\,\mathrm{T}}_{\xi}\boldsymbol{A}^*_{\xi}\boldsymbol{V} + \boldsymbol{D}^{*\,\mathrm{T}}_{\xi}\boldsymbol{D}^*_{\xi}) \tag{4.10}$$

根据 $\boldsymbol{A}^*_{\xi}$ 与 $\boldsymbol{D}^*_{\xi}$ 非零元素的分布特性,可以容易地推导出:

$$\boldsymbol{A}^{*\,\mathrm{T}}_i\boldsymbol{D}^*_j = 0, \quad i \neq j \tag{4.11}$$

根据以上讨论,求解式(4.6)的过程转变成求解向量值的线性方程组:

$$\frac{\partial E}{\partial \overline{V}} = 2\Big(\sum_{\xi=1}^{N^s}\boldsymbol{A}^{s\,\mathrm{T}}_{\xi}\boldsymbol{A}^s_{\xi} + \sum_{\xi=1}^{N^l}\boldsymbol{A}^{l\,\mathrm{T}}_{\xi}\boldsymbol{A}^l_{\xi} + \sum_{\xi=1}^{N^r}\boldsymbol{A}^{r\,\mathrm{T}}_{\xi}\boldsymbol{A}^r_{\xi} + \sum_{\xi=1}^{N^d}\boldsymbol{A}^{d\,\mathrm{T}}_{\xi}\boldsymbol{A}^d_{\xi}\Big)\overline{V}$$

$$+ 2\Big(\sum_{\xi=1}^{N^r}\boldsymbol{A}^{r\,\mathrm{T}}_{\xi}\sum_{\xi=1}^{N^r}\boldsymbol{D}^r_{\xi} + \sum_{\xi=1}^{N^d}\boldsymbol{A}^{d\,\mathrm{T}}_{\xi}\sum_{\xi=1}^{N^r}\boldsymbol{D}^d_{\xi} + \sum_{\xi=1}^{N^l}\boldsymbol{A}^{l\,\mathrm{T}}_{\xi}\sum_{\xi=1}^{N^l}\boldsymbol{D}^l_{\xi}\Big) = 0$$

上式是一个标准的向量值一次方程组,可使用稀疏 LU 算子[81]来高效地求解此方程。

使用本节讨论的方法对图 3.18 的变形复制结果进行处理。图 4.2 为对

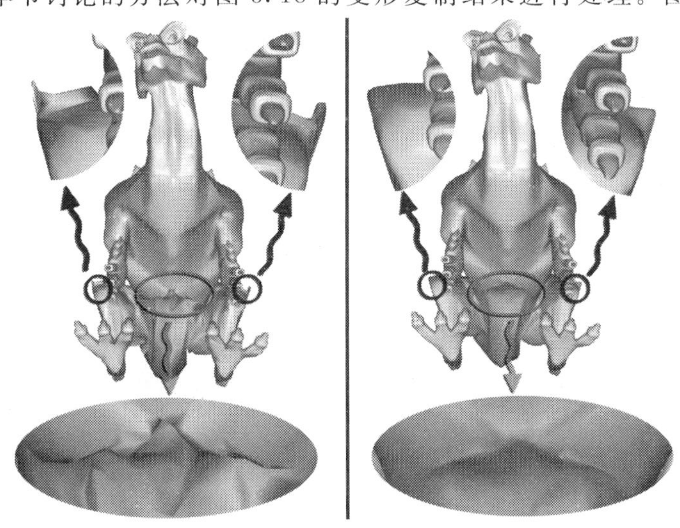

(a) 光滑处理前　　(b) 光滑处理后

图 4.2　光滑处理效果

注:此例子在个人计算机(内存为 2G,CPU 为 2.66GHZ)上的运算时间是 34.233s,网格顶点的数量是 24159,三角面片数是 48314。在原型系统中计算时,式(4.2)的权重 w^s 为 0.5,式(4.3)的权重 w^r 为 0.5,式(4.4)的权重 w^l 为 0.5,式(4.5)的权重 w^d 为 50。

图 3.18(b)光滑处理后的对比图。图中使用放大的形式展示了光滑处理的效果。从图中可以看到,在有些变形复制结果不是很理想的区域,光滑处理后的变形复制结果得到了较大改善。该光滑处理技术对网格形状不会造成负面的影响。

图 4.3　光滑处理后的完整动画

注:第一和第三行是一套完整的狗的动画,作为源动画。光滑处理复制到恐龙后的动画,如第二和第四行所示。该结果比图 3.18 在细节上改善了很多。比较图中恐龙前爪与关节处,可清晰地看到这种改善。当然,目标动画的各关键帧的姿态与目标网格的初始姿态有较大相关性。在每个关键帧上,虽然源对象与目标对象的变形是相似的,但姿态并不一定一样。恐龙尾巴的位置较高,随后所有关键帧的尾巴的位置都比较高。

通过本节介绍的光滑处理技术，对图 3.18 中所有关键帧结果进行处理。图 4.3 展示了这些结果，图中共有 6 个关键帧，完整地把狗的动作传递到恐龙上。

到目前为止，关键帧中的源动画可以完整地复制到目标网格上。目标动画关键帧建立后，需在各关键帧之间插值，最后形成完整的目标网格动画。

4.2 关键帧插值

要完成一个新的完整目标动画，还需在关键帧之间进行插值。为了最大限度地保留源动画中的变形细节，在对目标动画插值计算时，采用源关键帧（见图 4.4），而不是刚生成的目标关键帧。在图 4.4 中，通过狗的两个关键帧对目标对象（恐龙）的动画进行插值。

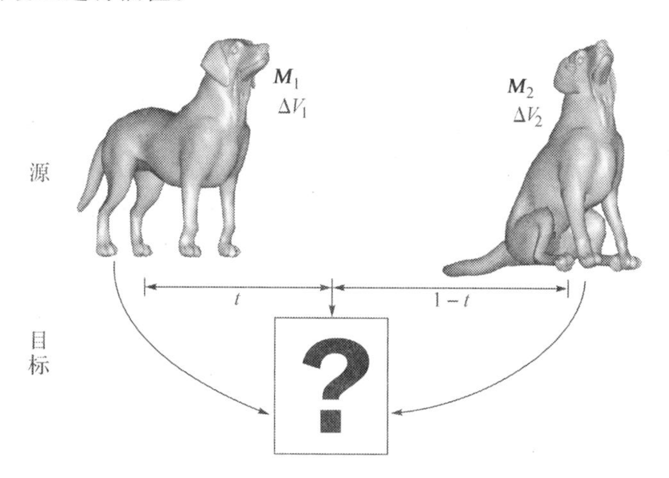

图 4.4 使用源关键帧来插值产生目标帧

动画创建的一个重要内容[53,82-87]就是在两个关键帧间进行插值。设 $\boldsymbol{M}_1$ 与 $\boldsymbol{M}_2$ 为两个源关键帧相对初始帧的仿射变换矩阵；ΔV_1 与 ΔV_2 为相对初始位置的坐标差值（见图 4.4）。对给定的任意时刻 $t(0 \leqslant t \leqslant 1)$，分别调整式(3.4)与式(3.14)，可得到插值计算的式(4.12)及式(4.13)：

$$\Delta V(t) = \phi(V) = \frac{\sum_i w_i(\Delta V_1 \times (1-t) + \Delta V_2 \times t)}{W} \tag{4.12}$$

$$\boldsymbol{M}_V = \exp(\sum_{i=1}(C_r w_i / W)\log(\boldsymbol{R}_i^1 \times (1-t)$$

$$+\boldsymbol{R}_i^2\times t))\sum_{i=1}C_s w_i(\boldsymbol{S}_i^1\times(1-t)+\boldsymbol{S}_i^2\times t)/W \tag{4.13}$$

其中，$\boldsymbol{R}_i^1$，$\boldsymbol{R}_i^2$，$\boldsymbol{S}_i^1$，$\boldsymbol{S}_i^2$ 分别是 $\boldsymbol{M}_1$ 与 $\boldsymbol{M}_2$ 的极分解因子，即 $\boldsymbol{M}_1=\boldsymbol{R}_i^1\times\boldsymbol{S}_i^1$，$\boldsymbol{M}_2=\boldsymbol{R}_i^2\times\boldsymbol{S}_i^2$。$\boldsymbol{R}_i^1$ 和 $\boldsymbol{R}_i^2$ 为旋转的正交因子，$\boldsymbol{S}_i^1$ 与 $\boldsymbol{S}_i^2$ 是缩放和剪切因子。若两个关键帧有一个为初始位置，如第一帧为初始位置，那么 ΔV_1 等于 0，$\boldsymbol{M}_1$ 等于单位矩阵 $\boldsymbol{I}$；反之，ΔV_2 等于 0，$\boldsymbol{M}_2$ 等于单位矩阵 $\boldsymbol{I}$。在式(4.12)与式(4.13)基础上，使用式(3.22)可计算出 t 时刻的变形复制结果。接着使用式(4.6)对结果进行光滑处理。图 4.5 第二行对应图 4.4 的插值帧，其插值时刻分别是 0.25，0.50，0.75。

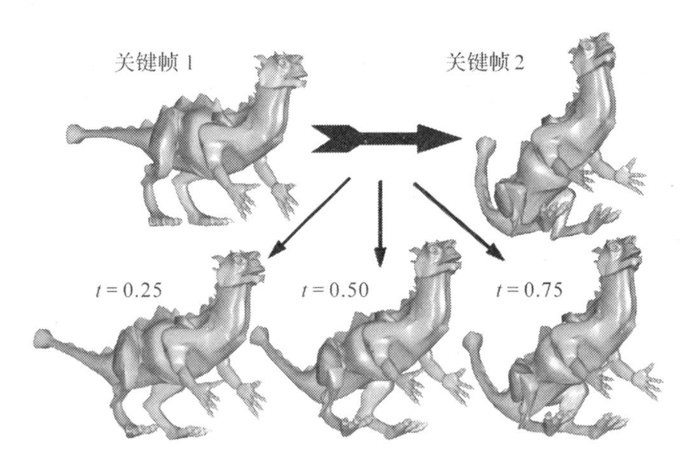

图 4.5　关键帧插值

为验证插值算法的可靠性，对图 4.3 中的所有关键帧进行插值处理，在每对关键帧之间插值两帧。图 4.6 展示了这些插值结果，第一列与第四列为关键帧，中间两列分别为两个关键帧之间的插值结果。

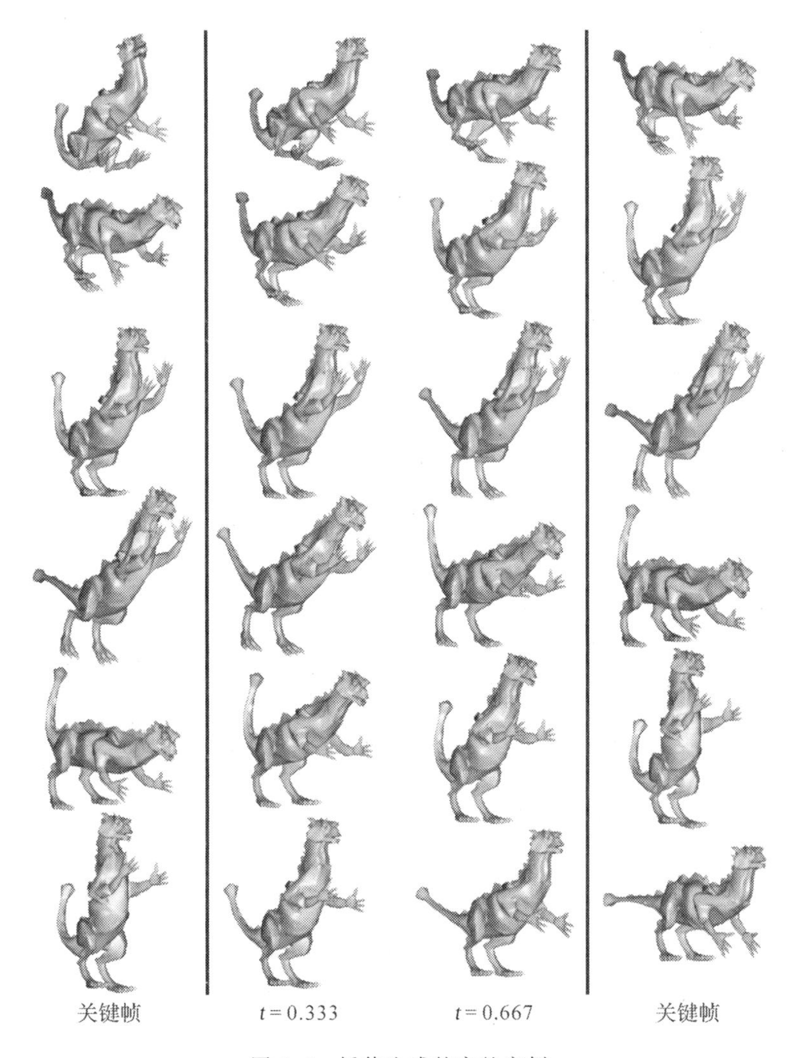

图 4.6　插值生成的完整实例

4.3　软阴影

阴影对动画的真实感非常重要。为提高动画的真实感，本节重点讨论软阴影锥生成算法。软阴影锥（soft shadow volumes）[88-92]是动画领域中快速创建高质量阴影的最好的算法之一。但是，在区域光源中，获得精致的软阴影在图形图像领域是极为困难的挑战之一。本节提出了一个使用梯形结构的软阴影渲染方法，和其他现有软阴影算法相比较，此算法在速度较快的情况下，还能创建光滑而且无噪音的软阴影。

4.3.1 软阴影的发展状况

光源被其他物品遮挡后，跨越遮挡时，光线的亮度会逐渐发生变化，从而产生软阴影。软阴影的生成主要受到半影区域（penumbra regions）的位置与形状的影响，半影区域就是可看到一部分光源的阴影区域。软阴影的生成在图像的真实感显示上有非常重要的作用。本书在半影楔（penumbra wedge）算法[93-96]的基础上做了深入推广，提出了新的面向梯形结构的软阴影算法，在平面光源的环境中创建真实感强烈的软阴影。

文献[97－98]汇集了各种阴影算法大量的资料，这里仅简要地回顾一些主要的算法，即基于区域光源创建有高度真实感的软阴影的方法。光线跟踪算法是一种重要的算法，通过使场景中的受光点发出一束光线到光源来检测，从而计算阴影[99]。此方法得到的结果真实感非常强，但计算代价非常大，因为针对每一道光线，必须对所有可能的遮挡物进行采样检测。在实践中，采用半影楔[96]可在处理效率上有非常大的提高。为加快处理速度，文献[100]使用圆锥扩展角来参数化光线。此技术能在场景中一点到区域光源间跟踪一个圆锥，从而生成近似的软阴影。文献[93]提出了针对区域平面光源的软阴影锥新算法。该算法体现了许多现有半影楔算法的长处，产生的软阴影比较逼真，可以用于多种商品化的光线跟踪器，生成的图像在质量上与随机（stochastic）程序光线追踪器相当，但是速度要快许多。

计算阴影点与区域光源之间的相互可见性是生成软阴影过程中最基本的操作。光源可见部分的大小决定了阴影点的亮度。为得到比较快的速度，文献[93]中的算法使用采样点来测试区域光源的可见部分的大小，其副作用是可能在阴影上产生噪音。本书的算法在这个方面进行了不少改善，通过梯形准确地分割区域光源，最终获得平滑且无噪音的软阴影。文献[101]拓展了光线跟踪算法，能够产生在视觉上近似的软阴影。该算法不需要额外的计算，非常实用，但结果总体上不能令人满意。本书以光线跟踪算法为基础，并进行有效的拓展，总体上效果比文献[101]好。

本书在文献[93]的研究基础上，使用包容矩形来加速查找遮挡物上特殊的边，即在阴影点处观察，这些边在光源所在平面上的投影和光源交错重叠。为避免建立过于复杂的半影楔子，本算法不采用半影楔子查找轮廓边。具体计算时，为加快速度，把所有可能的轮廓边保存至一个表格状的数据结构上。

表格的每个单元都表示一个阴影点，同时包括相关轮廓边。此操作要在整个算法的开始阶段处理。所有阴影点的每一条潜在轮廓边被找到后，依次检查所有潜在的轮廓边，排除那些不是轮廓边的边，保证获取所有阴影点真实的轮廓边。接下来对于给定的一个阴影点 P，把与点 P 相关的所有轮廓边投影至光源所在平面上。最后根据投影后的轮廓边构造梯形，借助梯形的面积分析光源可见性。

4.3.2 使用光线追踪计算软阴影

这一节详细展开讨论软阴影锥的相关生成技术。本算法计算软阴影的具体步骤和文献[93]中的算法类似。整个算法分为 5 个步骤：①从平面区域光源查找所有可能的全局性轮廓边；②通过包容矩形查找每一个阴影点关联的初始局部性轮廓边；③对每一个阴影点，在②的结果集中确定确切的相关轮廓边；④按投影后的轮廓边的端点以及轮廓边相互之间交点的垂直坐标，把所有轮廓边分成段；⑤构造梯形来研判光源的可见性。下面的内容对每个步骤进行详细论述。

第一步要完成的工作就是把所有全局性的可能的轮廓边找出来，其过程类似于文献[93]中的方法，非常清晰简洁，具体工作原理在图 4.7 中展示。

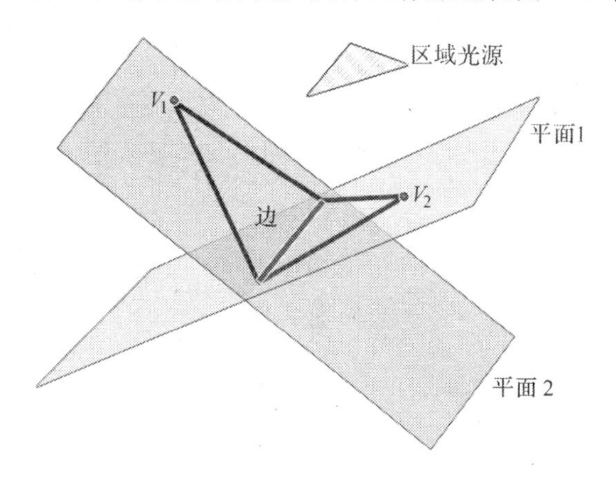

图 4.7 计算全局边

注：本图演示了根据区域光源计算全局轮廓边的算法。两平面的交线是一条边，与之相连的两三角形分别在平面 1 以及平面 2 上。若光源与 V_1 在平面 1 的同一侧，且光源与 V_2 也在平面 2 的同一侧，则此边为非轮廓边；若光源与 V_1 在平面 1 的两侧，且光源与 V_2 也在平面 2 的两侧，则此边同样不是轮廓边；否则，它是轮廓边。如果只有一个三角形与此边相连，此边肯定是潜在的全局性轮廓边。

对阴影点 P(见图 4.8),仅部分潜在的全局性轮廓边为确切的轮廓边。为了能够快速地查找与点 P 有关的所有轮廓边,将光源投影在场景所在的平面上,计算此投影的包容矩形,并把所有可能的全局性轮廓边保存至一个表格状数据结构中(见图 4.8 中的网格)。每一个表格单元代表一个阴影点,每个阴影点都有一个轮廓边列表。对每一条可能的全局性轮廓边,采用图 4.8 所示光源的投影来构建包容矩形,找出在此包容矩形内的所有阴影点,然后把此轮廓边加到这些阴影点对应的列表中。遍历所有的可能的轮廓边后,对每一个阴影点,其列表中包括了所有可能相关的轮廓边。

接下来,就需要对每一个阴影点做光源可见度测试。对阴影点 P,从点 P 观察,要计算出光源可见部分与光源总面积的比例。第一步,遍历点 P 轮廓边列表,检查与光源相交的边(见图 4.8(b))。第二步,进一步获取与点 P 相关的确切的轮廓边。具体采用图 4.7 讨论的算法来判断第一步中得到的边是否为点 P 确切的轮廓边[94-102]。

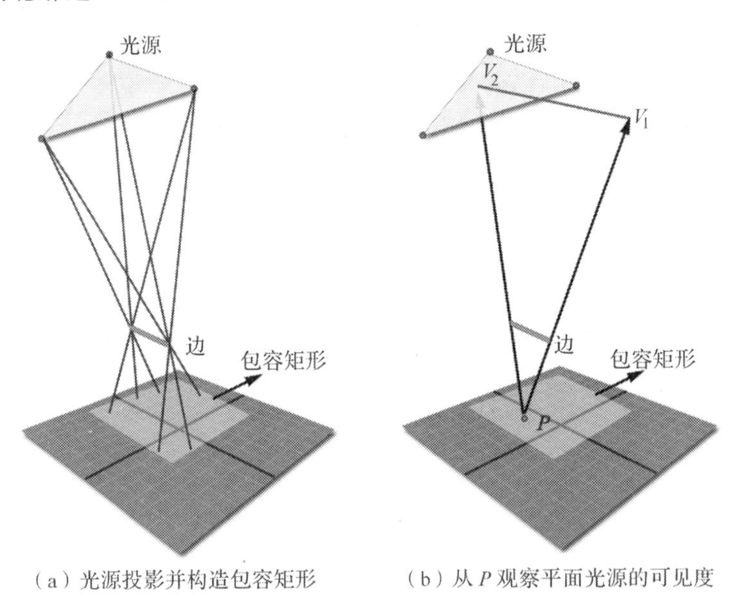

(a) 光源投影并构造包容矩形　　(b) 从 P 观察平面光源的可见度

图 4.8　计算投影

得到点 P 确切的相关轮廓边后,把这些轮廓边投影至光源平面上(见图 4.9)。投影后的这些轮廓边具有方向性,其方向性由包含此轮廓边的三角形的相对位置决定。如果此三角形在轮廓边的右边,则定义方向为升序,否则为降序。如图 4.9 所示,轮廓边 V_1V_2 的方向性为升序,V_2V_3 为降序。计算光源的可见度时,轮廓边的方向性非常重要。如投影后的轮廓边和光源的左侧边缘相交,那就要做对应的调整(见图 4.10)。图 4.10 展示了所有 6 种需修正轮廓边的具体情况。文献[93]详细讨论了前 4 种,本书算法拓展了该文献的规则,参见图 4.10(e)与(f)的结果。

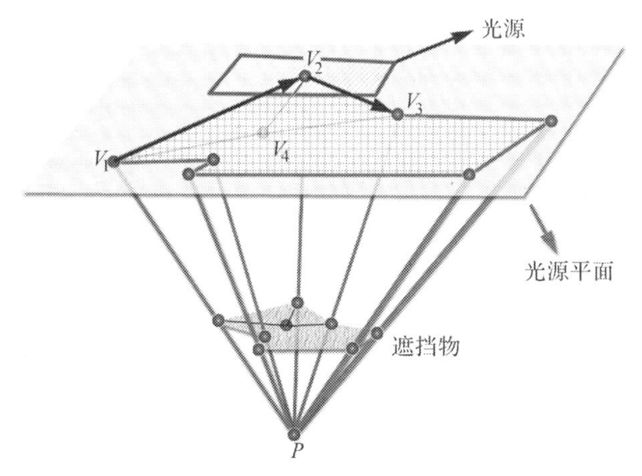

图 4.9 光源投影

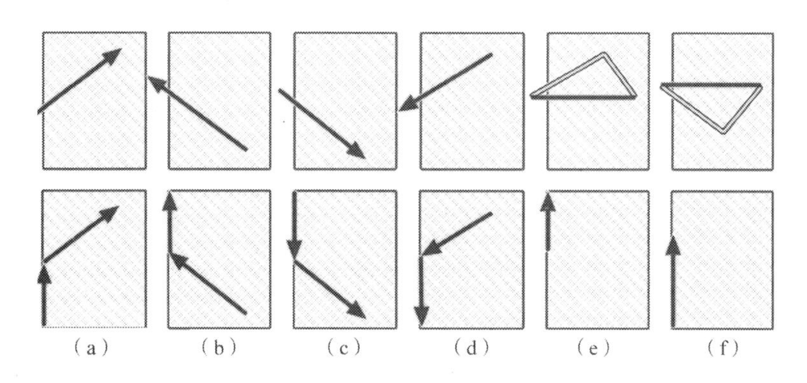

图 4.10 轮廓边的投影规则

注:矩形为区域光源。箭头为轮廓线。如轮廓线和光源左侧的边相交,则需要进行修改,而与光源其他边相交就保持不变。第一行为原始的轮廓边,第二行为修正后的轮廓边。(a)、(b)、(c)与(d)把原始的轮廓边在相交处分成两段,(e)与(f)是处理水平轮廓边的情况。(e)与(f)中,浅色的边与水平轮廓边构成一个三角形。(e)为三角形在轮廓边上侧的情况,而(f)是三角形在轮廓边下侧的情况。在(e)中,修正后的轮廓边位于原始轮廓边的上侧;(f)中,修正后的轮廓边在下侧。修正前后的轮廓边的属性保持不变。在(a)、(b)、(c)与(d)中,要增加一条垂直的轮廓边,而在(e)与(f)中,原始水平轮廓边被去掉了。

下一步工作，是要根据轮廓边端点以及不同轮廓边之间交点的垂直坐标，对所有轮廓边进行分段，整个分段过程如图 4.11 所示。在图 4.11(b)中，轮廓边将在小圆点处断开。分段后轮廓边的方向性保持不变。分段处理后，平面区域光源被分为多个小尺寸梯形(见图 4.12)。每一个梯形的可见性是单一的，也就是说要么是全部可见的，要么是全部不可见的。

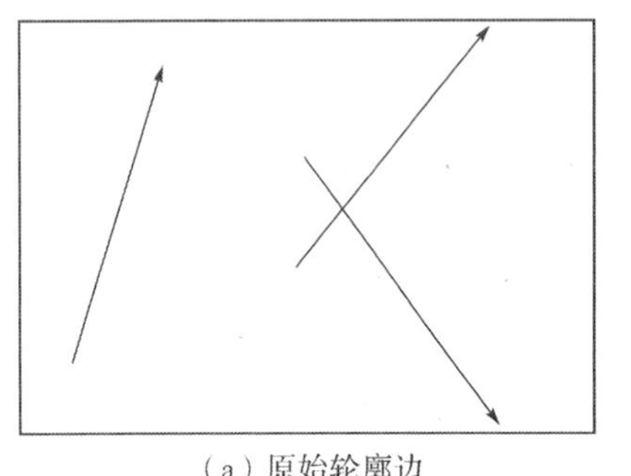

(a) 原始轮廓边　　(b) 小圆点处分割

图 4.11　轮廓边的分段

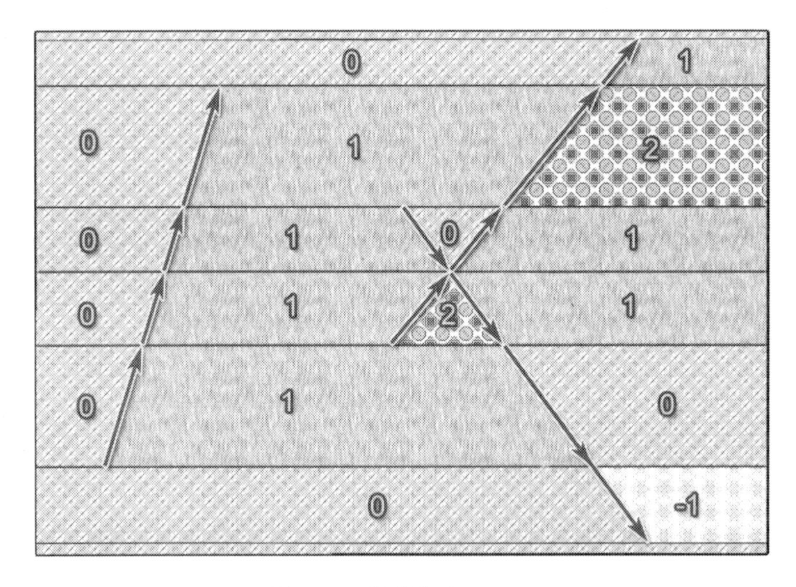

图 4.12　梯形构造($T=1$)

通过轮廓边方向性的定义可以发现，轮廓边为升序时，表示区域光源上被遮挡物挡住的一个不可见梯形的开始；而一个轮廓边为降序时，表示该不可见梯形结束。挡住区域光源上梯形的遮挡物的面片数量就是该梯形的深度[93]。所有的梯形都有对应的深度值，此深度值决定对应梯形的可见性。开始计算梯形的深度值时，每行初始值都为0(见图4.12中数字)，梯形深度值的计算都是从左到右进行的。对于一个梯形，如果左侧为升序的边，则此梯形的深度值为前一个(即左边)梯形的深度值加整数 T；如果左侧边为降序，则减去 T。当仅一个三角形和此左侧边关联时，该边为三角形的边，那么 T 为1，否则为2。图4.12中，为了能清晰地表示结果，图示所有深度值的计算都在 T 为1的情形下进行。直接忽略那些在区域光源外的轮廓边，不需要考虑影响。如轮廓边与光源左侧边相交或者本身是水平的，则需按图4.10中的规则进行处理，完成后再进行深度值的计算。从图4.12展示的算法可以看到，梯形深度值为一个相对值，是建立在每行开始扫描时的初始值上的。本书中该初始值设为0，其大小对计算结果没有任何影响。一般情况下，深度值越小，意味着梯形越靠前边。但是，不能保证深度值的最低梯形是可见的，这是因为在区域光源外的轮廓边还没有被考虑。解决该问题的一个简便方法是用光线来测试深度值为0的梯形是否可见，只需检测一个梯形深度为0的梯形即可。要完成这个测试，只需要从 P 发出一条光线到一个具有最小深度值(一般为0)的梯形的中心(实际上梯形上任何一点都可以)，接着判断这条光线与遮挡物是否相交。如相交，说明此梯形不可见，那么其他有相同深度值的梯形也是不可见的；反过来，如果是不相交的，那么这些深度值最小的梯形都是可见的，其他深度值的梯形是不可见的。于是，对于阴影点 P，可计算出光源可见度为

$$R=\begin{cases}0, & \text{相交}\\ \sum S_t/S_l, & \text{不相交}\end{cases}$$

其中，R 为 P 位置的光源的可见度，S_t 为有最小深度值的梯形的面积，S_l 为区域光源的总面积。此式列出了测试光线和遮挡物相交时，以及不相交时的两种结果。在相交时，在 P 位置上，整个光源都不可见，显然可见度为0。

应用上述算法遍历场景中所有的阴影点，每个阴影点的区域光源可见度可以被计算出来，下一步就可快速地绘制逼真的软阴影。本算法的例子在绘制时的分辨率为200×200，由于阴影点是离散的，需在相邻两阴影点之间插值，一般只要使用线性插值即可。

4.3.3 软阴影实例

此节讨论了几个由本书原型系统产生的软阴影实例。原型系统通过Visual C++完成，所有结果都是在Windows的个人计算机(内存为2G，CPU为

2.66GHZ)上计算出来的。图 4.13 显示了使用本算法在各种不同场景中的计算结果。从图中可看出,渲染的图像凸显了软阴影的一些典型特性:阴影接受面离遮挡物越远,产生的阴影越柔和,反过来阴影就越浓厚。表 4.1 中给出了对应图 4.13 中各模型的相应参数。

图 4.13　软阴影效果图

注:不同例子的光源面积和距离都不同,具体见表 4.1。

表 4.1　阴影参数

网　格	顶点数/个	三角面片数/个	光源距离	光源尺寸	时间/s
苹果	891	1704	50	3.0×3.0	2.012
鸟	1155	2246	30	5.0×5.0	3.234
狗	6650	13176	50	3.0×3.0	18.126
盒子	120	228	30	10.0×10.0	0.082

注:本表显示了在 200×200 的分辨率下生成软阴影的各种参数,时间为总耗时。

面向样例的交互式三维动画的创建

迄今为止，在整个动画复制过程中，用户能够自由干预动画生成的机会很少，最多只能改变动画最终的运动幅度。在现实中，用户往往需要在源动画的基础上增加一些独特的创意，然后合成一套符合既定目标的全新动画。本节将详细讨论这个问题。

5.1 算法背景

逆向运动学(inverse kinematics，IK)[103-109]在当前计算机动画制作中起着举足轻重的作用。用逆向运动学可快速设置复杂的动画，并设置一些特有属性。它的基本步骤如下。

(1)构建三维模型。该模型可以是关节结构，也可以由多个或单个连续曲面组成。

(2)对于关节模型，对模型进行链接，定义各个轴心点，此操作可在层次结构中进行描述。对于连续曲面组成的模型，要建立骨骼结构，并设置角色的蒙皮动画。

(3)把 IK 解算器作用至关节层次或骨骼结构上。

图 5.1 显示了使用 IK 创建关节模型(见图 5.1(a))，再通过调整骨骼位置改变模型，从而创建出一个比较简单的结果。该传统 IK 的最大问题是怎样才能方便快速地定义关节结构，这个过程非常烦琐，并且不直观。使用 IK 系统，用户要花费大量的时间用于设置各种参数，同时还需拥有数学以及物理学方面的知识，拥有丰富而敏锐的观察力与想象力。为了应对这个问题，文献[42,110]设计

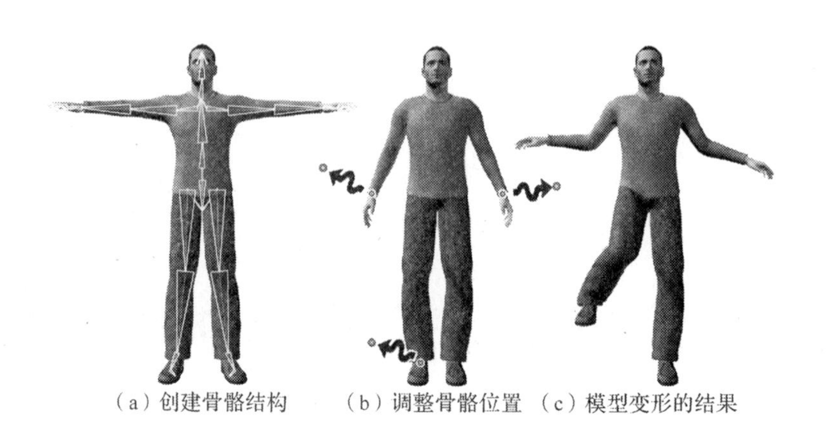

（a）创建骨骼结构　（b）调整骨骼位置　（c）模型变形的结果

图 5.1　IK 工作过程

注：(b)中 3 个箭头代表各个调整方向。

了面向网格的逆向运动学。与基于骨骼结构的传统 IK 相比较，基于网格的逆向运动学不需要用户指定各种约束条件，而是依赖样例网格隐含地定义各种约束，用户只要直接操作网格顶点，就可以让网格产生变形动作。但是，该方法需要操作对象拥有几个不同的动作姿态，并且生成有代表性的动作同样是一件具有挑战性的工作。

本节在文献[42,110]的基础上，使用前面章节论述的结果，直接使用源对象的不同关键帧来交互式地创建目标对象的新动画。在图 5.2 中，各图展示了本算法最核心的内容。为方便介绍，在图 5.2 中只使用了两个样例姿势，并且用户仅控制骆驼右前腿。在方法能够运作之前，需要使用本书前面章节介绍的方法，在马右前腿上以及骆驼右前腿上分别输入一条草图，本算法会自动在两者间建立关联。图 5.2(a)与图 5.2(b)为马的两个样例姿势，草图输入一般是在原始姿势(见图 5.2(a))上完成的。在样本姿势的约束下，加上用户的交互性控制，就可以生成目标对象(骆驼)的不同姿势。图 5.2(c)所示的骆驼是要用来产生新动画的对象，这里仅操作深色部分，即右前腿。在此图中，点 V_1 与 V_2 为用户用来控制最终动画的两个控制点。在本例中，V_1 的位置保持不变，调整 V_2 的位置，随着 V_2 位置的不断改变，就会产生不同的目标对象的变形结果，图 5.2(d)～(g)展示了对应不同 V_2 位置的不同结果。从图示结果可看出，用户只需简单地拖动一个控制顶点，就可创建一个全新的动画，该动画的风格和样例类似。只要控制点连续移动，一个完整的新动画就随之产生了。仔细研究这些结果图，可以看到在局部存在一些不合理的变形，特别是关键帧间有较大变形

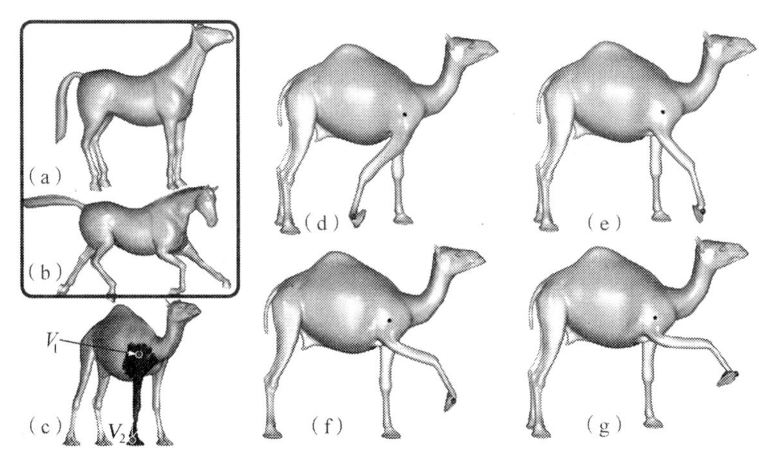

图 5.2　交互式动画生成

幅度时，就更加明显。产生这个问题的原因是样例太少，下文会讲述更多样本条件下的完整例子。

5.2　算法描述和实现

针对每种样本姿势，根据式(3.18)与式(3.19)，都能生成目标网格对应的系列仿射变换矩阵。处于初始姿态姿势的仿射变换矩阵是单位矩阵 $\boldsymbol{I}$。在图 5.2 中有两个样本姿势，目标对象骆驼能创建两套仿射变换矩阵集合。因为图 5.2(a)为初始位置，因此其对应的目标网格的仿射变换矩阵都为单位矩阵。对样本集合$\{H_1, H_2, \cdots, H_n\}$，按照式(3.19)，样例 $H_t(1\leqslant t\leqslant n)$对应的目标仿射变换矩阵 $\boldsymbol{M}_V^t$ 的表达式为

$$\boldsymbol{M}_V^t = \begin{cases} \boldsymbol{I}, & H_t \text{ 是初始位置} \\ \exp(C_r(C_x^t \log(\boldsymbol{J}_x^t) + C_y^t \log(\boldsymbol{J}_y^t) + C_z^t \log(\boldsymbol{J}_z^t))) \sum\limits_{i=1} C_s w_i \boldsymbol{S}_i^t / W, & \text{其他} \end{cases}$$

变量上标为 t 是指对应样本 H_t，具体的含义和式(3.19)一样。为简化后面章节的表述，改写上式为

$$\boldsymbol{M}_V^t = \exp(\boldsymbol{Q}_v^t)\boldsymbol{U}_v^t \tag{5.1}$$

其中，

$$\boldsymbol{Q}_v^t = \begin{cases} 0, & H_t \text{ 是初始位置} \\ \exp(C_r(C_x^t \log(\boldsymbol{J}_x^t) + C_y^t \log(\boldsymbol{J}_y^t) + C_z^t \log(\boldsymbol{J}_z^t))), & \text{其他} \end{cases}$$

$$U_v^t=\begin{cases} I, & H_t \text{ 是初始位置} \\ \sum_{i=1} C_s w_i S_i^t / W, & \text{其他} \end{cases}$$

这样处理后，一个样例集合$\{H_1,H_2,\cdots,H_n\}$有相对应的仿射变换矩阵集合$\{M_V^1,M_V^2,\cdots,M_V^n\}$，表达式$M_V$指所有网格顶点仿射变换矩阵的集合。记用户控制点初始位置的集合为$\{\hat{v}_i \mid \hat{v}_i$ 为目标网格的顶点，$1\leqslant i\leqslant n_c\}$，调整位置后的集合是$\{\hat{v}_i'\}$。计算一个目标网格的变形结果，该变形要能满足以下约束条件：

(1)仿射变换矩阵最大可能地接近$\{M_V^1,M_V^2,\cdots,M_V^n\}$元素的线性组合；

(2)变形结果满足控制点的位置约束，也就是

$$\overline{V}_{S_i}=\hat{v}_i' \tag{5.2}$$

其中，S_i是控制$\hat{v}_i'$在目标网格中的索引值，$\overline{V}$为变形后的目标网格顶点新坐标。该约束是硬约束(hard constraint)条件。

此处的线性合成仿射变换矩阵使用前几节中描述的类似方法，也就是先把仿射矩阵极分解，然后把旋转部分从$SO(3)$(全旋转群)映射至$so(3)$(Lie 代数空间)[67]上，接着在$so(3)$上线性叠加，再把叠加的结果映射回$SO(3)$。对于仿射矩阵非旋转部分，直接线性叠加即可，最后把两部分相乘获得合成结果。该过程可用数学公式表示为

$$G_v(L)=\exp\left(\sum_{t=1}^{n} l_t \log(Q_v^t)\right)\sum_{t=1}^{n} l_t U_v^t \tag{5.3}$$

其中，G_v为顶点V线性合成后的结果，L为各样本的权重向量，也就是$\{l_1,l_2,\cdots,l_n\}$。根据式(5.3)，所有顶点的仿射变换矩阵都可以以这种形式表示。上述约束条件(1)可以使用式(5.3)来表达，结合式(3.20)与式(5.2)，目标网格的最终变形结果可用以下公式计算：

$$V^*,L^*=\underset{\overline{V},L}{\operatorname{argmin}}\sum_{k=1}^{l}\left(\sum_{i\in ROI(k)}\left(\sum_{j\in N(i)} e^{|V_i-V_j|}\left\|G_i(V_i-V_j)-(\overline{V}_i-\overline{V}_j)\right\|^2\right)\right) \tag{5.4}$$

$$\overline{V}_{S_k}=\hat{v}_k'$$

其中，G_i为V_i的仿射变换矩阵。式(5.4)要用到矩阵对数及指数(L在G_i的指数部分)，因此该方程不能转化成线性方程组，需要应用高斯—牛顿(Gauss-Newton)迭代算法来处理。求解的基本思想是采用高斯—牛顿算法，把非线性的G_i转化成线性表达式代入式(5.4)中，这样式(5.4)就可用标准线性方程组求解。该过程为一个迭代的过程。第$\lambda+1$轮G_i迭代可写为

$$\boldsymbol{G}_i(\boldsymbol{L}_\lambda+\Delta\boldsymbol{L})=\boldsymbol{G}_i(\boldsymbol{L}_\lambda)+\frac{\mathrm{d}\boldsymbol{G}_i}{\mathrm{d}\boldsymbol{L}}\Delta\boldsymbol{L} \tag{5.5}$$

公式中 $\boldsymbol{L}_\lambda$ 为已知量，指上一轮的运算结果。根据式(5.3)，$\boldsymbol{G}_i$ 相对于 $\boldsymbol{L}$ 的导数为一个向量，求导过程和标量求导过程相同，导数表达式可写为

$$\frac{\mathrm{d}\boldsymbol{G}_i}{\mathrm{d}\boldsymbol{L}}=\exp\Big(\sum_{t=1}^{n}l_t\log(\boldsymbol{Q}_i^t)\Big)\begin{bmatrix}\log(\boldsymbol{Q}_i^1)\\\log(\boldsymbol{Q}_i^2)\\\vdots\\\log(\boldsymbol{Q}_i^n)\end{bmatrix}\sum_{t=1}^{n}l_t\boldsymbol{U}_i^t$$

$$+\exp\Big(\sum_{t=1}^{n}l_t\log(\boldsymbol{Q}_i^t)\Big)\begin{bmatrix}\log(\boldsymbol{U}_i^1)\\\log(\boldsymbol{U}_i^2)\\\vdots\\\log(\boldsymbol{U}_i^n)\end{bmatrix} \tag{5.6}$$

把式(5.5)和式(5.4)的未知量转化成$\overline{V}$与 $\Delta\boldsymbol{L}$，结合式(5.4)至式(5.6)，则第$\lambda+1$轮迭代公式为

$$V_{\lambda+1},\Delta\boldsymbol{L}_{\lambda_i}=\underset{\overline{V},\Delta\boldsymbol{L}}{\operatorname{argmin}}\sum_{k=1}^{l}\Big(\sum_{i\in ROI(k)}\Big(\sum_{j\in N(i)}\mathrm{e}^{|V_i-V_j|}\Big\|(\boldsymbol{G}_i(\boldsymbol{L}_\lambda)+\frac{\mathrm{d}G_i}{\mathrm{d}\boldsymbol{L}}\Delta\boldsymbol{L})$$

$$\cdot(V_i-V_j)-(\overline{V}_i-\overline{V}_j)\Big\|^2\Big)\Big)$$

$$\overline{V}_{S_k}=\hat{v}_k{}' \tag{5.7}$$

$$\boldsymbol{L}_{\lambda+1}=\boldsymbol{L}_\lambda+\Delta\boldsymbol{L}_\lambda$$

在每轮迭代中，以上公式最后可以转化成线性方程组来求解。与第 4.1 节的光滑处理公式相似，该方程组为一个稀疏方程组，可通过 LU 算子来求解。两者的不同之处在于此方程组是基于向量值的，需要把顶点的 x,y,z 坐标分量与所有样本权重联立起来求解。此方程组的规模很大，求解速度总体较慢。迭代开始时，要给出初始值 L_0，该初始值直接线性合成仿射变换矩阵，也就是对式(5.3)使用下面方式处理：

$$G_v(\boldsymbol{L})=\sum_{t=1}^{n}l_t\boldsymbol{M}_V^t \tag{5.8}$$

将上式代入式(5.4)后就可用标准线性方程组的求解方式来求解，把此解的 $\boldsymbol{L}$ 作为式(5.7)迭代的初始值，即 $\boldsymbol{L}_0$。在原型系统中，式(5.7)迭代的收敛条件为

$$\|V_{\lambda+1}-V_\lambda\|<\varepsilon(1+\|V_\lambda\|)$$

在实践中，通常取 $\varepsilon=0.000001$。一般情况下，迭代 6～7 次后会出现收敛情况。为了应对计算不收敛的情况，防止算法死循环的出现，程序中要设定一个最

大循环次数，在本书原型系统中该值为 15。对于不收敛的情形，可直接使用初始值代替，也就是式(5.8)代入式(5.4)时的解。

在以上各个公式中，需在 $so(3)$ 中计算出所有样本旋转矩阵对数的线性组合，再映射至 $SO(3)$ 中。在前面章节中已指出，旋转角较大的情形不能直接处理，而需根据式(3.16)至式(3.19)来进一步修正。式(5.3)中所有样本权重的总和可以不等于 1，即

$$\sum_{t=1}^{n} l_t \neq 1$$

使用与第 4.1 节相似的处理方法，首先在所有权重中找出最大值，标记索引值 τ，那么式(5.3) 可以进一步改写为

$$\boldsymbol{G}_v(\boldsymbol{L}) = \exp\left(\left(\sum_{t=1}^{n} l_t\right)\log(\boldsymbol{Q}_v^{\tau}) + \sum_{t\neq\tau} l_t\left(\log(\boldsymbol{Q}_v^{t}) - \log(\boldsymbol{Q}_v^{\tau})\right)\right)\sum_{t=1}^{n} l_t \boldsymbol{U}_v^t$$

使用式(3.16) 与(3.17)，进一步简化上式为

$$\boldsymbol{G}_v(\boldsymbol{L}) = \exp\left(\sum_{t=1}^{n}\left(C_x^t\log(\boldsymbol{J}_x) + C_y^t\log(\boldsymbol{J}_y) + C_z^t\log(\boldsymbol{J}_z)\right)\right)\sum_{t=1}^{n} l_t \boldsymbol{U}_v^t \quad (5.9)$$

其中，C_x^t，C_y^t 与 C_z^t 为样本 t 的系数，章节 4.1 已介绍具体计算方法，不同的地方就是要在 $\log(\boldsymbol{Q}_v^{\tau})$ 前乘以系数 $\sum l_t$。

图 5.2 显示的结果为控制点作为硬约束条件(式(5.2))时的计算结果。在操作控制点的时候，不能太随意地移动控制点的位置，否则会导致不自然的结果。对于控制点较多的情形，不同的控制点可能会相互冲突，而且调整控制点的合理布局也非常麻烦。为应对该问题，可以把式(5.4)改为软约束，即

$$V^*, \boldsymbol{L}^* = \underset{\bar{V}, \boldsymbol{L}}{\operatorname{argmin}} \sum_{k=1}^{l}\left(\sum_{i\in ROI(k)}\left(\sum_{j\in N(t)} e^{V_i - V_j}\left\|\boldsymbol{G}_i(V_i - V_j) - (\bar{V}_i - \bar{V}_j)\right\|^2\right)\right) + \lambda\sum_{i=1}^{n}\left\|\bar{V}_{S_i} - \hat{v}_i^t\right\|^2$$

其中，n 为控制点的数量，λ 为控制点的系数，S_i 是 $\hat{v}_i^t$ 在目标网格顶点中的索引值。事实上，式(5.4)仅为上式的特例，也就是 $\lambda=\infty$ 时的情况。使用上式来修正式(5.7)，可获得软约束条件下的变形结果。其求解过程和硬约束相同，但此处增加了几个未知数。图 5.3 显示的为 $\lambda=15$ 时的结果(以骆驼右前腿为例)。硬约束控制点与软约束控制点在不同的场合有各自合适的用途。软约束牺牲部分控制点的约束强度来提高整体计算结果的一致性，而硬约束要保证用户输入的控制点不改变。

另一个需讨论的重要问题是插值。在加入用户的交互信息后，源动画关键

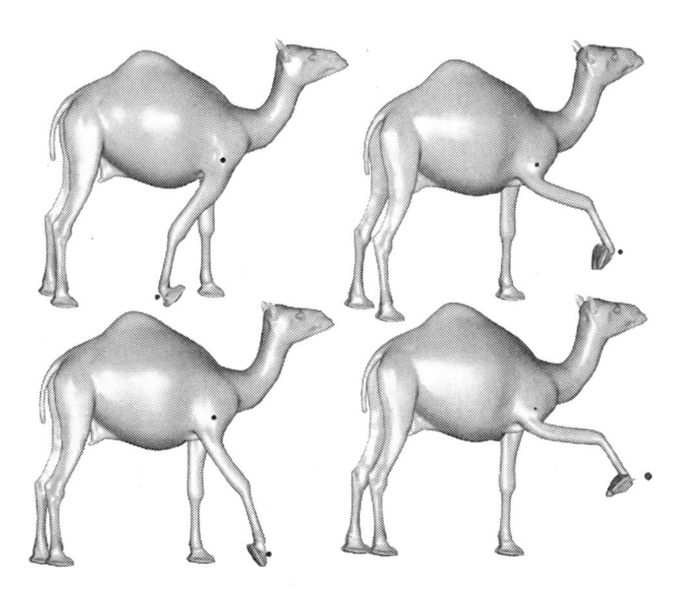

图 5.3 软约束控制的结果

帧和新生成的目标网格的关键帧之间失去了明确的对应性，因此此处讨论的插值算法不适用于交互的场合。此外，通过控制点位置来插值也行不通，因为无法获取控制点的移动轨迹。在这里使用类似文献[55]以及在第 4 章讨论的算法进行插值处理。对于新创建的目标关键帧，目标网格的每一个顶点都有一个对应的仿射变换矩阵 $\boldsymbol{G}_v$，通过矩阵的极分解，可以表示为

$$\boldsymbol{G}_v = \exp(\log(\boldsymbol{Q}_v))\boldsymbol{S}_v$$

其中，$\boldsymbol{Q}_v$ 为极分解生成的旋转分量，$\boldsymbol{S}_v$ 为矩阵的非旋转分量。对关键帧 t_1 与 t_2，在时刻 $t(0 \leqslant t \leqslant 1)$ 的插值可用以下公式计算：

$$\boldsymbol{G}_v^t = \exp((1-t)\log(\boldsymbol{Q}_v^{t_1}) + t\log(\boldsymbol{Q}_v^{t_2}))((1-t)\boldsymbol{S}_v^{t_1} + t\boldsymbol{S}_v^{t_2}) \tag{5.10}$$

使用式(5.10)可计算出 t 时刻所有目标网格顶点的变换矩阵，并且还可计算 t 时刻各顶点的大致位置，该值可直接使用关键帧顶点的坐标值生成：

$$\hat{V}^t = (1-t)V^{t_1} + tV^{t_2} \tag{5.11}$$

按照式(3.20)，(3.21)，(5.10)及(5.11)，最后时刻 t 的插值结果可通过以下公式计算：

$$\underset{\overline{V}}{\operatorname{argmin}} \sum_{i}^{n} (k_1 (\sum_{j \in N(i)} \mathrm{e}^{|V_i - V_j|} \| \boldsymbol{G}_i^t (V_i - V_j) - (\overline{V}_i - \overline{V}_j) \|^2) + k_2 \| \overline{V}_i - \hat{V}_i^t \|^2)$$

其中，k_1，k_2 与 $N(i)$ 的含义和式(3.21)一样，一般情况下 k_1 为 1.0，k_2 为

0.00001。插值完成后，需要使用后期处理技术（如光滑等），从而对结果做进一步处理。

5.3 实验结果

前文演示的例子仅有两个样本，且其中一个为变形前的原始姿势，目标网格的变形也仅局限于右前腿。为了进一步验证算法的可靠性与处理能力，本节采用比较复杂的例子：采用 8 个猫的姿势（见图 5.4）作为约束来控制目标对象——狼，一个姿势对应一个权重 l。

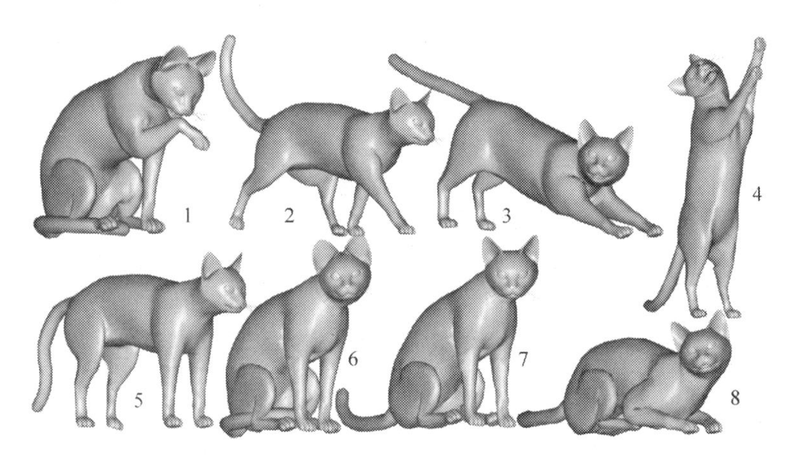

图 5.4 样本姿势

第一步，在猫与狼之间创建关联，共需 6 对草图（见图 5.5）。对应关系建立以后，要在目标对象上设置控制点，以便用户创建交互式动画。

第二步，完成以上预备工作后，使用不同的控制点数目和不同的控制点位置来创建不同的动画。图 5.6 至图 5.9 分别显示了在 3 个、4 个、5 个和 7 个控制点的时候生成的结果，结果对应的权重分别见表 5.1 至表 5.4。为了演示交互操作的直接效果，这些动画都没有进行光滑处理，且不同操作尽量选择不同的 λ 值。

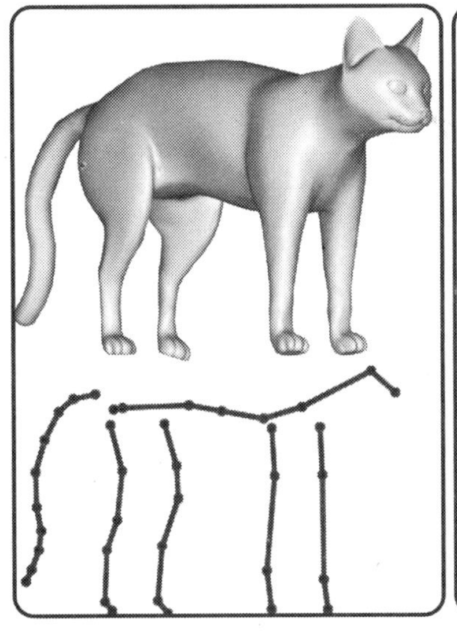
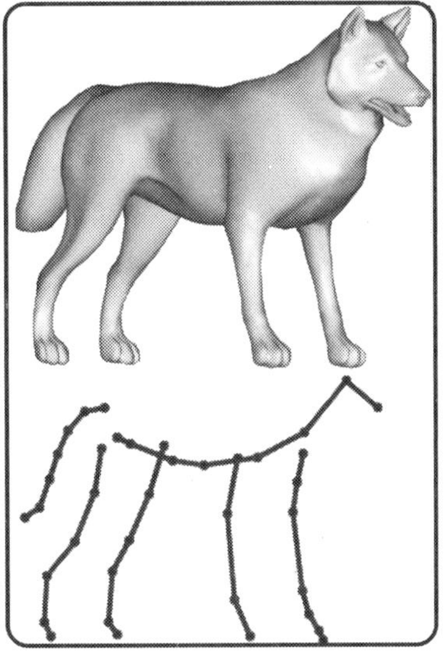

图 5.5　草图框架

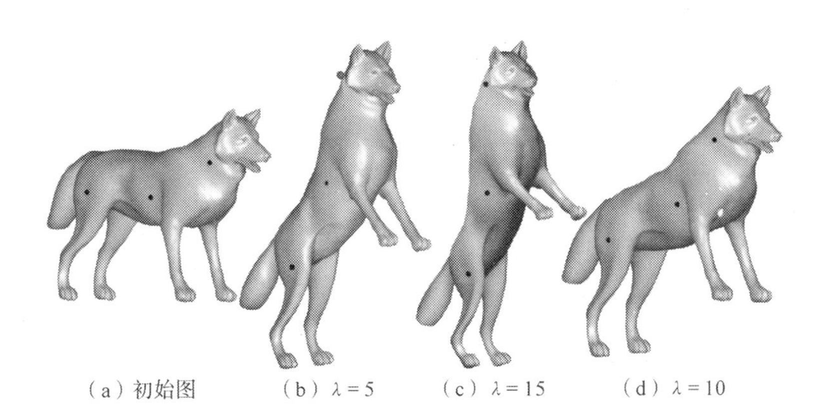

图 5.6　3 个控制点的结果

表 5.1　图 5.6 中结果对应的权重

l_1	l_2	l_3	l_4	l_5	l_6	l_7	l_8
0.196666	−0.124559	−0.051340	−0.050668	0.216549	−0.051340	0.347645	−0.198671
0.237784	−0.170182	−0.066491	0.357715	0.244672	−0.015065	0.430457	−0.251710
0.082258	−0.052175	−0.039581	0.103971	0.869567	−0.034177	0.180374	−0.092661

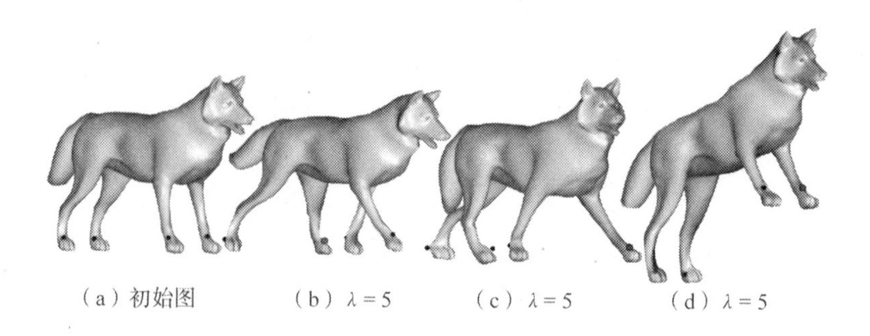

图 5.7　4 个控制点的结果

表 5.2　图 5.7 中结果对应的权重

l_1	l_2	l_3	l_4	l_5	l_6	l_7	l_8
0.152002	0.369353	−0.135786	−0.036556	1.034116	−0.085948	−0.045259	−0.043134
−0.242137	−0.361562	0.144145	0.001409	1.685986	0.197820	0.109738	0.044468
0.116922	−0.065636	−0.044449	0.114561	0.870769	−0.060442	0.137536	−0.033777

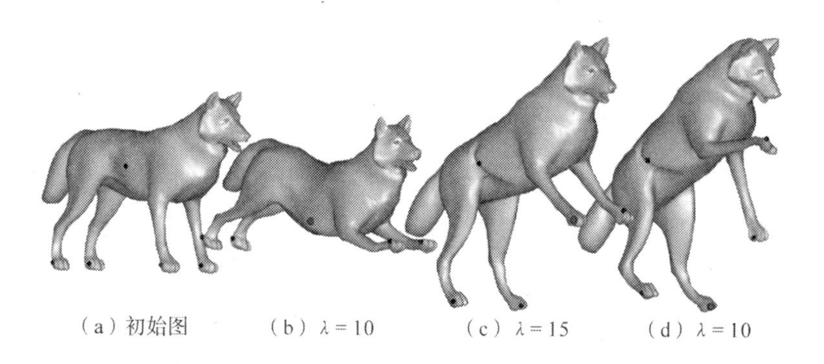

图 5.8　5 个控制点结果

表 5.3　图 5.8 中结果对应的权重

l_1	l_2	l_3	l_4	l_5	l_6	l_7	l_8
0.029660	−0.032173	0.244614	0.067955	0.909910	−0.060444	−0.290704	0.178154
0.639975	−0.103604	−0.103175	0.100953	0.329311	−0.415134	0.323015	−0.055167
0.200902	−0.100497	−0.000389	0.129023	0.460678	−0.084597	0.184094	−0.023905

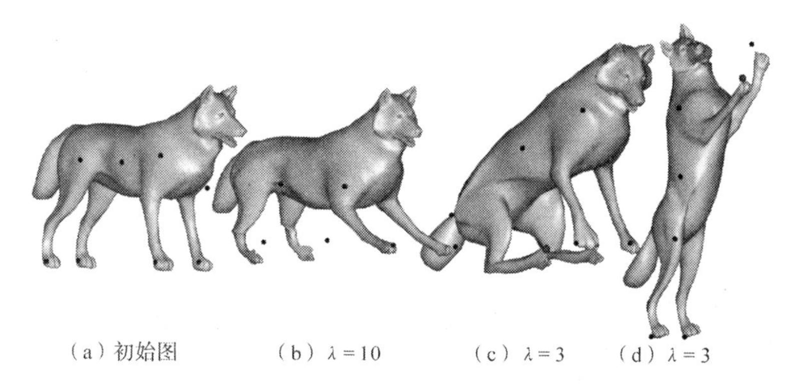

图 5.9 7 个控制点的结果

表 5.4 图 5.9 中结果对应的权重

l_1	l_2	l_3	l_4	l_5	l_6	l_7	l_8
0.403144	−0.231895	−0.023175	−0.029097	0.309970	−0.097736	0.569611	−0.013234
0.188086	−0.148339	−0.023993	0.719350	0.131462	−0.019868	0.130686	−0.072645
0.128332	−0.141291	0.124387	0.076667	0.408581	−0.090494	0.012553	0.069810

以上各例的时间效率不算很高，一个比较重要的原因是涉及的模型非常复杂。表 5.5 列出了本节演示用到的相关模型的几何参数。

表 5.5 各模型的几何参数

序 号	模 型	顶点数/个	三角面片数/个
1	马	8431	16843
2	骆驼	21887	43814
3	猫	9634	19098
4	狼	4344	8684

6

基于局部相似变换的动画复制

6.1 算法背景

尽管计算机图形学领域有大量的网格变形技术，但是这些现有的变形技术大部分是基于控制的，其主要的缺点是需要用户具备很专业的动画知识才能获得理想的变形效果，操作过程不直观，而且比较耗时。面向骨架的网格自由变形技术很适合变形幅度非常大的情形，但是，在一个网格上定义一套骨架很不容易。另外，在人机交互方面，文献[190]使用了一个可局部控制的模拟接口，进行交互式操作以及物理模拟，并最终应用在网格变形上，但不是所有的模型都适合该接口。文献[191]研究了基于草图的人机交互技术，但是该技术对用户的要求比较高。

近年来，面向样例的变形技术(deformation by example，DBE)引起了相关研究人员的广泛兴趣。这是因为，与传统的变形技术相比较，DBE 可重用已有动画素材来进行动画创作，而且过程简单直观、方便高效。文献[192]提出了把三角网格的变形复制到另一个完全不同的三角网格上的方法。本章在文献[192]相关内容的基础上进行拓展研究，提出了一个新的网格变形拷贝方法。许多相关的文献采用了相似的策略，文献[193]通过位移向量把脸部的表情复制到了另外一个不同的网格上，并采用了启发式方法，可以改变位移向量的局部尺寸与方向；文献[194]提出了一个非线性的梯度插值方法，可以调整网格顶点坐标与网格曲面向量。

本章提出的算法可以输入各种模型，不需要任何拓扑信息。用户只需简单地在源对象与目标对象上指定标记点，就可以拷贝复杂的变形。

6.2 算法概要

图 6.1 与图 6.2 展示了由本章算法创建的简单例子。算法的第一步，就是用户在源对象（即图 6.1 中的狗）与目标对象（即图 6.1 中的狮子）上输入多对标记点（见图 6.1 中的黑点）。源对象变形时，目标对象上的标记点会按照源对象上对应的标记点的运动方式变形；接着，本算法会自动使目标对象上的其余顶点变形。最后一步，光顺处理变形后的目标对象（见图 6.2 的第一行）。

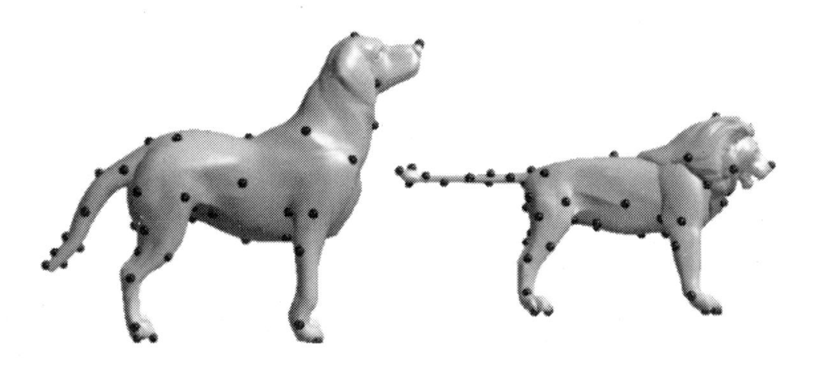

图 6.1　标记点

注：分别在源对象（狗）和目标对象（狮子）上画标记点，共 48 对标记点。

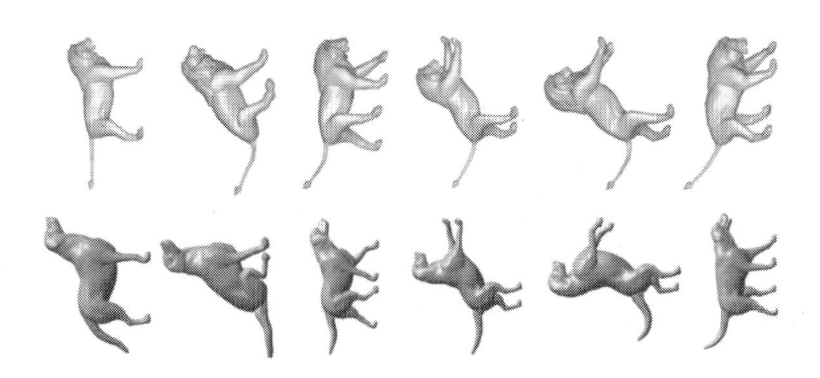

图 6.2　动作复制

注：把狗（即源对象，第二行）的变形动作拷贝到狮子上（即目标对象，第一行）。

本章算法的关键步骤如下：

(1)在源对象与目标对象上指定互相对应的标记点，源标记点与目标标记点一一对应；

(2)按照目标对象的方向与大小对齐和缩放源对象；

(3)对目标对象的每个顶点 P，找出离其最近的 3 个目标标记点，且距离都小于用户指定阈值 ξ，根据找出的 3 个标记点，计算出仿射变换矩阵，并将此矩阵应用于点 P；

(4)对上一步结果进行光顺处理。

6.3 变形复制

在深入讨论算法之前，首先要做的工作是按照目标对象的 ROI 的方向与大小调整源对象对应的 ROI。按照下式调整源 ROI 的尺寸：

$$V'=(V-C_s)\times s+C_s$$

其中，C_s 是源 ROI 的中心点，V 和 V' 分别为缩放前后的顶点坐标，s 是缩放系数。令 V_t 为目标 ROI 的包容盒体积，V_s 为源 ROI 包容盒体积，则 s 的缺省值 $s=\sqrt[3]{V_t/V_s}$。用户可根据具体情况，以此缺省值为基础微调缩放系数。而调整方向是由源 ROI 与目标 ROI 之间的语义决定的，如马首的方向与猫头的方向基本相同，而非相反。用户通过指定的标记点隐含地生成 ROI，它们既可能是整个对象，也可能是对象的一部分。在图 6.1 中，源 ROI 与目标 ROI 分别为整只狗与整只狮子。

变形拷贝的基本策略是目标网格的局部区域，与其对应的源网格局部区域按照类似的运动方式变形，局部区域都是通过 3 个最近的标记点确定的。该算法和文献[192]的算法最大的区别在于本算法不需要在源和目标三角面片间建立对应关系，也无须为三角面片计算仿射变换矩阵。变形的复制主要分为两步。

第一步，目标标记点按照源标记点的方式变换。设 P_1 与 P_2 分别为变形前源对象标记点与对应的变形后源对象标记点(见图 6.3 的第一列)，Q_1 与 Q_2 分别为变形前目标对象标记点和对应的变形后目标对象标记点(见图 6.3 的第二列)。Q_2 为未知量，可以通过以下公式计算得到：

$$Q_2=Q_1+k(P_2-P_1)$$

其中，k 为调整目标对象变形幅度的参数，缺省值为 1.0。如要放大目标对象的变形幅度，可以让 $k>1.0$。图 6.3 展示了 Q_2 的新位置。

第二步，在目标标记点移动后，按照目标标记点的改变使目标对象其余的顶点变形。ξ 为距离阈值，缺省值为模型包容盒对角线的四分之一，用户可在此缺省值的基础上微调。对于目标对象上的顶点 V，找出离 V 最近的 3 个标记点，记

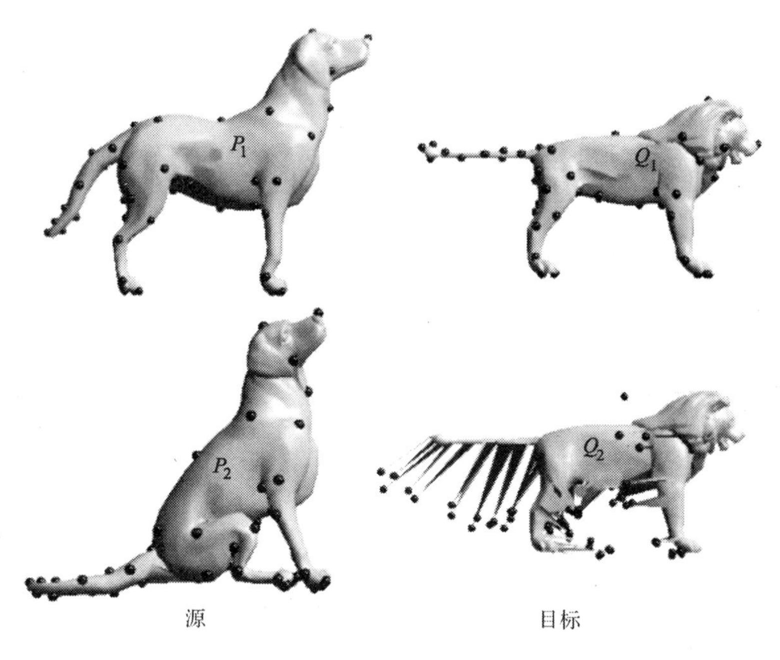

图 6.3　变形前后的标记点

为 Q_1，Q_2 与 Q_3（见图 6.4(a)）。如 VQ_1，VQ_2 与 VQ_3 的长度至少有一个大于 ξ，则忽略 V，继续检测下一个顶点，否则就计算 V 变换的新坐标 V_{new}。变换过程可以按如下描述进行。

如图 6.4 所示，把点 V 投影至平面 $Q_1Q_2Q_3$ 上，V_P 为平面上的投影点。Q_3V_P 和 Q_1Q_2 相交于点 r_o，Q_2V_P 和 Q_1Q_3 相交于点 S_o。D_1，D_2 与 D_3 分别为对应 Q_1，Q_2 与 Q_3 变形后的点。接下来详细讨论计算 V_{new} 的算法。

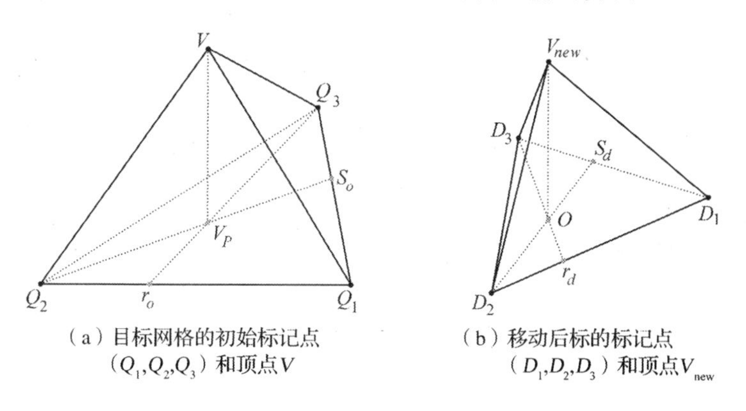

（a）目标网格的初始标记点（Q_1,Q_2,Q_3）和顶点 V　　（b）移动后标的标记点（D_1,D_2,D_3）和顶点 V_{new}

图 6.4　非标记点的变换过程

首先计算图 6.4(b)中的 S_d 和 r_d。S_d 可由式(6.1)计算出：

$$S_d = a\frac{|S_o - Q_1|}{|Q_3 - Q_1|}\times\overrightarrow{D_1D_3} + D_1 \tag{6.1}$$

其中，a 是一个参数，当 S_o 位于 Q_1 和 Q_3 之间时 a 等于 1.0，否则为 −1.0。r_d 可以通过式(6.2)计算：

$$r_d = b\frac{|r_o - Q_1|}{|Q_2 - Q_1|}\times\overrightarrow{D_1D_2} + D_1 \tag{6.2}$$

其中，b 是一个参数，当 r_o 位于 Q_1 和 Q_2 之间时，b 等于 1.0，否则为 −1.0。

在图 6.4(b)中，D_2S_d 和 D_3r_d 相交于点 O。从点 O 沿着平面 $D_1D_2D_3$ 法线方向，可以得到变形后的点 V_{new}。V_{new} 到 O 的距离为

$$|V_{new} - O| = \sqrt{\frac{S_{\triangle D_1D_2D_3}}{S_{\triangle Q_1Q_2Q_3}}}\,|V - V_p|$$

其中，$S_{\triangle D_1D_2D_3}$ 为三角形 $D_1D_2D_3$ 的面积，$S_{\triangle Q_1Q_2Q_3}$ 为三角形 $Q_1Q_2Q_3$ 的面积。V_{new} 的完整表达式可表示为

$$V_{new} = c\sqrt{\frac{S_{\triangle D_1D_2D_3}}{S_{\triangle Q_1Q_2Q_3}}}\,|V - V_p|\boldsymbol{n} + O$$

其中，$\boldsymbol{n}$ 为平面 $D_1D_2D_3$ 的单位法线向量，c 为方向参数，如 $V - V_p$ 和 $\boldsymbol{n}$ 的方向相同，则 $c = 1.0$，否则等于 −1.0。

除了标记点，对所有目标对象的顶点，重复上述处理过程，得到各变形后顶点的坐标值。对于本身是标记点的顶点，新标记点的位置就是变形后的该顶点的位置。图 6.5 显示了狮子初步变形的结果。

如要得到更好的变形复制效果，可以增加标记点。对于目标对象的一些特殊区域，如狮子尾巴，使用最近的 3 个标记点来计算的方法不是最合适的。在图 6.5 中，可以看到狮子上有一些区域不连续，需进一步使用第 4 章的技术进行光顺处理。图 6.6 展示了光顺处理的结果。

6.4 实例分析

本章在 C++普通个人计算机(CPU 为 2.8GHZ，内存为 1G)上实现了算法。在图 6.2 中，狗模型顶点数及三角面片数分别为 6650 个与 13176 个，狮子模型顶点数与三角面片数分别为 16302 个与 32096 个。图 6.7 展示了采用部分源对象——妇女的腿，来控制部分目标对象——马的腿的一个例子。

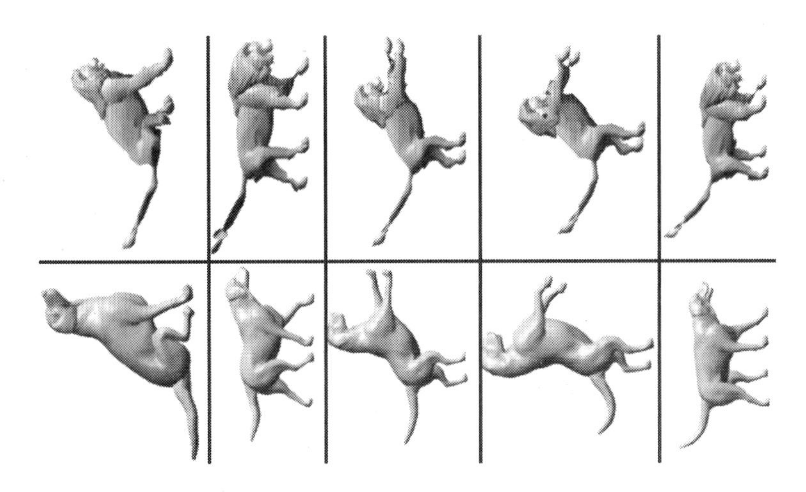

图 6.5　初步变形的结果

注：下面一行是各源关键帧对象，上面一行是对应的变形处理后目标对象的初步变形结果。

图 6.6　光顺处理前后的效果对比

本章对 Summer 等[192]的算法进行了比较。通过原型系统的测试发现，本算法在以下几点有更好的结果。

(1)高效性：本算法不需多次迭代来计算源对象和目标对象的关联，本算法无虚拟顶点。这使得对于同样的目标对象，本算法的方程组规模会小非常多。本算法在速度上比文献[192]的算法大约快 3 倍。

(2)通用性：可处理点云等非结构化的对象模型，也就是无拓扑信息的数据。

(3)重新利用局部变形：本章算法可从源对象上传递部分动画到目标对象(见图 6.7)。在图 6.7 中，共有 42 对标记点，通过妇女的一条腿来控制马的两条腿，一个标记点对包含一个源标记点(在妇女腿上)以及两个目标标记点(分别位于马的前腿与后腿上)。算法的各权重取值为 $w_s=0.2$，$w_r=0.2$，$w_l=$

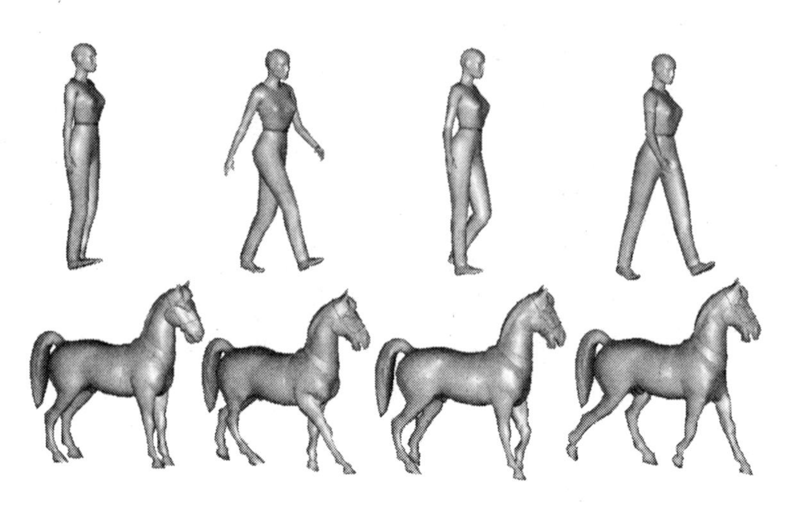

图 6.7　完整例子

0.002，$w_d=300.0$。

本书的算法是把源对象展示的变形复制到不同的目标对象上的一项技术。该技术不需要源对象和目标对象具备拓扑信息，也不需要源对象与目标对象有相同的顶点数。用户只需在源和目标对象上输入几对标记点，就可以完成整个变形的复制。本算法根据标记点自动高效地计算出目标对象其余顶点的变形结果。

网格变形在三维医学图像分割中的应用

7.1 算法背景

目前，癌症已位居我国各类死因的第一位。近年来，CT（computed tomography）成像技术得到发展，由于其成本相对较低且有效可靠，逐渐成为癌症诊断、治疗及效果评估的极为重要的手段。人体许多的重要器官都位于腹腔内部，对癌症病人的腹腔 CT 图像进行处理和分析对完善病人的后期资料有非常重要的作用。然而，由于 CT 图像的成像原理与传统成像技术有差异，CT 图像不可避免地具有模糊、不均匀等缺点，CT 图像的应用主要依赖放射科医生对图像的理解和解读，医生的主观性和经验对分析图像有非常大的影响。于是，采用计算机技术对 CT 图像进行处理的意义越来越重大。其中，CT 图像分割技术是对 CT 图像进一步处理的基础，也是进行病理分析和手术方案制订等的基础，在影像医学中有不可替代的作用[198-199]，是当前医学图像处理的一个难点。

7.2 相关工作

近几年，随着统计学理论、神经网络、形态学理论和小波理论等被应用到图像处理中，针对 CT 图像分割的复杂性，许多专家提出了多种有效的分割算法[200-201]。表 7.1 列出了近年来出现的适用于腹部 CT 图像的典型分割算法。

表 7.1 适用于腹部CT图像的典型分割算法

类别	具体算法	算法基本特征	主要优点	主要缺点
基于区域	阈值法[202-203]	通过阈值区分目标区域和背景	实现简单	不适用于特征值相差不大的图像
	区域生长[204]	使用种子点,把具有相似性质的像素集合成区域	计算简单	需要人工交互获得种子点
	分类器[199]	利用已知的训练样本对图像进行划分	不需要迭代运算,适用多通道图像	需要手工分类生成训练集
	聚类[199]	通过迭代对图像进行分类并提取各类的特征值	不需要训练样本	初始参数对结果影响大,需迭代
	统计算法[205]	把像素的灰度值看作一定概率分布的随机变量进行分割	可以校正核磁图像中局部体效应和强度不均匀现象	选取合适参数比较困难,计算量大
基于边缘	微分算子	通过求一阶导数极值点或二阶导数过零点来检测边缘	分割精确	对噪音敏感
	曲面拟合[206]	将灰度看成高度,用曲面来拟合小窗口内的数据,使用该曲面来决定边缘	考虑了像素空间信息	计算量大
	曲线拟合[207]	用平面曲线来表示各对象的边界线	边界非离散,有助于后期处理	算法较复杂
	串行边界查找[208]	查找高梯度值的像素,然后连接并形成曲线	考虑了空间信息,分割精确	受起始点影响大,连接高梯度的像素较困难
	形变模型[209]	使用从图像数据获得的先验知识,可有效地对目标进行分割	能够直接产生闭合的参数曲线或曲面,有较强的鲁棒性	对初始形状敏感,不能随意改变拓扑形状
	基于图像互信息[210]	基于互信息最大化准则的凸优化分割模型	对脑组织分割效果较好	不适用于其他类型图像分割

这些算法各有所长,但针对一些严重的肿瘤患者的CT图像,其腹腔分割效果并不理想。一些严重病变的患者的CT图像非常复杂,如图7.1中圆圈内所示,肝脏由于癌变而严重变形(阴暗部分为癌变组织),与腹腔粘连,上述各种算法很难准确完整地对腹腔进行分割,人工分割也是相当费时的。针对这种情况,本书提出了基于三维网格的癌变CT图像的腹腔分割算法。该算法可以把腹腔完整地分割出来,并自动生成一个腹腔三维网格,可以为后期的虚拟手术分析等

需要三维几何数据的场景提供有力的数据支撑。同时,尽管现在有很多分割算法能够处理肝脏和肺等重要器官,但是针对严重病变的情况(如图 7.1 所示的肝脏),很难把与腹腔粘连的部分有效地分割处理。借助本算法生成的腹腔三维网格,可以准确方便地分割这些疑难部位。

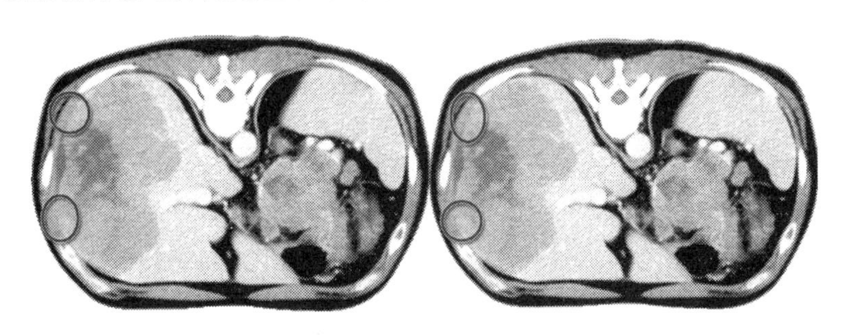

图 7.1 传统分割算法不能处理的图像

注:本图为相邻两片图像,圆圈内部分很难用传统算法处理。

7.3 算法介绍

整个算法的核心部分可以分为 4 个步骤,即获取腹腔骨架→构造网格→变形网格→优化网格。

7.3.1 获取腹腔骨架

获得原始的 CT 胸部数据(见图 7.2)后,由于骨骼 CT 值大于 200HU (hounsfield unit),清除小于 100HU 的体素(voxels)后可以得到如图 7.2(c)所示结果。在此基础上使用区域增长算法[211]找出最大的连通区域,并沿 Z 方向将其分割成 12 个厚片(slab),在每个厚片上使用 OpenCV 的 fitEllipse 函数拟合成一个三维椭圆(图 7.2(d))。图 7.2(d)中,小圆点是椭圆的焦点,大圆点为椭圆中心点。由于腹部位置没有骨骼,在腹部位置的椭圆可能不精确,需要使用腹部的皮肤或肌肉(−4HU～4HU,图 7.2(b))来帮助拟合椭圆。使用这些椭圆,把整体上位于椭圆外边的器官或组织清理掉,同时清理掉整体上都位于椭圆内部的器官和组织,最后获得如图 7.2(d)所示的阴影部分数据。

7.3.2 构造腹腔网格

在提取腹腔骨架后,需要生成一个腹腔网格。首先要构造一个三角圆球网

（a）原始腹腔CT数据　（b）腹部肌肉数据　（c）骨架数据　（d）椭圆及清理掉内部组织后的结果

图7.2　获取腹腔骨架

格，然后使网格变形来拟合腹腔。

(1)从二十面体构造圆球网格

图7.3显示了从二十面体构造一个圆球三角网格的基本过程。将二十面体的每个三角面片，分裂为4个小的三角面片，并替换原来大的三角面片。分裂过程中，找出每条边的中点（图7.3中的D），然后连接二十面体中心点与该点，找出在圆球上的点（图7.3中的D_1）。这些新生成的点与原来的顶点连接就生成了一个新的圆球三角网格。

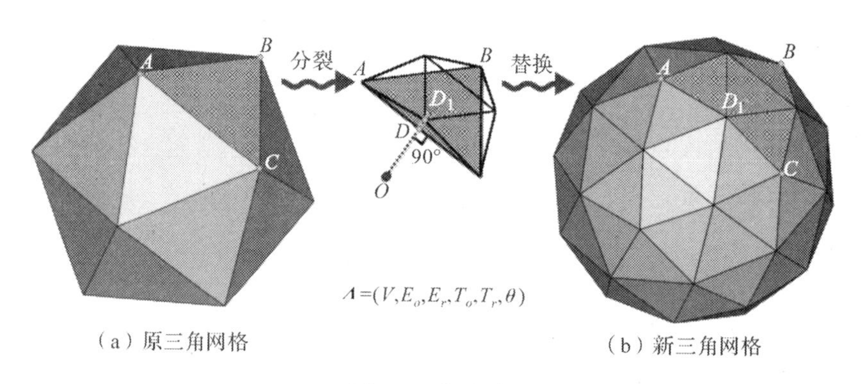

（a）原三角网格　（b）新三角网格

图7.3　构造球

新生成的网格可以用一个6元组$\Lambda(V,E_o,E_r,T_o,T_r,\theta)$来表示，其中$V$为网格的顶点集合，$E_o$是二十面体的边集合，$E_r$是新生成网格的边集合，$T_o$是初始二十面体的三角面片集合，$T_r$是新生成网格的面片集合，$\theta$是分裂次数。此处$\theta=5$，也就是图7.3中的分裂过程重复5次，获得10242个顶点、30720条边和20480个三角面片（见图7.4(a)）。

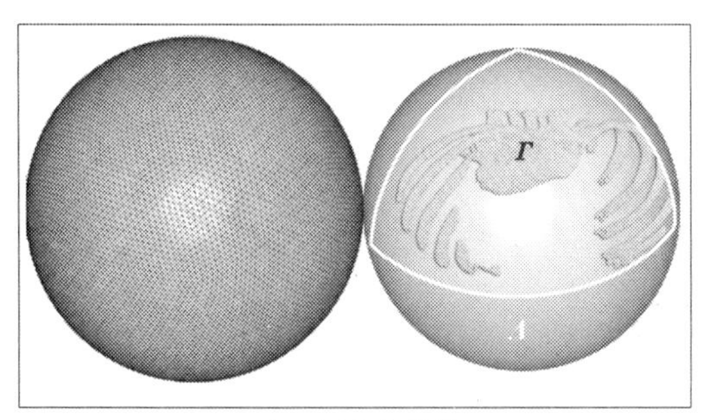

(a)网格与胸骨

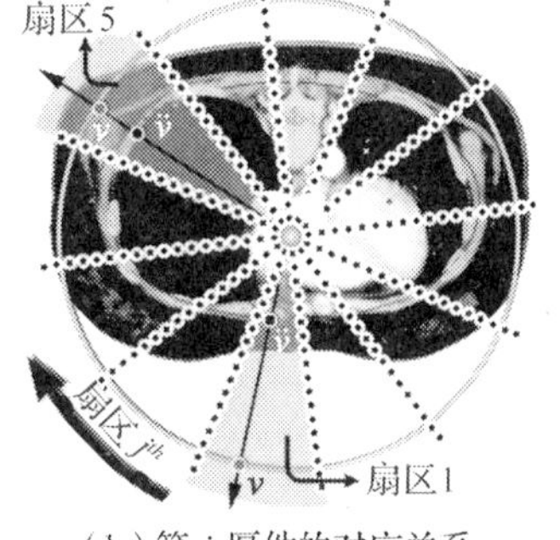

(b)第 i 厚件的对应关系

图 7.4　建立腹腔骨架与网格间的关联集合 Ω

(2)建立腹腔骨架与圆球网格间的关联

为了在圆球网格与腹腔网格间建立关联,将 CT 图像的 xy 剖面分割成 n 扇区(图 7.4(b)),此处 n 的缺省值为 108。中心点位置 $O=(c+b)/2$,c 为图 7.4(b)中的椭圆中心点,b 为椭圆最低点。图 7.4(b)中$\{v_{ij}\}$为网格顶点集合,$\{\ddot{v}_{ij}\}$是对应的腹腔骨架上的点集合。Λ 表示新生成的圆球网格,Γ 和 Θ 分别表示腹腔骨架和腹部肌肉的点集合。对图 7.4(b)中的每个扇区,对应关系集合 Ω 可以表示成

$$\Omega=\{(\psi(v_{ij}),\psi(\ddot{v}_{ij}))\mid \ddot{v}_{ij}\in\Theta\cup\Gamma,\ |\ddot{v}_{ij}-O_i|=d_{\min},\ v_{ij}\in\Lambda,\angle v_{ij}O_i\ddot{v}_{ij}=\alpha\}$$

其中,函数 $\psi(v)$返回其参数在网格或 CT 图像中的索引值;$d_{\min}$表示在第 i 个前厚片(slab)的第 j 个扇区中,中心点 O_i 到 V_{ij} 的最短距离;α 表示角度阈值,缺省值为 1°。

7.3.3　球形网格变形为腹腔形状

在图 7.5(a)中,$\{V_i|(x_i,y_i,z_i)^{\mathrm{T}}\}$和$\{U_i|(x_i,y_i,z_i)^{\mathrm{T}}\}$分别是网格中变形前和变形后的顶点集合。$\boldsymbol{M}$ 是 3×3 的仿射变换矩阵,它们的关系可以描述为

$$\boldsymbol{M}\times V_i+\boldsymbol{D}=U_i,\quad i=1,2,3,4 \tag{7.1}$$

消去平移分量 $\boldsymbol{D}$,则

$$\boldsymbol{M}=[U_2-U_1,U_3-U_1,U_4-U_1]\times[V_2-V_1,V_3-V_1,V_4-V_1]^{-1} \tag{7.2}$$

由于 V_i 是初始球形网格顶点,是已知值,所以 $\boldsymbol{M}$ 是变形后顶点 U_i 坐标值的线性函数。对每一条网格上的边,都有一个对应的仿射变换矩阵 $\boldsymbol{M}$,可以通过式(7.2)来表示。对一个三角网格(见图 7.5(b))的边集合$\{E_i\}$,可以得到对

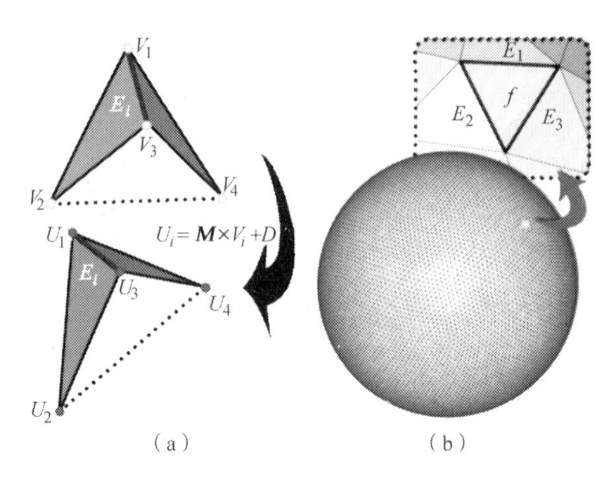

图 7.5 构造用于变形的仿射变换矩阵

应的仿射变换矩阵集合$\{\boldsymbol{M}_i\}$。

为了平滑地把球形网格变形为腹腔形状，本书拓展了文献[212－213]中的目标函数，这些目标函数以仿射变换矩阵的形式表示。变形光滑约束函数 G 表示对应于同一面片上不同边的仿射变换矩阵应该尽量保持相等。在图 7.5(b)中，在面片 f 上有边，则对应于此 3 条边的 3 个仿射变换矩阵的变化应该尽量小。对网格 $\Lambda=(V,E_o,E_r,T_o,T_r,\theta)$，$G$ 可以表示为

$$G(U_1,U_2,\cdots,U_n)=\sum_{f\in T_r}\sum_{k=1}^{E[k]\in f}\|w_g(\boldsymbol{M}_{E[k]}-\boldsymbol{M}_{E[(k+1)\%3]})\|_F^2 \tag{7.3}$$

其中，$\boldsymbol{M}_{E[k]}$是对应于 $E[k]$的仿射变换矩阵。f 为网格面片，w_g 为目标函数权重。

为了防止变形中的突变，目标函数 C 用来保证相邻点间的变化尽量小：

$$C(U_1,U_2,\cdots,U_n)=\sum_{j=1}^{|V|}\sum_{k=1}^{|N|}\|w_c((U_j-U_{N[k]})-(V_j-V_{N[k]}))\|^2 \tag{7.4}$$

其中，N 表示与顶点 V_j 相邻的顶点的集合，w_c 为该目标函数的权重，$N[k]$表示集合 N 中的第 k 个元素。最重要的目标函数 D 用来保证网格上的顶点尽量与其对应的 CT 图像上的点靠近：

$$D(U_1,U_2,\cdots,U_n)=\sum_{(\psi(\ddot{v}_j),\psi(U_j))\in\Omega}\|w_d(\ddot{v}_j-U_j)\|^2 \tag{7.5}$$

其中，Ω 是网格顶点与 CT 图像点间的联系集合，w_d 是权重，$\psi(v)$返回顶点 V 的索引。全局目标函数是上述 3 个函数的和。因此，变形优化问题就转化成寻找一组网格的新顶点$\{U_1,U_2,\cdots,U_n\}$，使得系列目标函数取得最小值。

$$U^* = \underset{U}{\operatorname{argmin}}(G + C + D) \tag{7.6}$$

式(7.6)中各个坐标分量是独立的，可以通过向量方程求解。为了有效地求解该方程，本书使用一个稀疏 LU 算子[214]求解。在原形系统中，各个目标函数的权重分别为 $w_g=1$，$w_c=5$ 和 $w_d=100$。图 7.6 显示了使用这些参数获得的结果。从图 7.6 中小圆圈所包围部分可以看出，在腹腔变化曲率较大的部位，网格的变形结果并不理想。导致这种结果的主要原因是式(7.6)的变形是建立在有效的关系集合 Ω 基础上的。从图 7.4(b)所示的 Ω 建立过程可以发现，在腹腔变化剧烈部分不能生成合理的对应关系。这需要进一步对腹腔网格优化处理。

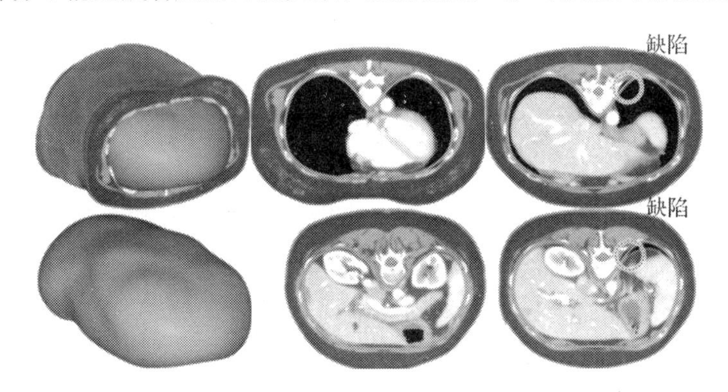

图 7.6 使用 $w_g=1$，$w_c=5$ 和 $w_d=100$ 获得的初步结果

7.3.4 优化腹腔网格

从图 7.7(a)中深色曲线部位可以看出，这些结果在这些部位局部效果并不理想，需要进一步优化。优化算法首先是在初步结果的邻近区域(图 7.7(a)中宽度为 w 的深灰区域)寻找腹腔边界点(图 7.7(b)中的实线)来替代腹腔骨骼框架。腹腔边界点由拉普拉斯零值、梯度阈值和方向来确定。

(1)拉普拉斯零值(Laplacian zero-crossing)

拉普拉斯零值在出现局部梯度极值的点上。拉普拉斯值为 0 的点是较理想的边界点。由于图像的离散化，拉普拉斯值恰好为 0 的情况并不多见。为了获得实用的拉普拉斯零值，使用式(7.7)来计算：

$$La(u)=\begin{cases}0, & \nabla^2(u)\cdot\nabla^2(v)<0 \text{ 且 } |\nabla^2(u)|<|\nabla^2(v)| \\ i, & \text{其他}\end{cases} \tag{7.7}$$

其中，$\nabla^2()$是拉普拉斯算子，v 是点 u 的邻点。这里计算的是 xy 平面内的拉普拉斯值。

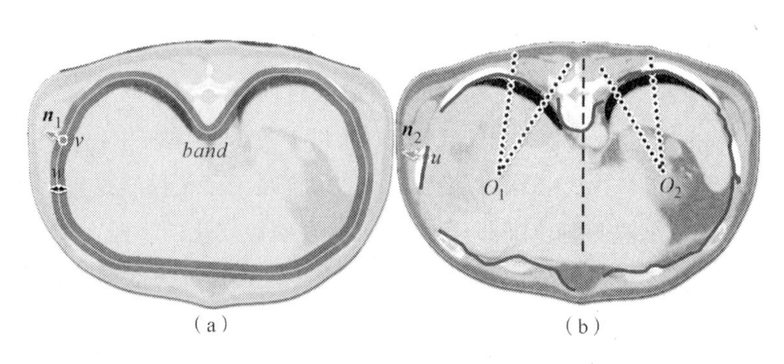

(a) (b)

图 7.7　通过椭圆焦点重新建立对应关系

(2)梯度阈值和方向

对图 7.7(a)所示的深色区域内的点计算梯度,可以获得一个梯度 G 和一个方向 $\boldsymbol{n}_2$(见图 7.7(b)):

$$G=\min(\{|\nabla(u_i)|\}+(\max(\{|\nabla(u_i)|\})-\min(\{|\nabla(u_i)|\})\times\theta$$

$$\boldsymbol{n}_2(u)=\frac{\nabla(u)}{|\nabla(u)|} \tag{7.8}$$

其中,$\nabla()$是 xy 平面内的梯度算子,min 和 max 分别是求最小值和最大值函数,θ 是梯度阈值控制系数,缺省值为 0.15。使用式(7.7)和式(7.8)可以获得腹腔边界点集合:

$$Chestedge=\{u|u\in band,\ La(u)=0,\ |\nabla(u)|>G,\ \boldsymbol{n}_2(u)\cdot\boldsymbol{n}_1(v)\geqslant\beta\} \tag{7.9}$$

其中,$band$ 为通过网格构成的一个宽为 w 的区域(图 7.7(a)深色区域),v 是离图像点 u 最近的网格顶点,$\boldsymbol{n}_1(v)$是网格在点 v 标准化后的法向量。β 是向量方向的相关系数,缺省值为 0.6;w 的缺省值为 20。图 7.7(b)中实线上的点就是新求出的腹腔边界点。在获得腹腔边界点后,从各个椭圆的两个焦点 O_1 和 O_2 出发建立网格顶点与腹腔边界点的对应关系 Ω。在建立对应关系时,如图 7.7(b)所示,O_1 计算虚线左侧的对应关系,而 O_2 计算虚线右侧的对应关系。重新建立 Ω 后,再次使用式(7.6)计算,可以获得如图 7.8 所示的结果。

7.4　实验结果

图 7.8 显示了一个实验结果的三维效果以及部分剖面的分割结果。在实验中,本书共使用了 30 个癌症患者病例的数据进行测试。这 30 个病例的 CT 扫

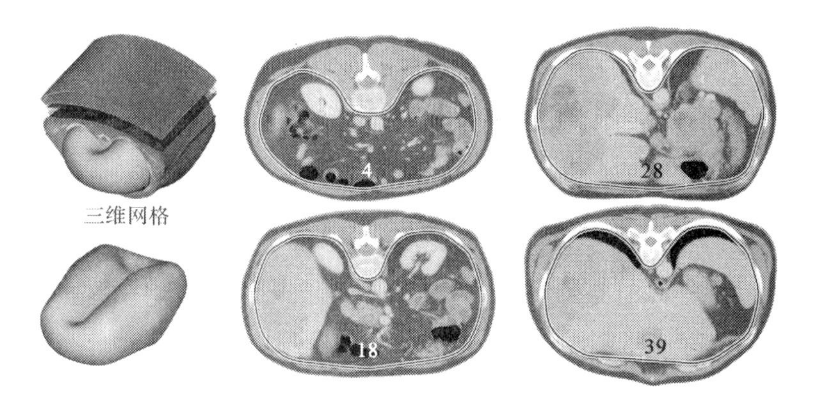

图 7.8 最终分割结果

注：含数字的图分别表示 CT 图像中 4,18,28,39 片的结果，共 53 片。

描图像显示，有的癌细胞已经扩散，腹腔内器官大多已变形。这些 CT 图像都是通过多探头 CT 扫描仪获得的，其主要参数如下：准直（collimation），2.5～5mm；重构间隔（reconstruction interval），1.25～2.5mm；管电流（tube current），175mA；管电压（tube voltage），120kV。所有数据都是在使用静脉造影剂（ISOVUE；GE Healthcare，Milwaukee，WI）情况下获取的。

为了更准确地评估本书算法的效果，采用文献[216]所使用的 5 个量化指标来衡量分割结果的准确性。用 *seg* 表示本算法生成的分割结果，*ref* 表示由专家人工分割的标准结果，*seg* 和 *ref* 都是体（volume），则这 5 个量化指标可以描述如下。

（1）*VOE*：体积重叠率（volumetric overlap），即 *seg* 与 *ref* 重叠部分的体积除以 *seg* 与 *ref* 并集的体积，$VOE=\tau(seg\cap ref)/\tau(seg\cup ref)\times 100\%$，其中 τ 是计算体积的函数。

（2）*RVD*：相对体差异（relative absolute volume difference），即 $RVD=|\tau(ref)-\tau(seg)|/\tau(ref)\times 100\%$。

（3）*ASD*：对称表面平均距离（average symmetric surface distance，单位为 mm），即找出 *seg* 与 *ref* 的边界点集，依次计算一个边界点集中每一点到另一个边界点集的最短距离，这些最短距离的平均值就是 *ASD*。

（4）*RSD*：对称表面平均距离的均方根（root-mean-square of symmetric surface distance，单位为 mm），此指标与（3）类似，不同之处在于计算最短距离的平方，然后计算平均值并开平方根。

(5)MSD：最大表面距离(maximum symmetric surface distance，单位为mm)，此指标与(3)类似，但这里计算最大值而不是平均值。

本次测试在放射科医生指导下人工生成了参与测试病例的 ref，表7.2列出了由本算法生成的结果与 ref 比较而获得的5个指标。5个指标的平均值分别为 VOE＝96.5%，RVD＝1.47%，ASD＝0.32mm，RSD＝0.55mm，MSD＝1.81mm。30个病例腹腔分割在CPU Intel i3，RAM 4G，Windows 7笔记本上测试，最短耗时约30s，最长约43s，平均约34s。4个步骤平均所需时间如下：获取腹腔骨架约17s，构造网格约1s，变形网格约6s，优化网格约6s。所有病例的测试效果良好，都能形成光滑平整的腹腔网格，分割生成的边界完整性好。

表7.2　30个病例的评估指标

病例	VOE /%	RVD /%	ASD /mm	RSD /mm	MSD /mm	病例	VOE /%	RVD /%	ASD /mm	RSD /mm	MSD /mm
01	94.62	2.28	0.31	0.56	2.45	16	96.15	1.24	0.29	0.48	1.92
02	95.11	2.34	0.28	0.43	1.47	17	95.46	1.69	0.45	0.74	2.07
03	98.14	0.78	0.15	0.27	1.15	18	97.72	0.83	0.36	0.60	1.88
04	97.12	1.15	0.20	0.33	1.28	19	98.49	0.48	0.27	0.41	1.05
05	97.41	1.26	0.22	0.36	1.30	20	95.47	2.23	0.44	0.79	2.19
06	96.13	1.76	0.30	0.58	2.21	21	94.72	2.30	0.53	0.93	1.98
07	95.77	1.87	0.27	0.44	2.08	22	96.47	1.19	0.28	0.50	1.87
08	98.12	0.27	0.18	0.29	1.22	23	95.97	1.83	0.47	0.80	2.14
09	97.19	1.31	0.29	0.43	1.50	24	97.28	1.05	0.35	0.79	1.79
10	94.58	2.38	0.33	0.53	2.52	26	96.72	1.21	0.33	0.59	1.48
11	96.14	1.91	0.27	0.46	2.18	26	97.71	0.81	0.32	0.59	2.07
12	95.78	2.09	0.31	0.57	2.16	27	94.89	2.45	0.44	0.81	2.69
13	98.63	0.25	0.14	0.23	1.06	28	95.92	1.82	0.44	0.72	2.23
14	97.46	1.04	0.23	0.40	1.01	29	96.78	1.30	0.31	0.57	1.80
15	97.48	1.08	0.27	0.45	1.27	30	95.57	1.80	0.43	0.79	2.27

式(7.3)、(7.4)、(7.5)、(7.8)和(7.9)中的参数对实验结果有比较大的影响。式(7.3)中的 w_g 用于控制三维网格变形过程中的平滑程度，其值越大，变形后的三维网格越平滑，缺省情况下 $w_g=1$。式(7.4)中的 w_c 用于控制变形过程中畸变顶点的出现，缺省情况下该值为5。式(7.5)中的 w_d 控制多

大程度上变形后的网格与目标控制点相吻合，如果该值为无穷大，则控制点必定落在变形后的网格上。w_d 的缺省值为 100。式(7.8)中的 θ 控制梯度阈值的大小，取值范围为 0～1。θ 值越大，梯度阈值就越大，一般情况下取值为 0.15。式(7.9)中的 β 控制两向量方向的相关度，取值范围为 0～1。β 为 1 时，两个向量方向必须相同；β 为 0 时，任何方向都可以，缺省值为 0.6。在对应关系集合 Ω 中，$d_{\min}$ 需要在每个扇区中计算获得，即在每个扇区中，$d_{\min}=\min(|\ddot{v}_{ij}-O_i|)$。$\Omega$ 中的 α 用来控制对应点间的角度阈值，缺省值是 1°，即 π/180°。实验中，30 个病例的参数是一致的，这些参数的缺省值是通过多次实验所获得的比较合理的数据。

7.5 结果分析

本书提出基于网格的 CT 图像的腹腔分割方法，把图形处理的方法有效地应用到医学图像分割上，是医学图像处理的一个积极的探索，是本书的主要贡献。本算法利用网格，把整个 CT 图像作为一个整体处理，有效地克服了单一图像片上边界模糊难处理的问题。本算法实质上是一个三维网格变形和图像边界分割相互融合的过程：在有明确图像边界的区域，三维网格主要按图像边界信息进行变形；而在没有明确图像边界的区域，三维网格则按照式(7.6)进行变形。本算法的核心可以理解为借助三维网格，通过已有的图像边界信息“推理”出缺乏有效图像边界信息部分的分割结果。本算法的“推理”函数即式(7.6)，主要起到平滑作用。在将来的工作中，可以设计更好的变形函数，如基于样例的参数化约束变形[215]，可以统计分析多个已有的三维腹腔网格，可以更好地推理出合适的边界。

尽管本算法有一定的创新，但也存在一些不足，主要包括以下几个方面。

(1)本算法的一个基本的步骤是要在三维球形网格和 CT 图像上的边界点建立对应关系，在病变非常严重的病人 CT 图像上，其边界点是非常凹凸不平的，这会导致建立对应关系 Ω 时，丢失凹进部位的信息。在将来的工作中，可以使用参数化的腹腔三维模型[215]替代球形网格来解决这个问题。

(2)本算法涉及较多的参数，目前这些参数的选择都是基于经验的选择，这样比较难获得针对不同数据的最优参数组合。在将来的工作中要对参数的自适应进行研究，在用户没有给出最优参数组合时，可以自动完成优化。

(3)效率问题，本书算法尽管比人工分割(一般要 20～30min)要快很多，但是还不能达到实时交互的速度。如果能实现实时交互，本算法在医学图像的编辑处理中将发挥很大的作用。这也是将来要开展的另一个重要工作。

本算法在初步变形时需要提取骨骼等 CT 值比较特殊的组织，而对于纯粹由软组织包围的器官(如肝脏)，本算法的应用有一定的局限性，把算法拓展到这一类器官的分割上，是下一步研究的重点。

面向样例的动画生成的原型系统

8.1 原型系统简介

在前几章讨论的基础上，本书实现了一个动画生成原型系统 ABE (animating by example)。ABE 是在 Windows 操作系统上完成开发的，该系统算法的计算量非常大，需在配置较高的电脑上运行。原型系统的主要算法使用 C 语言与C++语言开发，三维场景的渲染和处理采用 OpenGL 来实现，开发工具是 Visual Studio .NET 10.0。

8.2 原型系统的界面

ABE 需要用户输入草图等信息，因此界面是否友好非常重要。ABE 在界面的友好性与美观性上做了很多工作。该系统使用 BCGControlBar 界面库[111]完成软件的可视化架构，此界面库为一套在 MFC 基础上开发的拓展类库。图 8.1 与图 8.2 为 ABE 中最主要的两个界面，界面风格具备商业软件的一些特点，用户操作也极为方便。这两个主要界面上清楚地列出了各主要功能模块，并且以直观的方式展现了完整的工作流程。图 8.1 显示的是草图输入时的界面，而图 8.2 显示的是在关键帧间完成变形拷贝的界面。

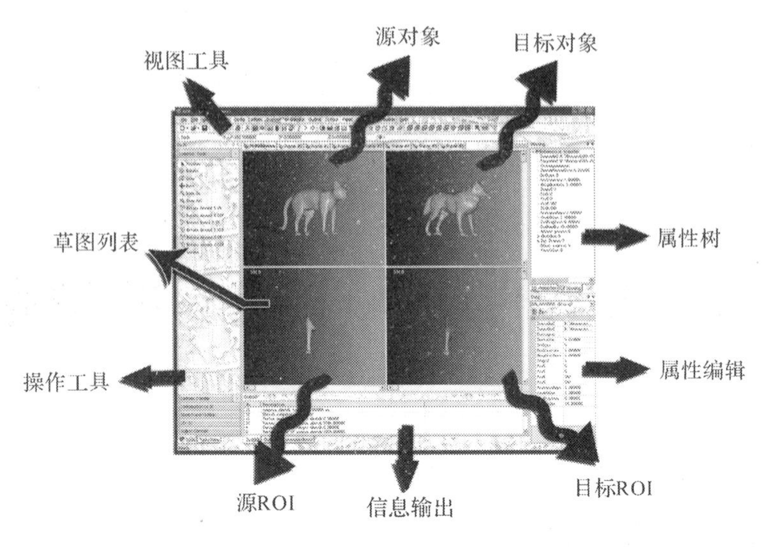

图 8.1 ABE 主界面之一

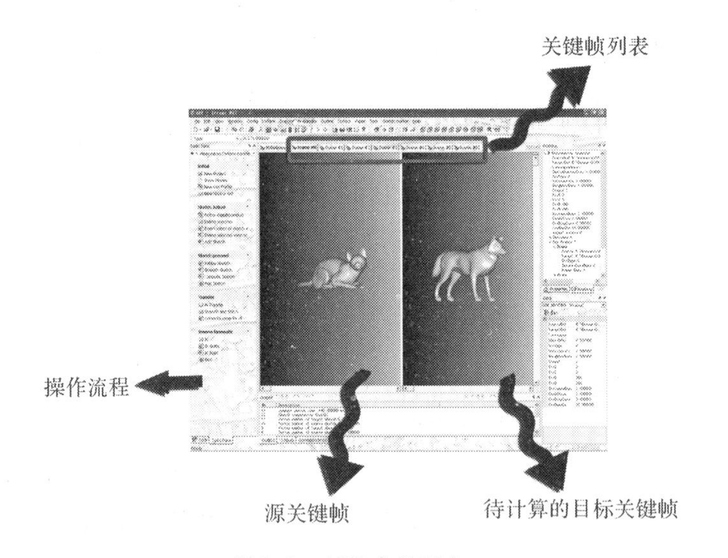

图 8.2 ABE 主界面之二

8.3 ABE 体系结构

ABE 主要包含草图绘制、输入、变形复制、ROI 生成及映射、网格光滑、动画插值与动画生成等主要模块。接下来简要地介绍各主要模块的一些特点。

(1)输入模块:该模块主要用来确定源动画的关键帧,包括二维动画以及三维动画。三维动画的关键帧以三维网格的形式表示，关键帧都是以 Wavefront 文件的格式保存。二维动画关键帧转化成 bmp 位图的形式处理和存储。目标网格的选取也在该模块上完成。该模块的另一个重要功能就是输入控制点，这是使用本系统的一套交互式工具来完成的。图 8.1 的右侧是属性树以及属性编辑窗口，控制参数是通过此窗口设置和输入的。

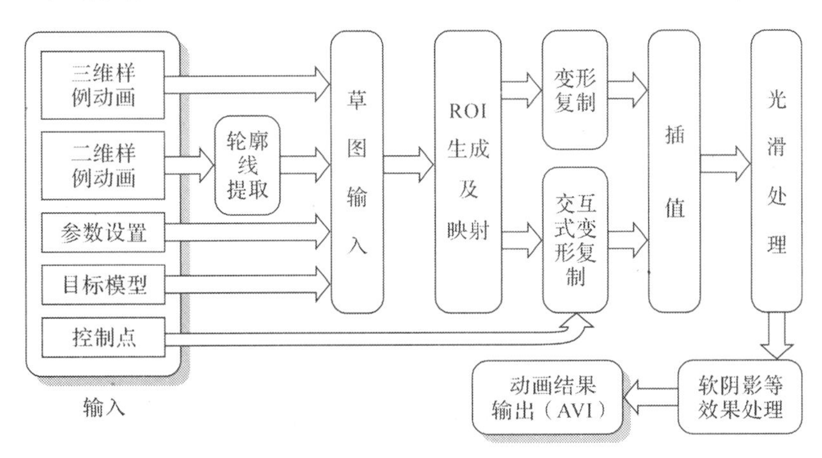

图 8.3　ABE 的体系结构

(2)ROI 生成及映射模块：该模块为内部计算模块，用户无须干涉，为 ABE 的核心模块之一。

(3)草图绘制模块：该模块涉及草图输入的交互工具，包括绘制草图工具以及编辑草图工具。草图的编辑既可以通过鼠标来调整折点的详细位置，也可使用键盘方向键微调坐标。该模块还有一个功能是对草图进行分割。

(4)变形拷贝模块：该模块为 ABE 中最重要的功能模块，涉及复杂的数学计算，其性能对整个软件的影响非常大。

(5)其他模块包括网格光滑处理、AVI 动画生成等一些辅助功能。

8.4　系统的数据结构

ABE 为一个较为复杂的软件系统，处理的数据与计算量都非常庞大。输入的动画关键帧需要用三维网格来表示，而每个三维网格包含的信息量非常大。所以，该系统必须建立合理完善的数据结构，用来表示各种数据元素，这对于整个系统的处理效率以及运行的稳定性都有极大的影响。系统的数据以面向对象的方式组织，并把它们封装成类，所有的类都使用C++实现。图8.4～8.6显示了ABE中一些重要类的相互层次关系。

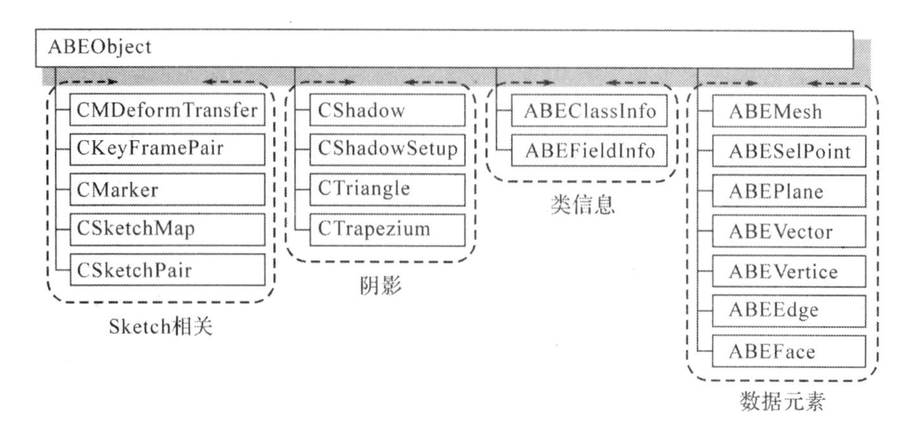

图8.4　ABE类层次图之一

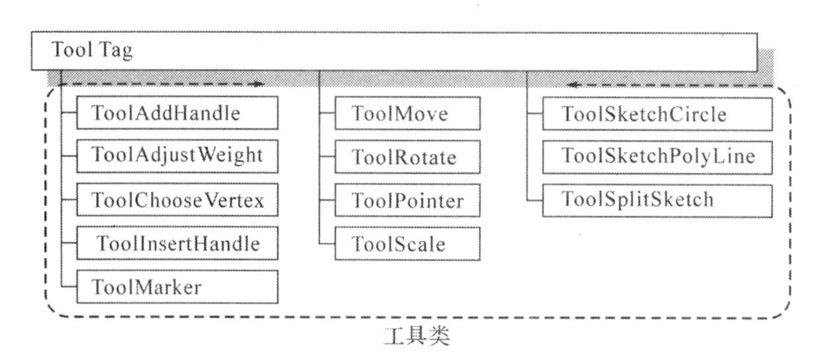

图8.5　ABE类层次图之二

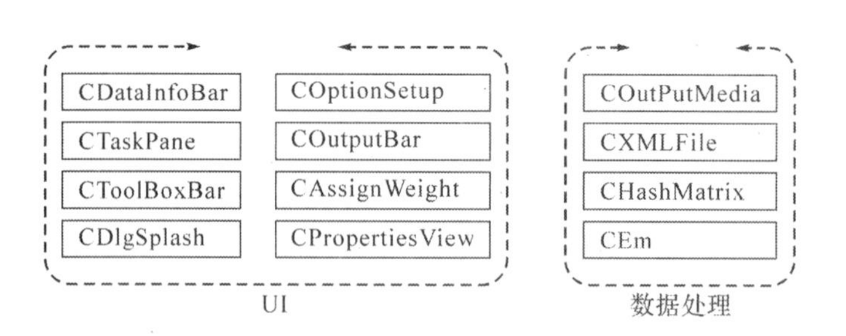

图8.6　ABE类层次图之三

下文针对上述几个类层次图的相关内容，做进一步简要的说明，然后把ABE的逻辑关系展现出来。类CMDeformTransfer为整个系统功能的核心，所有的核心计算都使用此类来完成或调用。为了能够直观地分析类

CMDeformTransfer，采用 UML(unified modeling language)来表示其内部的结果，以及和其他相关类之间的逻辑关系。图 8.7 显示了用 UML 表示的 ABE 中最主要的一部分逻辑关系，绘出了各个主要类的照耀成员。用户的操作主要通过 UI 类以及 ToolTag 子类完成，也就是使用工具类来输入所需要的重要信息，其中包括草图、关键帧以及其他所有需要调整的参数。所有的信息使用类 CMDeformTransfer 来汇总，并且通过它来调用其他对应的类。所有用户输入的信息和内容可使用类 CXMLFile 保存至一个工程文件中，以便数据交流或再一次使用。此工程文件是以 XML 格式存储的，非常便于用户修改与控制。系统中所有数学计算都是使用类 CEm 完成的，在求解大规模的稀疏方程组时，CEm 内部调用 LU 数学库[81]来完成主要计算。在产生标准形式的线性方程组的过程中，类 CHashMatrix 起到了非常重要的作用。此类以数组与单向链表相结合的形式来表示大型的稀疏矩阵，可方便地把本书所介绍的约束方程转化过来并有效地存储。本书涉及的稀疏矩阵规模非常大，构造链表时要事先分配较大的连续内存来处理数据，这种处理方式比逐一分配在效率上高 5 倍。

8.5 计算结果

本章前几节简要概括了 ABE 系统的一些最主要的特征，本节通过一个比较复杂的例子来综合分析各个指标。在此例中，共有 5 个源动画，这些不同源动画的不同部分要传递到复杂的目标对象——马车之中。为了尽量表现 ABE 的各种处理能力，系统测试了多种不同源动画的变形拷贝效果。图 8.8 显示了源与目标之间的对应关系。在此图中，通过狗、蛇、猫以及人体模型的三维动画来驱动马车，图中圆圈内的源动画要复制到箭头所指的马车的相应部位：狗动画全部复制到 1 号马；蛇的尾巴的动作复制到 2 号与 4 号马的尾巴上；猫的躯干动作复制到 2 号马的躯干上；人体模型的两腿动作复制到 3 号与 4 号马的腿上；人体模型的双臂动作复制到两个乘客的双臂上；人体模型的躯干动作复制到两个乘客的躯干上。

在这个例子中，共有 30 对草图。表 8.1 详细列出了各种草图的位置和数目，还有相互之间的对应关系。源草图与目标草图为一对一，在特殊情况下是一对多的对应关系。一些源草图要一对多地控制多条目标草图，如人两腿上的草图要控制两匹马上的 8 条腿上的草图。图 8.9 显示了所有草图的具体位置。这

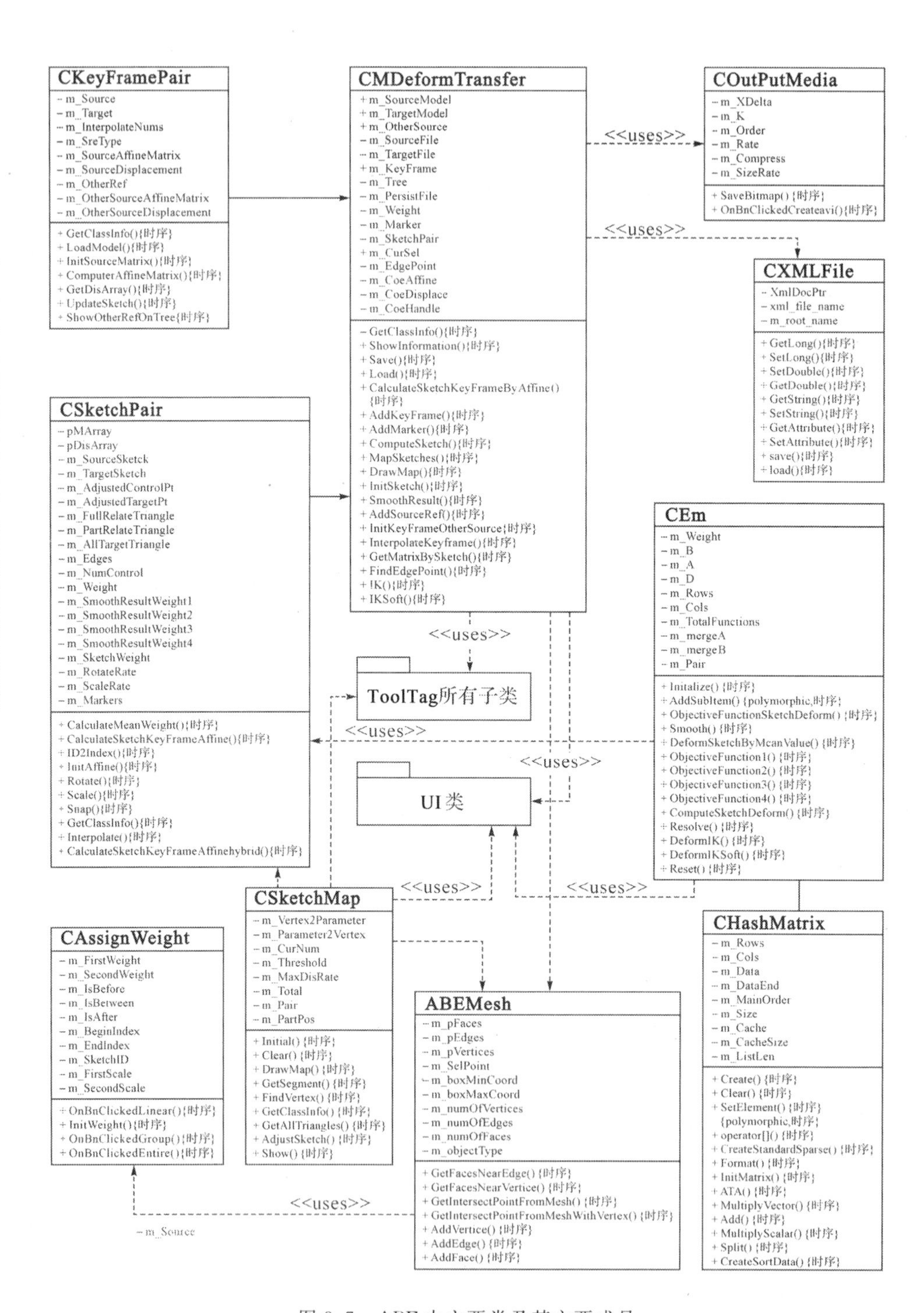

图 8.7 ABE 中主要类及其主要成员

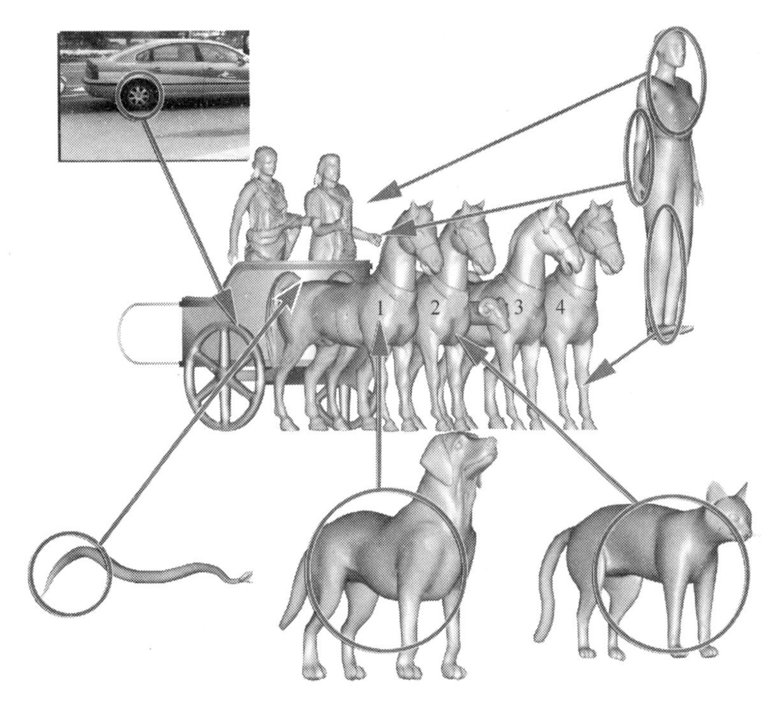

图 8.8 复杂动画复制

注:用箭头标识源与目标的对应关系。

些草图都位于网格中间,其折点的数量可由用户自由控制,只要能确定对应的ROI 就可以了。网格用半透明方式显示,其中圆形网格是由出租车前轮的轮廓线构造成的,草图通过画圆工具先绘制圆,然后离散化而生成。

表 8.1 图 8.8 中草图对应关系

编 号	样 例	源草图数目	目 标	目标草图数目
1	狗躯体	1	1 号马躯体	1
2	狗尾巴	1	1 号马尾巴	1
3～6	狗四肢	4	1 号马四肢	4
7	猫躯体	1	2 号马躯体	1
8～11	猫四肢	4	2 号马四肢	4
12～13	出租车轮子	1	马车轮子	2
14～21	人腿	2	3 号和 4 号马的 8 条腿	8
22～25	人胳膊	2	乘客胳膊	4
26～27	人躯体	1	乘客躯体	2
28～30	蛇尾巴	1	2 号、3 号和 4 号马尾巴	3

在图 8.9 中可看到，狗的躯体与猫的躯体上的草图的局部非常弯曲，其对应的目标草图，即 1 号马躯体以及 2 号马躯体的草图弯曲度也很大。为得到理想的动画复制效果，需对这些草图分割处理。在图 8.10 中，大圆点显示了需要进行分割的位置。前期工作处理好以后，下一步就可进行具体的计算了。图 8.11 至图 8.21 展示了一些主要的计算结果。马车的结构非常复杂，为了清楚地展示其变形结果，每个图展示了从两个不同的视角观察的变形结果。这里要强调，整个过程复制的内容是变形动作，而不是源网格各关键帧的绝对姿势。因此，源与目标的姿势不一定完全相同，动画对象的最终姿势与其初始位置有密切关系，图 8.8 显示的是所有源与目标网格的初始位置。本例的计算在内存 2G 以及 CPU

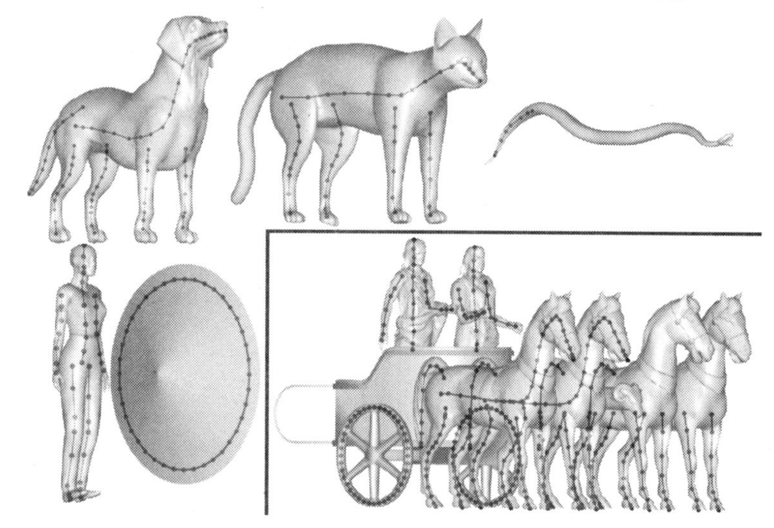

图 8.9 草图在网格中的位置

(a) (b)

图 8.10 草图的分割

注：大圆点为草图分割处，第一对草图在狗躯体及 1 号马躯体中，第二对草图在猫躯体及 2 号马躯体中。

2.66G的普通个人计算机上进行。表8.2列出了各网格的几何参数，一些网格是由一些相互之间无连接信息的多个部分组成的。表8.3共列出了30对草图的相关参数，这些列出的参数大部分可使用缺省值，最重要的参数为草图权重sw以及距离阈值。通过表8.3可以看出，这里所有光滑系数都保持不变。对于旋转系数C_r以及形变系数C_s，如不是用户特意要改变目标动画的动作幅度，通常都等于1.0，本例就是在这种情况下计算的。

表8.2 马车实例中网格的几何参数

网　格	顶点数/个	部件数/个	三角面片数/个
马车	52045	36	100460
猫	9634	1	19098
狗	6650	1	13176
人体	2208	1	4352
蛇	11137	1	22250
车轮*	122	1	240

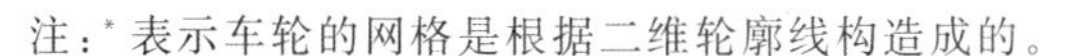
注：* 表示车轮的网格是根据二维轮廓线构造成的。

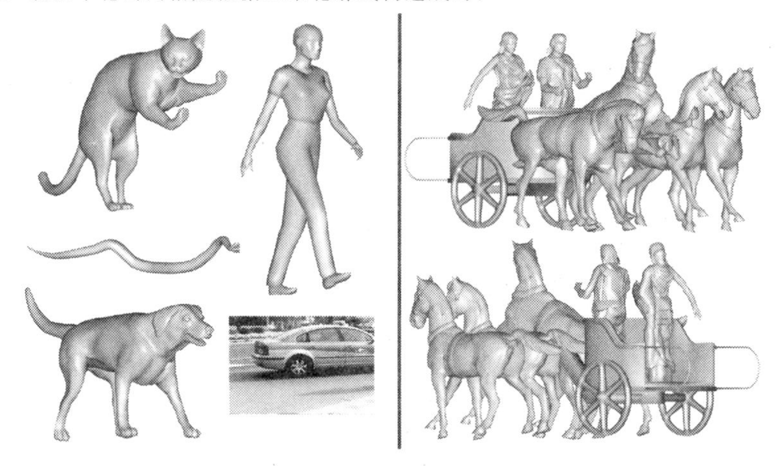

图8.11 马车实例结果之一

注：计算耗时共68.72s。源动画中，蛇尾从下垂变为水平，相当于向上弯曲变形，此动作在2号、3号以及4号马的尾巴上有很好的表现；猫躯体有一个鞠躬动作，它的头向旁边歪，两条前腿上下挥舞，所有这些动作在2号马上都重现了出来；人体在正常行走，腿部的动作同时被复制到3号与4号马腿上；人体右手向后挥动，左手向前摆动的动作被拷贝至两乘客的手臂上；狗向前走的动作，尾巴向上翘的动作，都复制到了1号马；出租车的轮子旋转较少，马车轮子转动也不多。

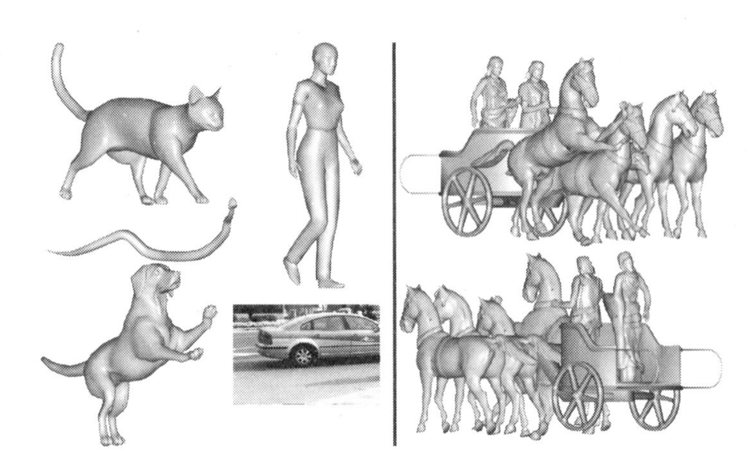

图 8.12　马车实例结果之二

注：计算耗时共 68.56s。源动画中蛇尾变形和图 8.11 相似，2 号、3 号与 4 号马尾巴以与图 8.11 相似的方式运动；猫向前一大步，2 号马也向前一大步；人体有一个弯右腿的小动作，3 号与 4 号马右腿也弯曲了一下；人体双手做幅度不大的运动，在两个乘客的手臂上也有表现；狗向上跳跃的动作，尾巴向上翘的动作的幅度比图 8.11 中的小，1 号马有一致的动作；出租车轮子向前运动，马车的轮子也在向前运动。

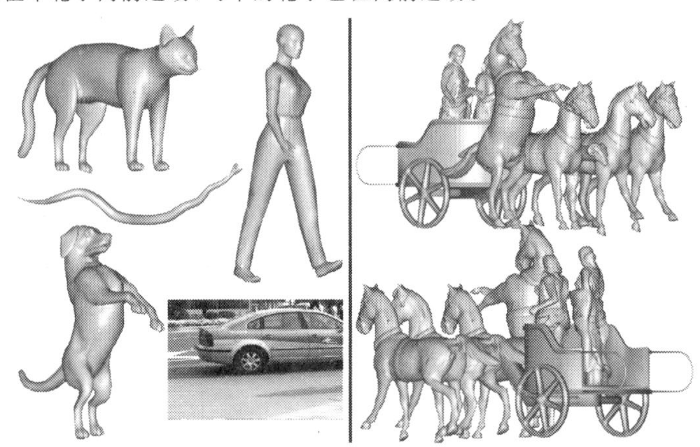

图 8.13　马车实例结果之三

注：计算耗时共 68.89s。源动画中蛇尾的动作和图 8.12 类似，2 号、3 号以及 4 号马尾巴以与图 8.12 基本类似的方式变形；整只猫保持静止，2 号马也保持静止；人体有一个走路动作，3 号与 4 号马也以同样的方式走动；人体双手的挥动方向和图 8.11 中的相反，两个马车乘客的手臂同样以相反的方向挥动着；狗垂直站立及尾巴向上翘，动作的幅度比图 8.12 中的小，1 号马也直立起来，其局部动作与狗也非常类似；出租车的轮子继续向前运动，马车轮子也继续向前运动。

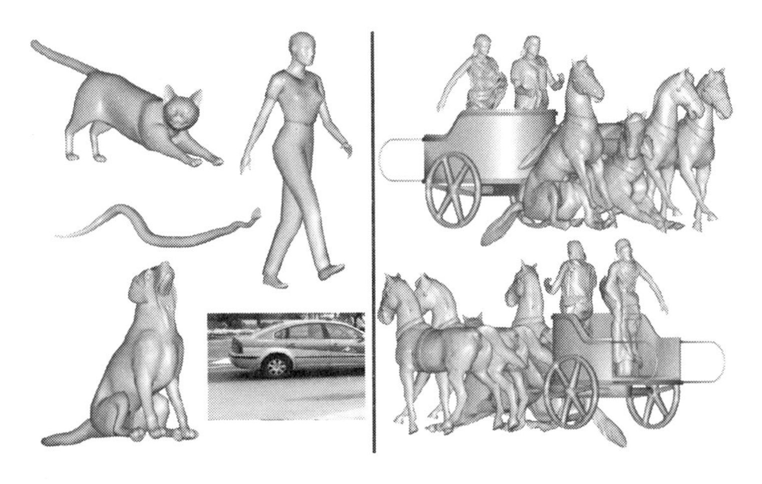

图 8.14　马车实例结果之四

注:计算耗时共 69.32s。源动画中的蛇尾动作较小,2 号、3 号与 4 号马尾巴动作幅度也较小;猫头向旁边歪并向前趴,2 号马也有相似的动作;人体有一个和图 8.11 相似的走路的动作,3 号、4 号马以及两个乘客同样以与图 8.11 中类似的方式运动;狗有一个蹲在地上的动作,1 号马也有蹲在地上的类似动作,总体的动作和狗一致;出租车的轮子继续向前运动,马车的轮子也继续向前运动。

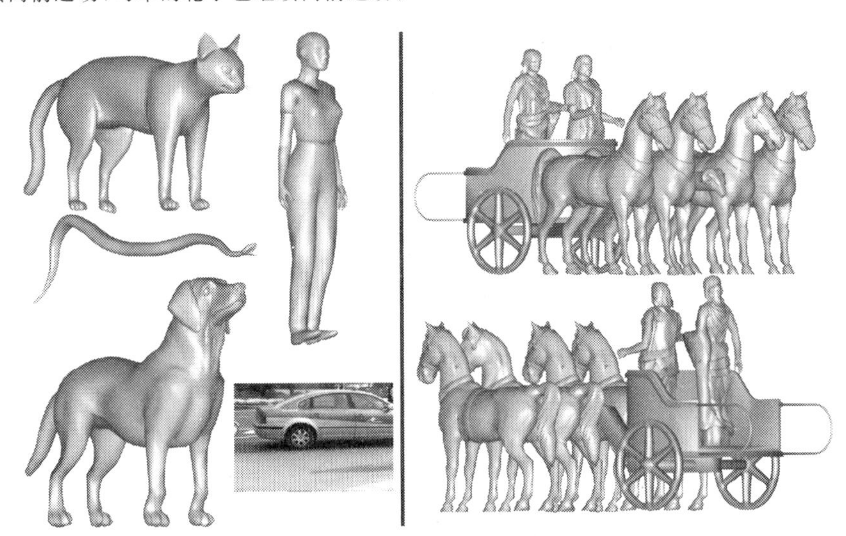

图 8.15　马车实例结果之五

注:计算耗时共 69.79s。源动画中蛇尾有向内弯的动作,2 号、3 号以及 4 号马的尾巴也有向内弯而靠近马腿的动作;猫、狗与人都保持静止,对应的目标对象也都保持静止;出租车的轮子向前运动,马车的轮子也向前运动。

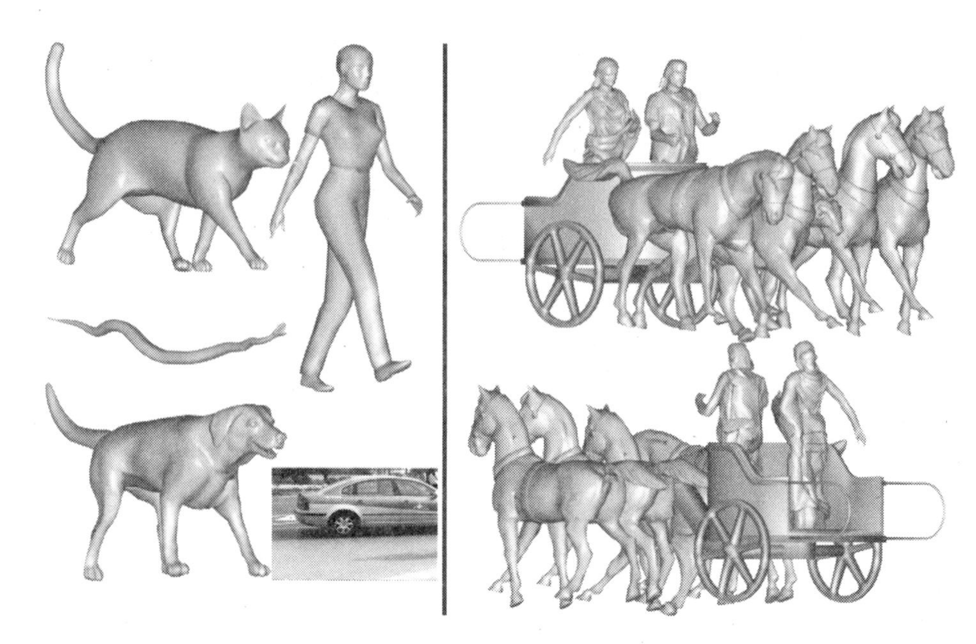

图 8.16　马车实例结果之六

注:计算耗时共 69.10s。

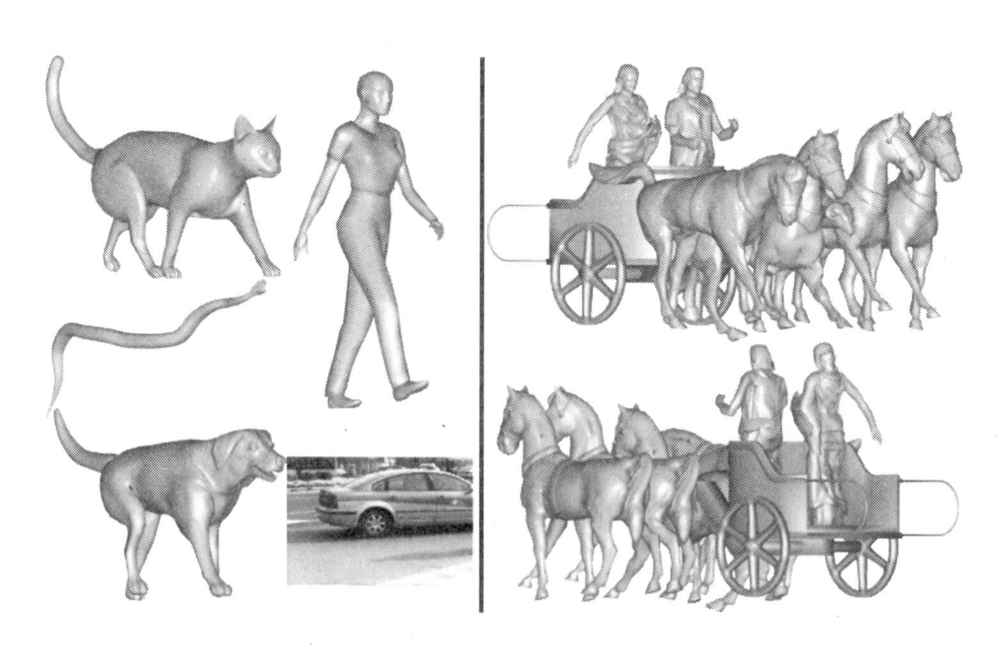

图 8.17　马车实例结果之七

注:计算耗时共 67.85s。

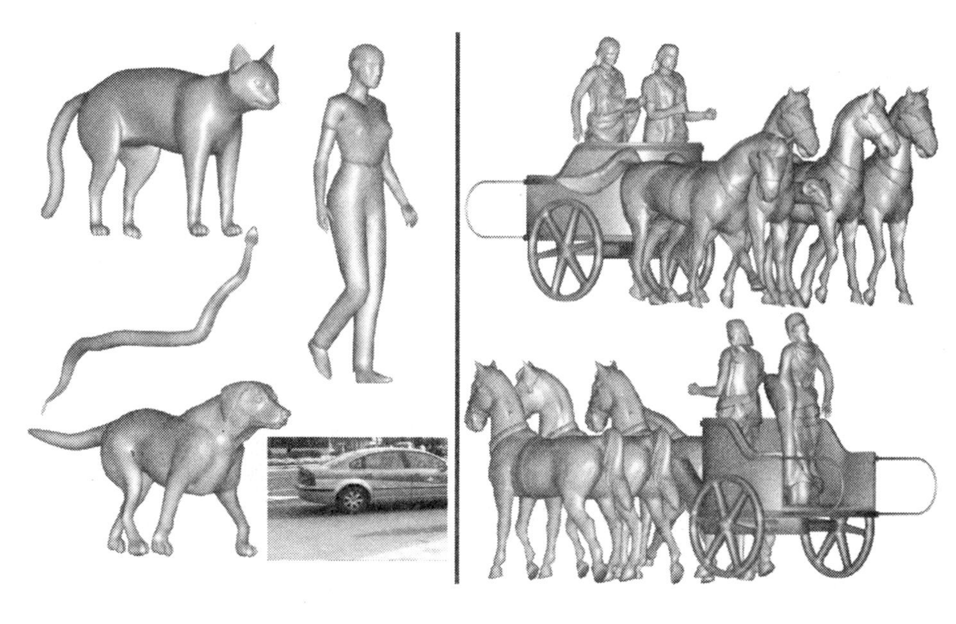

图 8.18　马车实例结果之八

注:计算耗时共 68.70s。

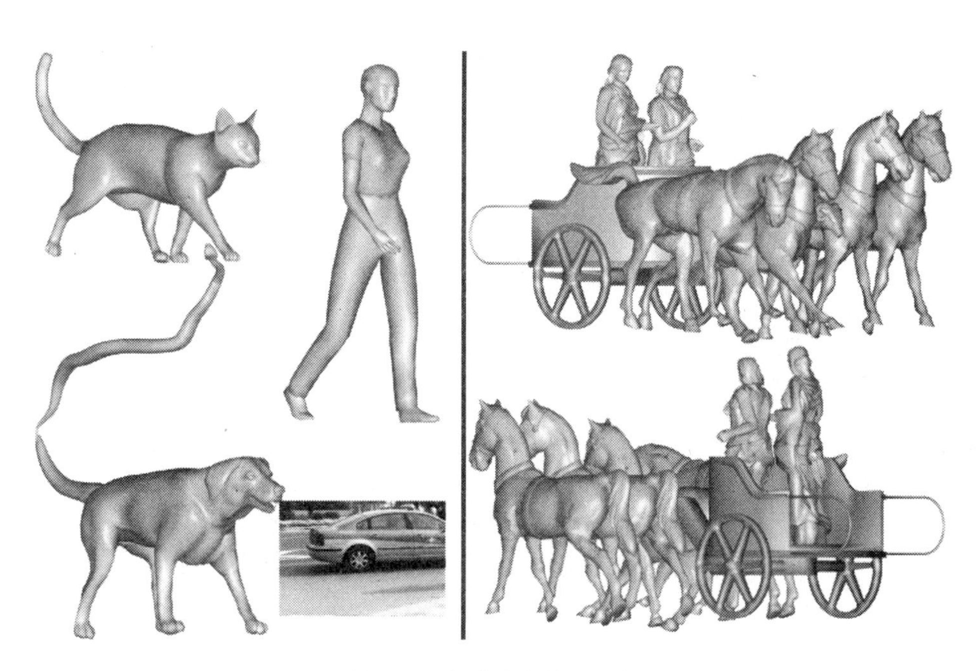

图 8.19　马车实例结果之九

注:计算耗时共 66.98s。

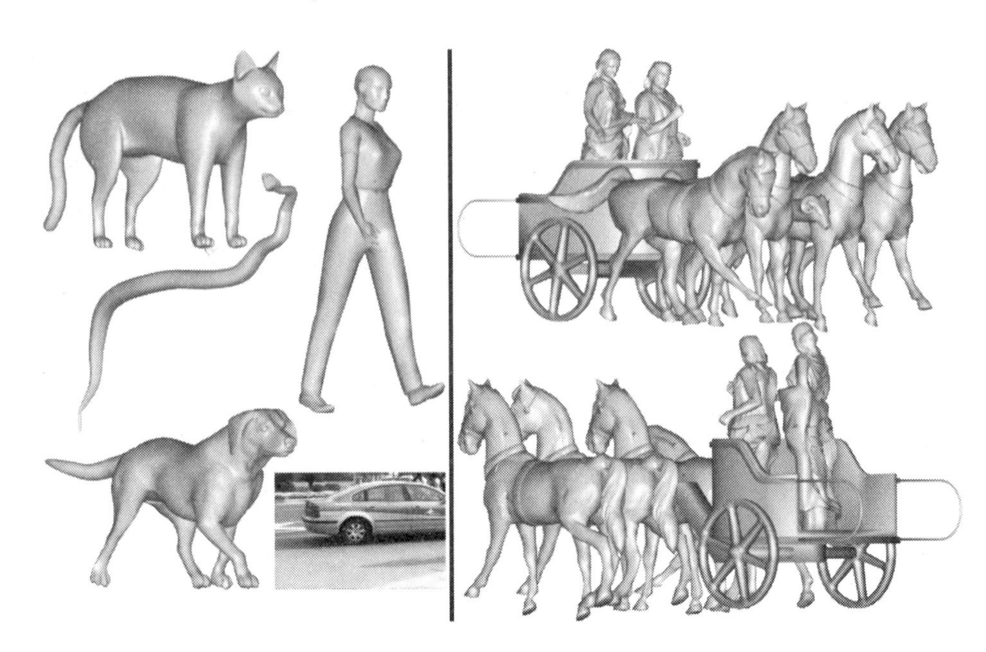

图 8.20　马车实例结果之十

注:计算耗时共 68.43s。

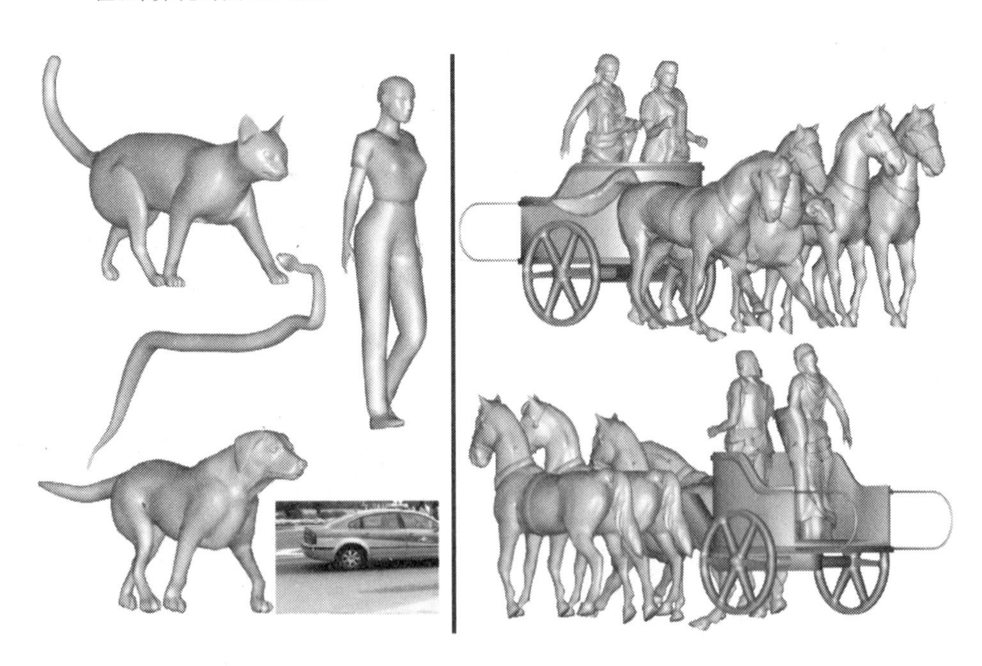

图 8.21　马车实例结果之十一

注:计算耗时共 68.66s。

表 8.3　草图参数

编号	sw	C_s	k_2^1	C_r	sd	光滑系数				草图长度/cm	距离阈值/cm
						sw^r	sw^d	sw^s	sw^l		
1	0.8	1	0.1	1	0	5×10^{-5}	5×10^{3}	3×10^{-6}	10^{-6}	14.69	0.16
										15.02	0.12
2	10	1	0.1	1	1	5×10^{-5}	5×10^{3}	3×10^{-6}	10^{-4}	4.22	0.15
										5.08	0.09
3	1	1	0.1	1	1	5×10^{-5}	5×10^{3}	3×10^{-5}	10^{-4}	5.09	0.15
										6.12	0.09
4	1	1	0.1	1	1	5×10^{-5}	5×10^{3}	3×10^{-5}	10^{-4}	5.06	0.15
										6.06	0.09
5	1	1	0.1	1	1	5×10^{-5}	5×10^{3}	3×10^{-5}	10^{-4}	4.12	0.15
										5.14	0.09
6	1	1	0.1	1	0	5×10^{-5}	5×10^{3}	3×10^{-5}	10^{-5}	6.37	0.15
										6.03	0.078
7	0.8	1	0.1	1	0	5×10^{-5}	5×10^{3}	3×10^{-5}	10^{-5}	29.13	0.15
										15.07	0.12
8	10	1	0.1	1	1	5×10^{-5}	5×10^{3}	3×10^{-5}	10^{-5}	10.53	0.15
										5.27	0.09
9	1	1	0.1	1	1	5×10^{-5}	5×10^{3}	5×10^{-5}	10^{-5}	11.80	0.15
										6.29	0.09
10	1	1	0.1	1	0	5×10^{-5}	5×10^{3}	5×10^{-5}	10^{-5}	12.19	0.15
										6.31	0.09
11	1	1	0.1	1	1	5×10^{-5}	5×10^{3}	3×10^{-5}	10^{-5}	10.33	0.15
										5.23	0.09
12	1	1	0.1	1	0	5×10^{-5}	5×10^{3}	5×10^{-5}	10^{-5}	14.88	0.4
										16.74	0.15
13	1	1	0.1	1	1	5×10^{-5}	5×10^{3}	3×10^{-5}	10^{-5}	6.17	0.08
										5.45	0.09

续表

编号	sw	C_s	k_2^1	C_r	sd	光滑系数				草图长度/cm	距离阈值/cm
						sw^r	sw^d	sw^s	sw^l		
14	1	1	0.1	1	1	5×10^{-5}	5×10^{3}	5×10^{-5}	10^{-5}	6.22	0.1
										5.44	0.09
15	1	1	0.1	1	0	5×10^{-5}	5×10^{3}	3×10^{-5}	10^{-5}	7.36	0.15
										6.17	0.09
16	1	1	0.1	1	0	5×10^{-5}	5×10^{3}	5×10^{-5}	10^{-5}	5.43	0.12
										6.07	0.15
17	1	1	0.1	1	0	5×10^{-5}	5×10^{3}	5×10^{-5}	10^{-5}	3.59	0.075
										4.18	0.15
18	1	1	0.1	1	0	5×10^{-5}	5×10^{3}	3×10^{-5}	10^{-5}	3.49	0.09
										3.55	0.10
19	1	1	0.1	1	0	5×10^{-5}	5×10^{3}	5×10^{-5}	10^{-5}	14.88	0.40
										16.74	0.15
20	1	1	0.1	1	1	5×10^{-5}	5×10^{3}	5×10^{-4}	10^{-4}	6.17	0.08
										5.91	0.09
21	1	1	0.1	1	1	5×10^{-5}	5×10^{3}	5×10^{-5}	10^{-4}	6.22	0.10
										5.91	0.09
22	1	1	0.1	1	1	5×10^{-5}	5×10^{3}	5×10^{-5}	10^{-4}	6.17	0.08
										5.91	0.09
23	1	1	0.1	1	1	5×10^{-5}	5×10^{3}	5×10^{-5}	10^{-4}	6.22	0.10
										5.91	0.09
24	1	1	0.1	1	1	5×10^{-5}	5×10^{3}	5×10^{-4}	10^{-4}	6.17	0.08
										5.45	0.09
25	1	1	0.1	1	1	5×10^{-5}	5×10^{3}	5×10^{-4}	10^{-4}	6.22	0.08
										5.43	0.09
26	1	1	0.1	1	0	5×10^{-5}	5×10^{3}	5×10^{-4}	10^{-4}	7.36	0.15
										6.04	0.08

续表

编号	sw	C_s	k_2^1	C_r	sd	光滑系数				草图长度/cm	距离阈值/cm
						sw^r	sw^d	sw^s	sw^l		
27	1	1	0.1	1	0	5×10^{-5}	5×10^{3}	5×10^{-4}	10^{-4}	7.35	0.15
										6.12	0.08
28	1	1	0.1	1	0	5×10^{-5}	5×10^{3}	5×10^{-5}	10^{-4}	5.43	0.12
										5.69	0.15
29	1	1	0.1	1	0	5×10^{-5}	5×10^{3}	5×10^{-4}	10^{-4}	3.59	0.07
										3.50	0.06
30	1	1	0.1	1	1	5×10^{-5}	5×10^{3}	5×10^{-4}	10^{-4}	3.49	0.09
										3.84	0.10

注：sw 是草图的权重，C_s 与 C_r 是式(3.14)的形变系数与旋转系数，sd 是式(2.3)的依附系数，k_2^1 是式(3.22)中 $part_2$ 的系数。距离阈值与草图长度在源草图与目标草图中都有一个值，表格中每对草图的第一行是源草图数据，第二行为目标草图数据。各参数中，变化最多的为 ROI 的距离阈值，不同草图与不同模型的选择不同。

图 8.16 至图 8.21 展示了各种不同动作的组合，对这些动作的复制不做详细描述。

马车实例展示了 ABE 系统非常强大的动画创建功能。为了检验 ABE 系统的鲁棒性，本书还展示了一个变形比较极端的复制过程，即把一个雪球融化的变形过程复制到一个维纳斯模型上面。雪球的融化动画是使用 3DMax 创建的。图 8.22 展示了源对象与对应的目标对象，同时也展示了源 ROI 映射至目标对象后的情形。整个实例只使用一对草图。图 8.23 展示了 5 个雪球融化变形复制后的 5 个不同阶段的效果。

图 8.24 为小天使模型变形复制中用到的 7 对草图。草图上的大圆点是在 ROI 映射的时候需要分段处理的地方。该图显示的网格位置是方向调整好后的位置。在图中可看出动作复制的结果，如海豚鳍有向下摆动的动作(相对于海豚躯体)，则小天使翅膀就有向后摆动的动作(相对于小天使躯体)。表 8.4 列出了该例子所有草图的主要参数，这里的参数和表 8.3 中的参数性质一样，大都可使用缺省值。在此例中，草图 1 为动画的主体骨架，它的权重需设置得比其他草图的权重大，原型系统中把它设为 2，其他的草图都设为 1。由于此例的两个源网格顶点非常密集，数据量很大，最后的计算比较耗时，用于计算图 8.23 所示的 5 个结果，每个约需 2 分钟。表 8.5 列出了图 8.22 至图 8.24 所有网格的几何属性。

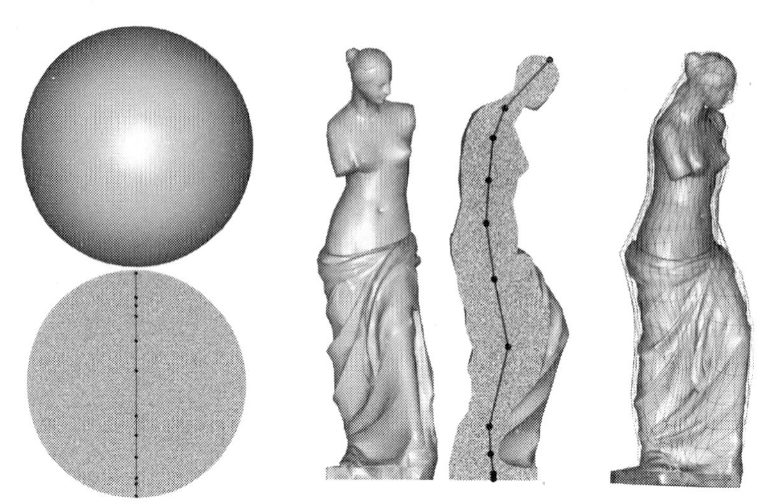

(a) 源对象雪球一级源草图 (b) 目标对象维纳斯和目标草图 (c) 源 ROI 映射到目标对象

图 8.22 融化实例的草图

注：框架线为源 ROI，部分为源 ROI 被目标对象遮挡了。映射使用一对草图完成。

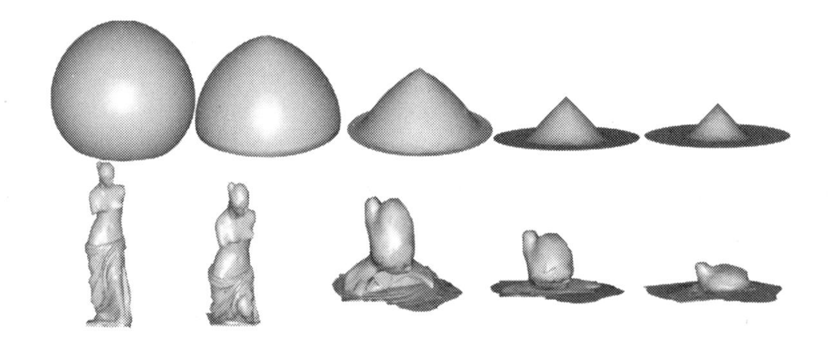

图 8.23 雪球融化的复制

表 8.4 草图的主要属性

编号	sw	C_s	k_2^1	C_r	sd	光滑系数				草图长度/cm	距离阈值/cm
						sw^r	sw^d	sw^s	sw^l		
1	2	1	10−2	1	1	5×10^{-5}	5×10^{3}	5×10^{-4}	10^{-4}	0.30	0.15
										26.18	0.25
2	1	1	10−2	1	1	5×10^{-5}	5×10^{3}	5×10^{-4}	10^{-4}	0.19	0.10
										14.55	0.145

续表

编号	sw	C_s	k_2^1	C_r	sd	光滑系数				草图长度/cm	距离阈值/cm
						sw^r	sw^d	sw^s	sw^l		
3	1	1	10−2	1	1	5×10^{-5}	5×10^{3}	5×10^{-4}	10^{-4}	0.19	0.1
										14.88	0.15
4	1	1	10−2	1	1	5×10^{-5}	5×10^{3}	5×10^{-4}	10^{-4}	0.28	0.09
										17.64	0.16
5	1	1	10−2	1	1	5×10^{-5}	5×10^{3}	5×10^{-4}	10^{-4}	0.28	0.085
										18.53	0.16
6	1	1	0	1	0	5×10^{-5}	5×10^{3}	5×10^{-4}	10^{-4}	0.30	0.10
										21.84	0.15
7	1	1	0	1	0	5×10^{-5}	5×10^{3}	5×10^{-4}	10^{-4}	0.31	0.15
										22.54	0.15

注:此表的结构和表 8.3 相同。在这些参数之中,距离阈值对最后的计算结果有最直接的影响,草图的权重对结果的影响也比较大。

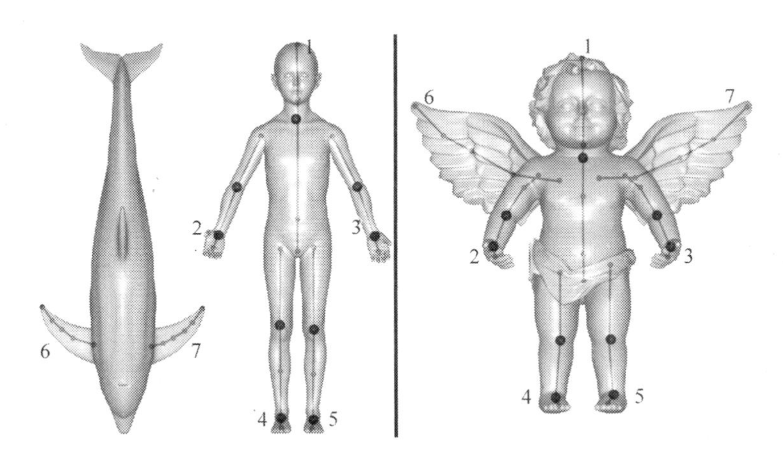

图 8.24　小天使实例的草图

注:共有 7 对草图,每对草图中,源草图与目标草图使用相同数字标识。为能清楚地显示草图,3 个网格都采用浅色实线展示。草图上的大圆点为草图的分割处。

表 8.5　几何数据

模　型	顶点数/个	部件数/个	三角面片数/个
雪球	642	1	1280
维纳斯	5693	1	11563
海豚	7473	1	14558
男孩	38815	1	76908
小天使	40506	7	80676

注:此表为图 8.22 至图 8.24 所有模型的几何数据。

9

三维模型时空子空间引导的智能视频侦查研究

9.1 智能视频侦查

2014 年 8 月，浙江省某市发生了一起重大刑事案件，案发现场无任何有价值的线索。警方调用 20 余名民警对现场周围数十个视频监控数据进行排查，搜索 72 小时后在一个模糊的视频片段中发现嫌疑人抛烟头的动作。于是，警方在此探头附近查找烟头，获取烟头上的 DNA 后在公安部 DNA 库中比对成功，准确锁定案犯，并将其抓获。在这起经典的视频侦查案例中，在海量视频数据中发现抛烟头的动作是案件突破的关键。随着大量探头在治安卡口、交警卡口、3G 移动监控、交警监控和全球眼监控上的使用，这种以视频内容为突破口的视频侦查逐渐成为公安机关侦破案件的重要方法。然而，传统视频侦查的成果多是在花费大量警力和时间的基础上获得的，这种“人海战术”极大地消耗了宝贵的警力。于是，对海量视频有快速研判方法的智能视频侦查成了解决该问题的关键。2011 年，国务院学位委员会首次把“公安技术”设为一级学科，而智能视频作为一种新兴的公安技术，将获得广阔的发展空间。大数据是当前的一个研究热点，而监控视频是典型的非结构化大数据，在刑事侦查中价值巨大但密度很低，是大数据处理中的难点[117-119]。为在公安工作中充分利用大数据，2013 年公安部在浙江警察学院成立了“基于大数据架构的公安信息化应用公安部重点实验室”。至此，公安实战和国家科技战略都对智能视频侦查的发展提出了迫切要求（见图 9.1）。

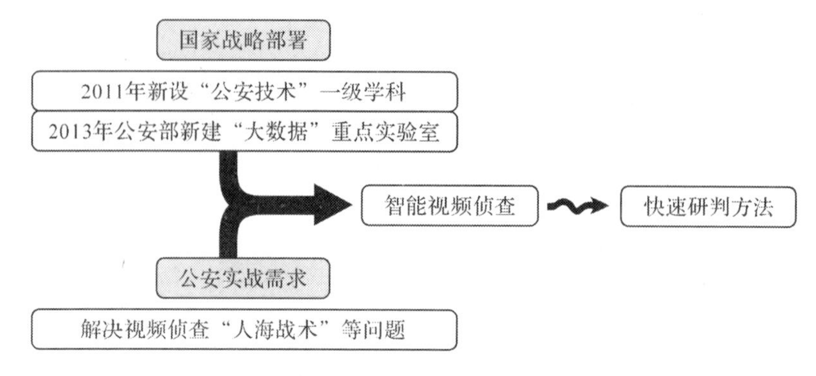

图 9.1　智能视频侦查的社会背景

从概念上讲，智能视频侦查是指借助计算机视觉和视频分析的方法对视频数据进行分析处理，快速完成监控目标识别、定位与跟踪（即视频分析），并在此基础上判断与分析目标的行为，得出对视频内容的理解以及对场景的解释（即视频理解），辅助公安机关侦破疑难案件，提高办案效率和准确性。面对日益复杂的治安形势，智能视频侦查正逐渐成为“公安技术”学科中继刑事技术、行动技术和网侦技术之后的第四大警务技术支柱。作为新兴的警务技术，智能视频侦查与视频处理技术以及犯罪痕迹检验技术等多个领域密切相关，许多基础性的技术难点亟须深入研究。目前，与智能视频侦查相关的视频处理技术得到了学术界、产业界和管理部门的高度重视，大量基于视觉的人体行为理解研究得以展开[120-135]。这些成果在技术层面上都包含视频分析和视频理解这两个重要环节，其中视频分析技术主要包括：

• 背景减除检测[136]	• 基于区域的跟踪[145]
• 时间差分检测[137]	• 基于侧影的跟踪[146]
• 光流法检测[138]	• 基于统计学习的跟踪[147-150]
• 基于模型的跟踪[139-141]	• 基于物理模型的跟踪[151-152]
• 基于特征的跟踪[142]	• 基于层次图像描述的跟踪[153]
• 数据驱动分析[143-144]	• 基于或然性的视频分析[154]

由于二维视频图像丢失了现实场景的深度、方向等信息，这些方法都限制了特定的场景构成、相机配置、动作形式和视点角度等前提条件，目标运动也大多平行于成像平面。但在实际刑事案件中，这些前提条件基本上无法保证，而且70%以上的案件发生在采光条件很差的时间或区域，导致大多数方法无法有效

处理目标对象被遮挡、目标短时间内消失以及多个目标相互交错等复杂情形，因而这些方法无法直接应用于刑事案件中。

直到最近，视频分析仍是大多数研究者关注的方向，但视频理解才是智能视频侦查的最终目标，是智能视频侦查的核心，而视频理解的关键是视频事件语义描述。视频语义内容分析的最终目的是抽取用户所关心的语义内容，这就造成了计算机自动理解与用户需求之间的矛盾，即语义鸿沟（the semantic gap）[155]。语义鸿沟是视频理解技术面临的巨大困难。

痕迹检验是刑事侦查的技术基础。与指纹比对等传统痕迹检验技术不同，动力形态（即动作习惯）分析是痕迹检验的难点和前沿性技术，也是智能视频侦查的核心内容之一。在图像的二维空间里对动力形态进行处理是相当困难的，即便在三维空间里，同样是个难题。许多专家对人体运动数据的处理和分析做了比较全面的研究，基于人体运动数据的成果也不断涌现，但少有适用于动力形态分析的实用成果[156-158]。人体动作的差异性是不容易被觉察的[159]，为克服这个难题，通常使用运动特征，从运动库中找出与特定的运动最为相似的目标对象，然后进行身份鉴定和性质判断。但是，由于运动数据的高维度和低结构性，传统的基于特征的事件检索存在不少困难[160-161]：运动特征提取困难、数据维数高且区分度不大、时序问题很难处理。

传统视频处理技术中存在这些难题的根源是视频图像中特征属性和结构化信息的缺失。显然，如果能借助一些先验知识，在三维空间里对视频数据进行分析处理，这些问题就可以迎刃而解。但是，依靠现有技术从视频序列中恢复目标对象的三维运动信息和三维结构是非常困难的，这是由问题本身的困难性所决定的：包含在视频中的目标对象的运动信息不充分，不足以用来重构三维动画，是典型的欠约束问题。

针对以上这些情况，在前期工作和预研的基础上[162-165]，本研究提出了在三维时空子空间中分析处理视频数据的新思路。在摄像机无参数、单目和不固定的条件下，利用三维时空子空间蕴含的先验知识引导整个处理过程，克服了传统人体运动识别技术需要限定前提条件和行为描述困难等不足。研究的关键问题包括：①在体形子空间的引导下，在视频中匹配三维目标模型；②在运动子空间引导下进行视频事件跟踪；③在三维事件库中进行动作比对分类。

本研究是涉及计算机图形学、视频处理技术和刑事技术的跨学科前沿课题，具有清晰的研究层次和思路（见图9.2），有重要的理论价值和强烈的应用需要，可产生巨大的经济效益与社会效益。本研究通过对关键问题进行深入研究，建立了一个基于三维模型时空子空间,使用三维图形学的理论和方法分析处理视频侦查中快速研判的新渠道,促进了基于视觉的人体动作识别理论体系的发展,为视频侦查提供高效的智能三维处理引擎,推动其快速发展,有重要的学术价值和科学意义。利用本研究的技术可以对犯罪动作进行定性分析,可以进行犯罪过程的三维重现,为重大案件的分析研判提供有力的技术支持,并可以作为法庭审判的辅助手段,有重要的应用价值。

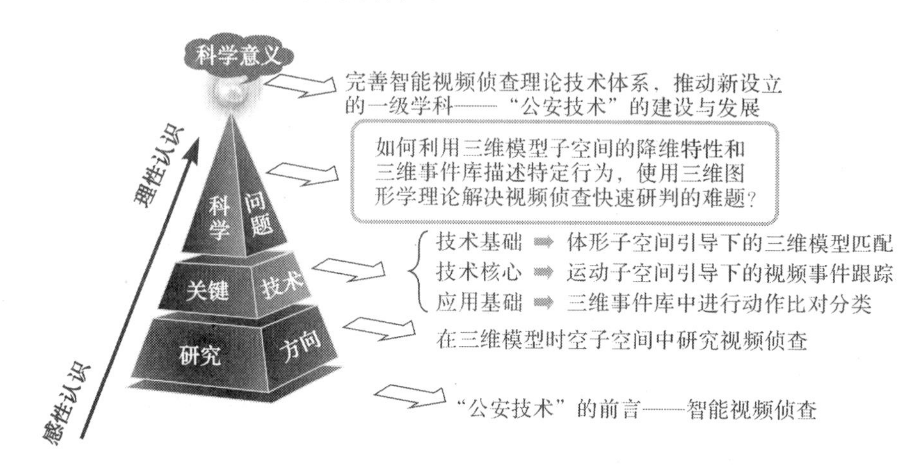

图 9.2　研究层次

9.2　研究内容、研究目标和关键科学问题

9.2.1　研究目标

本研究的研究对象:在尽量少的人工干预、摄像机无参数、单目及视点不固定等条件下,基于三维模型时空子空间的智能视频侦查的快速研判方法。

图 9.3 显示了智能视频侦查的基本工作模式。显然,传统的视频处理技术难以有效地解决其中的两个基本问题。①如何从比较复杂的视频中获取三维运动?如输入 A 后,肢体相互遮挡交错。②如何准确地判断视频事件的性质?如针对输入 B,分析发生了什么。

本研究首先从处理这两个基本问题切入,形成具体的研究思路。

(1)研究在三维时空子空间引导下从复杂视频中获取三维运动数据的方法 f:(监控对象视频,三维模型时空子空间)→监控对象三维动作。

(2)研究借助于三维事件库,根据运动数据进行比对分类、判断视频内容的类型与性质的方法 g:(运动数据,三维事件库)→视频类型和性质。

然后,对上述思路深入分析,在三维模型时空子空间的引导下,探索目标体型匹配、视频事件提取以及动作比对分类技术,开拓使用三维图形学的理论和方法处理视频侦查难题的新渠道;通过对相关理论难点进行深入研究,把智能视频侦查快速研判推到一个新的高度,开发一个实用的原型系统,为具体公安实战夯实理论基础。

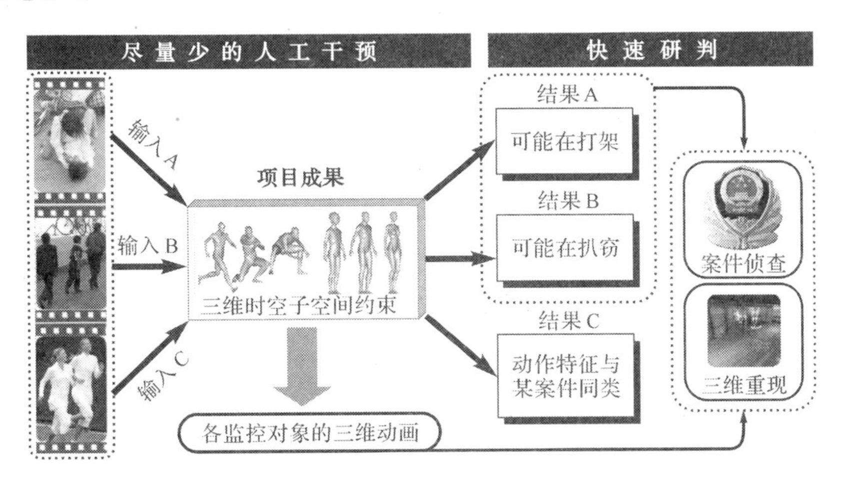

图 9.3 智能视频侦查工作模式

9.2.2 研究内容

智能视频侦查的主角是人,本研究的核心思想是使用蕴含在三维时空模型库中的人体运动先验知识辅助人体运动视频的跟踪,并通过比较人体运动的仿射变换矩阵来匹配三维人体运动序列,从三维事件库中提取相似的运动模型。

人体运动是符合一定物理规律的,反向运动学(inverse kinematics,IK)[166-167]是描述人体运动规律的一个非常合适的理论。但是,对传统 IK 来说,一个比较困难的问题是关节结构的定义不是件容易的任务,整个操作过程也不直观,用户要花大量的精力完成参数的设置。同时,用户需有数学与物理学方面的知识,以及丰富而敏锐的想象力与观察力。对于这种情况,文献[168—170]提出了面向网格的反向运动学。该理论和基于骨骼的传统 IK 相比较,面向网格的反向运动学通过现有的样本对象,隐含了各种约束条件。本研究直接使用空间序列模型库、时间序列模型库和空间关系模型库来指导人体运动的跟踪,通过对仿射变换矩阵的比对来匹配特定的人体运动。本章的研究将基于图 9.4 所示的架构展开。

整个架构是在作者博士学位论文的基础上，结合前期涉及公安业务的研究工作后逐步建立起来的，主要研究内容为图 9.4 中的 2、6 和 15——体形子空间中的模型匹配、运动子空间中的人体运动视频跟踪和三维事件库中的动作比对分类，即 3 个关键技术。如图 9.4 所示，这三者是密切相关的，其中模型匹配是基础，运动视频跟踪是核心，而动作比对分类是建立在前两者基础上的深层次分析处理，是面向应用的基础性工作。具体研究内容围绕以上 3 个关键技术展开。

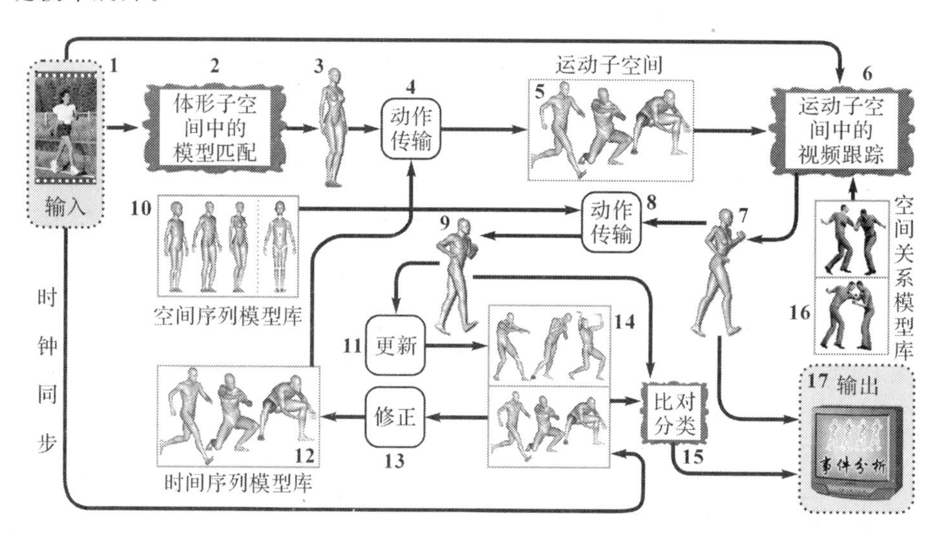

图 9.4　研究的总体架构

注：其中 2、6 和 15 为拟研究的关键技术。

(1)体形子空间中的模型匹配

图 9.4 中 2 是模型匹配模块，其主要作用是对应于复杂视频场景，选择最为合适的三维人体模型来跟踪视频，从而有效地解决遮挡和多目标交错等问题。研究的关键点：①人体局部插值算法的建立；②建立基于二维图像生成三维人体模型的数学模型。

(2)运动子空间中的人体运动视频跟踪

本章的一个研究重点就是如何在空间关系模型库(见图 9.4 中 16)的支撑下完成运动子空间(见图 9.4 中 5)中的人体运动视频跟踪(见图 9.4 中 6)。人体运动是遵循运动学规律的，本研究采用运动子空间来描述其反向运动学信息，然后把运动子空间作为运动捕捉的约束条件，以应对复杂的视频场景。研究的关键点：①运动子空间的约束方程的建立；②动作库模型投影与视频序列匹配的约束方程的建立；③空间关系模型库的约束方程的建立。

(3)三维事件库中的动作比对分类

人体运动比对分类是本章的另一个研究重点，对应于图 9.4 中 15，其功能就是输入一套人体运动数据，然后在三维事件库中进行动作比对分类，用来确定最相似的动作，以确定目标特点或分析事件性质。研究的关键点：①姿势比较算法的建立；②时序比较算法的建立。

9.2.3 拟解决的关键科学问题

图 9.5 科学问题

针对图 9.5 提出的科学问题：如何利用三维模型子空间的降维特性和三维事件库描述特定行为，使用三维图形学理论解决视频侦查快速研判的难题？本章的研究提出在三维模型时空子空间引导下，借助三维动作库解决行为描述这一难点，运用仿射变换矩阵建立一套能够全面解析视频对象的机制以及对应的比对分类算法，为通过三维图形学理论与方法解决视频侦查的难题提供了切实可行的新方法。为此，可用以下三维模型时空子空间的数学模型来进一步描述：

$$\psi : E_2 \xrightarrow[\text{子空间引导}]{\text{三维时空}} E_3$$

其中，E_2 为二维监控目标视频，E_3 为三维监控目标动作，可以用类似以下公式来描述：

$$E_3 = f(\tau_1, \tau_2, \cdots, \tau_n, \xi_1, \xi_2, \cdots, \xi_m, k_1, k_2, \cdots, k_t)$$

其中，$\boldsymbol{\tau}$ 为空间序列模型库向量基，$\boldsymbol{\xi}$ 为时间序列模型库向量基，k 为对应于两组向量基的参数。显然，向量基 $\boldsymbol{\tau}$ 和 $\boldsymbol{\xi}$ 的建立，以及映射关系 ψ 的建立，是两个基本问题。一旦解决了这两个基本问题，针对具体的视频可以得到时空子空间中的“坐标值”$\{k_i\}$，在此基础上可以进行事件对比分类和行为分析等深层次处理。3个关键技术问题的研究方案也就是该科学问题的具体解决措施。

9.3 研究方案及可行性分析

9.3.1 技术路线

本研究将采用理论分析与实验研究相结合的技术路线，首先在前期工作的基础上完善体系架构（见图9.4），然后重点研究体形子空间中的模型匹配、运动子空间中的人体运动视频跟踪和人体运动比对分类的理论与算法，最后使用不同实例测试，以验证研究成果的可靠性和有效性，并找出其中的不足，使整个研究波浪式推进。具体研究将遵循从易到难的原则（见图9.6），从简单的实验视频开始，最后使用现实复杂场景。这个循序渐进的过程就是从实际具体问题出发，即从智能视频侦查中存在的难题出发，逐步处理关键技术，最终完整地解决科学问题。

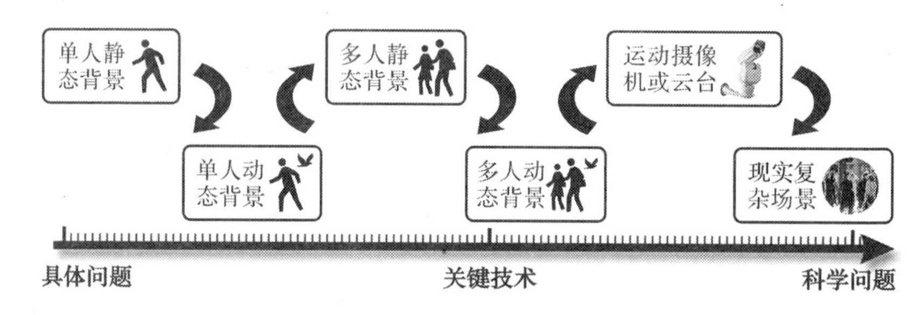

图9.6 各个阶段波浪式推进的技术路线

9.3.2 研究方法

针对具体的研究内容和关键技术，本研究提出了具体的研究思路、设想以及对应的解决方法。

(1)体形子空间中的模型匹配

在人体运动视频跟踪时，首先根据空间序列模型库（见图9.4中10）合成与被跟踪对象（见图9.4中1）体形最为接近的三维人体模型（见图9.4中3）。文献[171]对人体模型进行了比较全面的研究，提出了在指定人体模型间线性插值的方法，从而产生新的模型（见图9.7，$M_1 \sim M_6$是已有模型）。

文献[171]的这种方法只能对整个人体进行插值。本章拟在文献[171]的基础上,深入研究对人体局部进行插值的算法。插值的基本方案如下:模型 M_i 可以表示为标准人体模型通过仿射变换获得的结果[172],将仿射矩阵极分解(polar decomposition)[173],对非旋转部分可以直接采用线性插值,而对于旋转部分,需先求出旋转矩阵的对数,然后在矩阵对数(matrix logarithm)的基础上进行线性叠加,最后使用矩阵指数把叠加后的值转换到原来的坐标空间[174]。通过这种方法可以在体形子空间上构造一个函数 $\psi(M,\boldsymbol{\xi})$,M 是空间序列模型库(见图 9.4 中 10)中的模型集合$\{M_1,M_2,\cdots,M_n\}$,$\boldsymbol{\xi}$ 是参数向量$\{\xi_1,\xi_2,\cdots,\xi_n\}$,$\xi_i$ 与 M_i($i=1,2,\cdots,n$)一一对应。

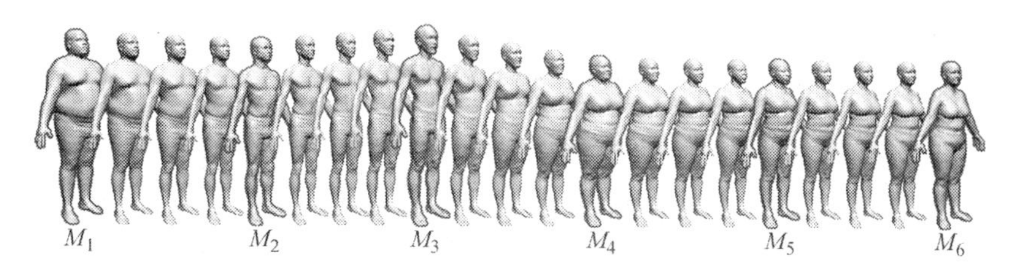

图 9.7 通过线性插值生成新的模型[171]

为了确定参数 $\boldsymbol{\xi}$,需要对 $\psi(M,\boldsymbol{\xi})$确定的模型与视频图像进行匹配。本研究使用自底向上法(bottom-up)进行匹配。匹配之前需对空间序列模型库中的模型按主要关节进行分解(见图 9.8),考虑采用 Snake 算法或人工分解,分解过程只需进行一次就可以反复使用。三维模型与图像的匹配问题一直是计算机视觉领域中一个富有挑战性的话题,文献[175]把此问题归结为一个高维空间中的带约束的数值优化问题。本研究拟通过轮廓匹配(见图 9.9(a))与边界匹配(见图 9.9(b))来完成三维模型选择。匹配计算时,各三维模型子块只做刚体运动。

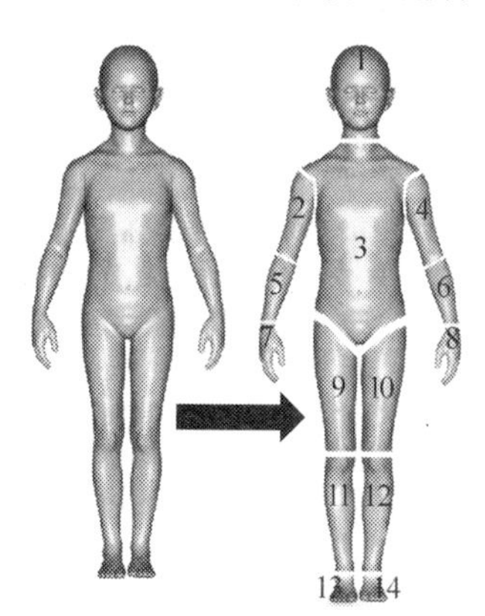

图 9.8 人体模型分解

图 9.9 用于匹配的图像特征

为了提高算法的可靠性，需要在开始的多帧视频图像中进行模型匹配，为此设计了式(9.1)表示的数学模型，其中有3个约束项，通过求取3个约束项线性组合的最优参数，合成最匹配的三维人体数学模型。

$$\begin{cases} C_1 = \sum_j \| \sum_i \boldsymbol{P} \cdot \boldsymbol{T}_i \cdot part_i(\psi(M, \boldsymbol{\xi})) - \boldsymbol{S}_{Video}^j \|_F^2 \\ C_2 = \sum_j \| \sum_i E(\boldsymbol{P} \cdot \boldsymbol{T}_i \cdot part_i(\psi(M, \boldsymbol{\xi}))) - \boldsymbol{E}_{Video}^j \|_F^2 \\ C_3 = \sum_i \sum_{k,l \in part_i} | \| \boldsymbol{T}_i \cdot V_k - \boldsymbol{T}_i \cdot V_l \|^2 - \| V_k - V_l \|^2 | \\ \boldsymbol{\xi}^*, \boldsymbol{T}^*, \boldsymbol{P}^* = \underset{\boldsymbol{\xi}, \boldsymbol{T}, \boldsymbol{P}}{\operatorname{argmin}} (k_1 C_1 + k_2 C_2 + k_3 C_3) \end{cases} \tag{9.1}$$

其中，$\boldsymbol{P}$ 为投影矩阵；$part_i$ 为获取人体模型第 i 部分的函数；$\boldsymbol{T}$ 为仿射变换矩阵，不同部分的人体模型对应不同的 $\boldsymbol{T}_i$；j 表示第 j 帧视频图像；$\boldsymbol{S}_{Video}$ 是视频图像轮廓；E 是求取三维模型投影边界的函数，$\boldsymbol{E}_{Video}$ 是视频图像边界；V 是三维人体模型顶点；C_1 是轮廓约束的简化表达式；C_2 是边界约束的简化表达式；C_3 保证各人体模型子块刚体运动。k_1, k_2, k_3 是权重系数，可以调整各约束条件所起的作用。求取 $\boldsymbol{\xi}^*$ 后，$\psi(M, \boldsymbol{\xi}^*)$ 就是所需要的结果。

(2)运动子空间中的人体运动视频跟踪

文献[176－177]在视频轮廓跟踪和重定位方面提出了新的算法，本研究在这方面提出了新的思路。对于有瑕疵的视频图像，可以先进行图像变形矫正、运动模糊去除和去雾处理。在跟踪过程中有3组约束，第一组约束就是运动子空间的约束，结合前期工作，提出如下数学模型：

$$C_4 = \sum_{k=1}^{R} \Big(\sum_{i \in ROI(k)} \Big(\sum_{j \in N(i)} e^{|V_i - V_j|} \| \boldsymbol{G}_i (V_i - V_j) - (\overline{V}_i - \overline{V}_j) \|^2 \Big) \Big)$$

其中，$ROI(k)$ 表示第 k 个感兴趣区域(ROI)；R 为三维人体模型中ROI的数量；V 与 $\overline{V}$ 为变形前后的顶点坐标，变形后的人体模型是 $\overline{V}$ 的函数，记为 $\varphi(\overline{V})$；$N(i)$ 是顶点 V_i 相邻顶点的集合；$\boldsymbol{G}_i$ 是对应于顶点 V_i 的仿射变换矩阵，它的合成需先把变换矩阵的旋转部分从 $SO(3)$ 映射到 $so(3)$ 上，在 $so(3)$ 上线性叠加，然后转换回 $SO(3)$ 空间，对非旋转部分直接线性叠加即可，最后两者相乘[175]：

$$\boldsymbol{G}_i(\boldsymbol{L}) = \exp\Big(\sum_{t=1}^{n} l_t \log(\boldsymbol{Q}_i^t) \Big) \sum_{t=1}^{n} l_t \boldsymbol{U}_i^t$$

其中，$\boldsymbol{L}(l_1, l_2, \cdots, l_t)$ 是运动子空间中的系数向量，$\boldsymbol{Q}$ 指仿射矩阵的旋转部分，$\boldsymbol{U}$ 指非旋转部分，exp 和 log 分别是矩阵指数函数和矩阵对数函数。

第二组约束是动作库模型投影与视频序列匹配的约束。具体跟踪以跟踪片断(tracklet)[178](见图 9.10(a))为单位,每个跟踪片断包含 n 帧,n 的值需要在研究中确定。在进行下一步处理前,使用三维智能剪刀获得一个时空体(space time volume,见图 9.10(c))。三维智能剪刀是笔者在哈佛大学访学期间,在文献[179]基础上拓展出来的。除了采用轮廓匹配和边界匹配外,还采用 3D SIFT (scale invariant feature transform)[180]特征匹配。轮廓匹配和边界匹配概念的表达式不同,即 C_5 和 C_6。3D SIFT 匹配首先需要在视频图像上计算出所有 3D SIFT 特征,如图 9.10(b)的 d 就是一个 3D SIFT;然后要把 d 和三维人体模型顶点进行匹配,具体过程如下:对第 j 帧的 d,找出离其最近的第$j-1$帧三维人体模型投影点 u(见图 9.10(b)),而 u 由三维顶点 V 投影产生,这样就把 d 和 V 关联起来,具体过程如图 9.10(b)所示。这样,对第 j 帧上的所有 3D SIFT 特征都可以找出对应的三维顶点,可以写出 3D SIFT 匹配的表达式 C_7。为保持跟踪结果的连续性,还要使用 C_8 约束。

$$C_5 = \sum_j \| \boldsymbol{P} \cdot \varphi(\overline{V}) - \boldsymbol{S}_{Video}^j \|_F^2$$

$$C_6 = \sum_j \| E(\boldsymbol{P} \cdot \varphi(\overline{V})) - \boldsymbol{E}_{Video}^j \|_F^2$$

$$C_7 = \sum_t \| \boldsymbol{P} \cdot V_{d_t} - d_t \|$$

$$C_8 = \sum_j \sum_{i \in \{V\}} \| \boldsymbol{T}_i^j - \boldsymbol{T})_i^{j-1} \|_F^2$$

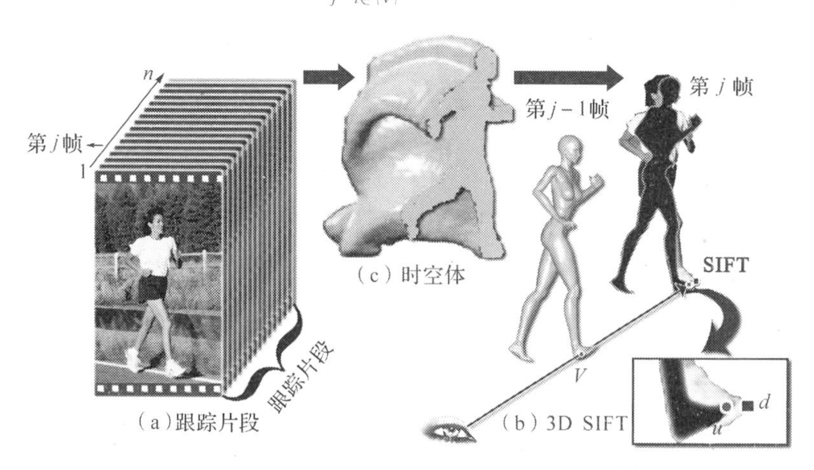

图 9.10 2D 与 3D 关联

第三组约束利用多目标间的空间关系来解决相互遮挡问题。图 9.11 记录了两个角色打斗的场景片断,两个角色之间的动作是有联系的。如果其中一个角色被另外一个遮挡了,可以把这种多目标间的空间联系当作约束条件来辅助视频跟踪。文献[181]使用拉普拉斯变形(Laplacian deformation)和骨架结构来描述两个目标间的空间关系,建立过程较为繁杂。使用笔者博士学位论文中"利用仿射矩阵描述源动画变形"[182]的方法,多目标间的空间关系可以通过仿射变换矩阵来描述。这样,多目标空间关系的约束可以用下式表示:

$$C_9 = \sum_{k=1}^{R} \Big(\sum_{i \in ROI(k)} \Big(\sum_{j \in N(i)} \| \boldsymbol{M}_i (V_i - V_j) - (\overline{V}_i - \overline{V}_j) \|^2 \Big) \Big)$$

其中,$\boldsymbol{M}_i$ 是对应于顶点 V_i 的仿射变换矩阵。其余符号与 C_4 类似。联立 $C_4 \sim C_9$,可以得到式(9.2),其中 $k_1 \sim k_6$ 为权重系数。

$$V^*, \boldsymbol{L}^*, \boldsymbol{P}^* = \underset{\overline{V}, \boldsymbol{L}, \boldsymbol{P}}{\operatorname{argmin}} (k_1 C_4 + k_2 C_5 + k_3 C_6 + k_4 C_7 + k_5 C_8 + k_6 C_9) \quad (9.2)$$

图 9.11 空间关系

注:两个目标间的空间关系可以用仿射矩阵来描述。

(3)三维事件库中的动作比对分类

如图 9.4 所示,三维事件库中的人体运动是使用标准三维人体存储的,而用于匹配的人体运动也是用标准三维人体模型表示的(见图 9.4 中 9)。通过前期工作的探索,本研究提出了基于三维时空子空间的人体运动比对分类方案。

记待检索人体运动为$[F_1, F_2, \cdots, F_L]$,其中 F_j 表示第 j 帧三维模型,共 L 帧,$[t_1, t_2, \cdots, t_L]$是对应各帧的时间数据;类似的,可以用$[M_1^i, M_2^i, \cdots, M_{p(i)}^i]$和$[t_1^i, t_2^i, \cdots, t_{p(i)}^i]$表述三维事件库中的第 i 套人体运动,共 $p(i)$帧。对于 F_j,第 k 个顶点相对于初始位置的仿射变换矩阵记为 $\boldsymbol{S}_j^k$;同样,对于 M_j^i,对应其第 i 套动作的仿射变换矩阵可以标记为 $\boldsymbol{T}_j^{i,k}$ 的形式[175],具体分以下两步。

①姿势比较

F_l 在$[M_1^i, M_2^i, \cdots, M_{p(i)}^i]$中匹配的数学模型为

$$\lambda^* = \underset{\lambda}{\mathrm{argmin}}\left(k_1 \sum_{k=1}^{n} \left\| \sum_{j=1}^{p(i)} \lambda_j \boldsymbol{T}_j^{k,i} - \boldsymbol{S}_l^k \right\|_F^2 + k_2 \left(\sum_{j=1}^{p(i)} \lambda_j - 1\right)^2\right) \tag{9.3}$$

其中，λ 是对应于$[M_1^i, M_2^i, \cdots, M_{p(i)}^i]$的系数；$n$ 为标准三维人体模型的顶点数；k_1 和 k_2 为权重系数，用于调整子项的权重。计算出 λ^* 后，需要找出其中的最大值：$\lambda_{\theta(l)} = \max(\lambda_1^*, \lambda_2^*, \cdots, \lambda_{p(i)}^*)$，然后设立阈值 $\alpha > 0$，如 $|\lambda_{\theta(l)} - 1| < \alpha$，则表示匹配，形成匹配对 $A(F_l, M_{\theta(l)}^i)$。

对$[F_1, F_2, \cdots, F_L]$中的所有帧都通过以上方式计算，对于阈值 $0 < \beta < 1$，如有多于 $\beta \times L$ 帧，就认为与$[M_1^i, M_2^i, \cdots, M_{p(i)}^i]$匹配，进入时序比较；否则认为不匹配，然后与$[M_i^{i+1}, M_2^{i+1}, \cdots, M_{p(i)}^{i+1}]$比较，重新计算本步骤。

②时序比较

在上一步中获得初步结果后，还要对$[t_1, t_2, \cdots, t_L]$与$[t_{\theta(1)}^i, t_{\theta(2)}^i, \cdots, t_{\theta(L)}^i]$进行分析比较。首先应当保证两者时序一致，即 $t_{\theta(L)}^i > t_{\theta(L-1)}^i > \cdots > t_{\theta(2)}^i > t_{\theta(1)}^i$，否则可以认为不是同一套动作。另外，针对不同的情况可以列出不同的比较条件，如 $t_i = t_{\theta(l)}^i$。

如果时序比较结果符合要求，那么$[M_1^i, M_2^i, \cdots, M_{p(i)}^i]$就是一个合适的结果。继续对三维事件库中的下一套进行对比，直至找出全部符合要求的数据。

整个人体运动匹配过程可以通过修改 α 和 β 的值，以及时序比较条件来调整匹配结果。在研究实施过程中，需要对上述数学模型和算法进行全面的研究，从而提高比对效率和准确性。

(4)相关理论支撑

①基于网格的反向运动学(mesh-based inverse kinematics)[166-167]

本研究的主要理论基础之一就是“基于网格的反向运动学”，图 9.12 是文献[166]的主要结果，即“三维模型可以包含反向运动学信息”。这个算法在笔者的博士学位论文里已实现，并将在本章的研究中加以优化提升。图 9.12 的第一行是样例姿势，第二行是仅仅通过一个或两个控制点就生成了的新姿势，这说明三维模型子空间可以包含大量运动先验知识，而这正是本章研究的理论基础。

②基于三维模型和物理约束的视频三维动画重建[182]

图 9.13 显示了文献[182]的主要结果，即“借助三维模型和物理定律，可以从视频重建三维动画”。其核心算法是首先设定与几个关键帧对应的三维模型，

图 9.12 反向运动学

图 9.13 视频重建三维动画[182]

然后借助牛顿物理定理和视频图像信息把三维动画重构出来，从实践和理论的角度论证基于二维视频重构三维运动的可行性。

③基于三维模型的人体图像参数化变形[183]

图 9.14 是文献[183]的主要结论，即“以三维模型为中介，把修改的参数首先在三维模型上变形，然后再调整对应的图像，从而实现对人体图像的参数化变形”。尽管本研究的方法与文献[183]完全不同，但该文献充分验证了三维模型与图像是可以进行关联的，从另一个侧面论证基于二维视频匹配三维模型的可行性。

图 9.14 参数化变形[183]

(5)已有成果

上述内容从理论角度论证了本研究通过三维模型时空子空间来引导视频处理的可行性。笔者在攻读博士学位阶段的研究和近期的研究成果为本研究的成功实施打下了良好的基础。在本研究需要解决的问题中，已有针对性地展开了预研，从实践的角度初步印证了本研究主要算法的可行性(见图9.15)：在三维模型时空子空间的引导下，替代文献[182]中的物理定理，可以实现从视频中重建三维动画。

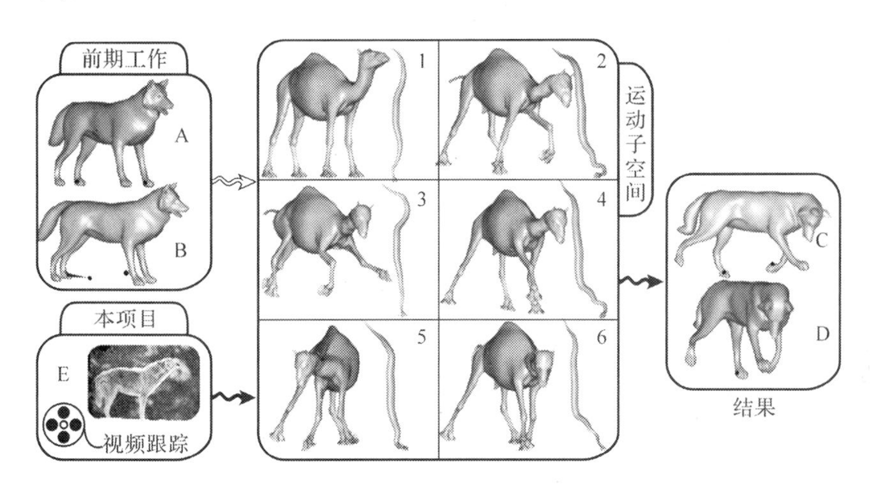

图9.15 已有成果

注：在由蛇和骆驼的6组姿势构成的运动子空间中，利用前期成果只需调整2个控制点(A→B)就可以生成结果C和D；而对于本研究，需调整3D SIFT、轮廓和边界类似控制点。

(6)对式(9.1)至式(9.3)求解分析

式(9.1)～(9.2)是非线性的，可以采用高斯—牛顿迭代算法求解，在每个迭代周期中，让目标函数对向量值变量的偏导数为0。式(9.3)相对比较简单，可以直接让目标函数对向量值变量的偏导数为0。对类似的数学计算问题，笔者在前期工作中进行了深入分析，最终将其转化为一个标准的稀疏线性方程组。这个方程组可以使用一个稀疏LU算子umfpack[189]来有效求解。在前期工作中，笔者曾使用umfpack在CPU为2.4G和内存为1G的普通个人计算机上成功求解了包含6万多个未知数的稀疏方程组，耗时在50ms以内。尽管本研究算法的计算强度很大，但由于有良好的前期工作的支撑，具体的计算完全是可行的。

(7)最新技术发展趋势

图形图像领域的最新成果对数据驱动的三维动画生成进行了较多的研究。这些研究在动作数据的基础上，使用物理定理[182]、手工草图[184]、反馈策略[185]和样例[186]等方法来控制生成新的三维动画。这里列举的都是近年来出现在SIGGRAPH和ICCV上的论文，反映了一个新的研究热点。从本质上来讲，本章的研究也是由数据驱动的，即由三维模型时空子空间引导，并在视频数据的控制下进行，与最新的技术发展趋势是吻合的，具有较好的前瞻性和较高的可行性。

10

重要算法源代码

本章列出了本文所用到的关键算法的原代码,所有代码已申请软件著作权登记。

编号	名　称	流水号	时　间	权利人
1	基于三维网格的癌变 CT 图像的胸腔分割系统	2014R11L133631	2014-8-18	卢涤非
2	三维动画克隆系统	2012R11L006314	2013-7-20	卢涤非
3	三维场景软阴影生成系统	2009R11L063962	2009-10-21	卢涤非
4	基于标记点的三维动画复制系统	2009R11L063961	2009-10-21	卢涤非

10.1　Dicom 应用

10.1.1　Volume 操作

基本操作

bool CreateVolum(SimpleDicomInfor & oinfor,

BlockVolumUInt16& output, int type,WORD * extra)

```
{
    if(oinfor.data == NULL)
      return false;
    Triple<float4>  units;
    VolumeHeader hd;
    hd.SetVolDim(oinfor.Width,oinfor.Height,oinfor.TotalSlices);
```

```
units.m_x = oinfor.xspace;
units.m_y = oinfor.yspace;
units.m_z = oinfor.zspace;
hd.SetVoxelUnits(units);
hd.SetVoxelTypeEnum(VolumeHeader::UINT2);
hd.SetVoxelUnitTypeEnum(VolumeHeader::MILLIMETER);
hd.SetSignificantBitsPerVoxel(16);
hd.SetAuthor("Lu Difei");
hd.SetTitle("Liver Segmentation");
string sv;
char value[256];
sprintf_s(value,"0028_1052 %d 0028_1053 %d",oinfor.Intercept,oinfor.Slope);
sv = value;
hd.m_varHeader.SetHdrVar("dicomHeader",sv,"Lu.difei.Create");
output.SetHeader(hd);
BlockVolumeUInt16Iterator iter(output);
WORD * pix;
double angle = oinfor.Convert_Rotation * 3.1415926/180;
for(int x = 0;x<oinfor.Width;x ++ )
{
  for(int y = 0;y<oinfor.Height;y ++ )
  {
    for(int z = 0;z<oinfor.TotalSlices;z ++ )
    {
      if(oinfor.Convert_Rotation != 0.0)//rotation
      {
        int xr = (int)((x - oinfor.Width/2) * cos(angle)
        + (y - oinfor.Height/2) * sin(angle) + oinfor.Width/2 + 0.5);
        int yr = (int)( - (x - oinfor.Width/2) * sin(angle) + (y - oinfor.Height/2)
        * cos(angle) + oinfor.Height/2 + 0.5);
        if(xr> = 0&&xr<oinfor.Width&&yr> = 0&&yr<oinfor.Height)
        {
          pix = (WORD * )(oinfor.data + z * oinfor.BytesPerSlice
          + yr * oinfor.Width * oinfor.BytesPerPixel + xr * oinfor.BytesPerPixel);
```

```
WORD newdata = (WORD)(((short)( * pix&oinfor.AntiAllMask))
      * oinfor.Convert_Scale + oinfor.Convert_Offset);
if( * pix)
{
  iter.SetPos(x,y,z);
  if(type == 0) //write data
  iter.SetVoxel(newdata&oinfor.AntiAllMask);
  else if(type == 1)  //write liver
  {
    if(( * pix)&oinfor.LiverMask)
      iter.SetVoxel(600);
      }
    else if(type == 2) //write back
    {
      if(( * pix)&oinfor.BkMask)
      iter.SetVoxel(600);
      }
    }
  }
}
else
{
  pix = (WORD * )(oinfor.data + z * oinfor.BytesPerSlice
  + y * oinfor.Width * oinfor.BytesPerPixel + x * oinfor.BytesPerPixel);
  WORD newdata = (WORD)(((short)( * pix&oinfor.AntiAllMask))
      * oinfor.Convert_Scale + oinfor.Convert_Offset);
  if( * pix)
  {
    iter.SetPos(x,y,z);
    if(type == 0) //write data
    iter.SetVoxel(newdata&oinfor.AntiAllMask);
    else if(type == 1)  //write liver
    {
      if(( * pix)&oinfor.LiverMask)
      iter.SetVoxel(600);
```

```
                        }
                    else if(type == 2) //write back
                    {
                        if(( * pix)&oinfor.BkMask)
                        iter.SetVoxel(600);
                        }
                    else if(type == 20&&extra)// laplacian cross zero
                    {
                        WORD val = * (short * )(((BYTE * )extra) + z * oinfor.BytesPerSlice
                            + y * oinfor.Width * oinfor.BytesPerPixel
                            + x * oinfor.BytesPerPixel); iter.SetVoxel(val);
                        }
                    }
                }
            }
        }
    }
    return true;
}
```

bool WriteDataToVolum(SimpleDicomInfor&oinfor,
const char * volumefilename, int type, WORD * extra)

```
{
    BlockVolumeUInt16 result;
    if(! CreateVolum(oinfor,result,type,extra))
        return false;
    result.Write(volumefilename);
    return true;
}
```

bool GetContinousParts(SimpleDicomInfor& oinfor,
vector<vector<SimPoint>>& rsult, int minhu, int maxhu, int Shrink_Expand,
int shrink_lowhu, int shrink_highhu, int fill_hole, int growmax)

```
{
    if(workloaded == false)
```

```
{
  if(! CreateVolum(oinfor,work))
  return false;
  }
workloaded = true;
BlockVolumeUInt16 result;
result.SetHeader(work.GetHeader());
ContinousPart Part(work,result);
Part.RunAll((Int16)minhu,(Int16)maxhu,Shrink_Expand,shrink_lowhu,shrink_highhu,
        fill_hole);
if(Part.m_FillNum>1)
{
  rsult.resize(Part.m_FillNum - 1);
  BlockVolumeUInt16Iterator ir(result);
  WORD value;
  SimPoint pos;
  VolumePoint rpos;
  while(ir.IsNotAtEnd())
  {
    value = ir.GetVoxel();
    if(value>0&&value<Part.m_FillNum)
    {
      rpos = ir.GetPos();
      pos.coord[0] = rpos.m_x;
      pos.coord[1] = rpos.m_y;
      pos.coord[2] = rpos.m_z;
      rsult[value - 1].push_back(pos);
    }
    ir.NextZYX();
  }
}
//grow largest
if(growmax>0)
{
  int index =- 1;
```

```
BlockVolumeBool grow[2];
grow[0].SetHeader(work.GetHeader());
grow[1].SetHeader(work.GetHeader());
VolumePoint dim = work.GetHeader().GetVolDim();
BlockVolumeBoolIterator growit(grow[0]);
BlockVolumeBoolIterator growit1(grow[1]);
VolumePoint pos;
BlockVolumeUInt16Iterator workit(work);
const int dev = 50;
float xd[2] = {10000, -10000},yd[2] = {10000, -10000};
for(index = 0;index<rsult.size();index ++ )
{
  for(int i = 0;i<rsult[index].size();i ++ )
    {
    if(rsult[index][i].coord[0]<xd[0]) xd[0] = rsult[index][i].coord[0];
    if(rsult[index][i].coord[0]>xd[1]) xd[1] = rsult[index][i].coord[0];
    if(rsult[index][i].coord[1]<yd[0]) yd[0] = rsult[index][i].coord[1];
    if(rsult[index][i].coord[1]>yd[1]) yd[1] = rsult[index][i].coord[1];
    }
}
float xmin = xd[0] + (xd[1] - xd[0])/3;
float xmax = xd[0] + (xd[1] - xd[0]) * 2/3;
float ymin = yd[0] + (yd[1] - yd[0])/2;
for(index = 0;index<rsult.size();index ++ )
{
  if(rsult[index].size()<50) continue;
  grow[0].Clear();
  grow[1].Clear();
  for(int i = 0;i<rsult[index].size();i ++ )
    {
    pos.m_x = rsult[index][i].coord[0];
    pos.m_y = rsult[index][i].coord[1];
    pos.m_z = rsult[index][i].coord[2];

    growit.SetPos(pos);
```

```
    growit.SetVoxel(true);
    growit1.SetPos(pos);
    growit1.SetVoxel(true);
    }
  for(int i = 0;i<growmax;i ++ )
  {
    growit.SetPos(0,0,0);
    while(growit.IsNotAtEnd())
    {
      if(growit.GetVoxel())
      {
        pos = growit.GetPos();
        if(i>2&&pos.m_x>xmin&&pos.m_x<xmax&&pos.m_y>ymin)
        {
          growit.NextZYX();
          continue;
          }
        workit.SetPos(pos);
        if(pos.m_x>0)
        {
          workit.DecX();
          if(workit.GetVoxel()>minhu - dev)
          {
            growit1.SetPos(workit.GetPos());
            growit1.SetVoxel(true);
            }
          }
        workit.SetPos(pos);
        if(pos.m_y>0)
        {
          workit.DecY();
          if(workit.GetVoxel()>minhu - dev)
          {
            growit1.SetPos(workit.GetPos());
            growit1.SetVoxel(true);
```

```
            }
        }
    workit.SetPos(pos);
    if(pos.m_z>0)
    {
        workit.DecZ();
        if(workit.GetVoxel()>minhu - dev)
        {
            growit1.SetPos(workit.GetPos());
            growit1.SetVoxel(true);
            }
        }
    workit.SetPos(pos);
    if(pos.m_x<dim.m_x - 1)
    {
        workit.IncX();
        if(workit.GetVoxel()>minhu - dev)
        {
            growit1.SetPos(workit.GetPos());
            growit1.SetVoxel(true);
            }
        }
    workit.SetPos(pos);
    if(pos.m_y<dim.m_y - 1)
    {
        workit.IncY();
        if(workit.GetVoxel()>minhu - dev)
        {
            growit1.SetPos(workit.GetPos());
            growit1.SetVoxel(true);
            }
        }
    workit.SetPos(pos);
    if(pos.m_z<dim.m_z - 1)
    {
```

```
        workit.IncZ();
        if(workit.GetVoxel()>minhu - dev)
        {
          growit1.SetPos(workit.GetPos());
          growit1.SetVoxel(true);
          }
        }
      }
    growit.NextZYX();
    }
  growit1.SetPos(0,0,0);
  while(growit1.IsNotAtEnd())
  {
    if(growit1.GetVoxel())
    {
      growit.SetPos(growit1.GetPos());
      growit.SetVoxel(growit1.GetVoxel());
      }
    growit1.NextZYX();
    }
  }
rsult[index].clear();
SimPoint pt;
growit.SetPos(0,0,0);
while(growit.IsNotAtEnd())
{
  if(growit.GetVoxel())
  {
    pt.coord[0] = growit.GetPos().m_x;
    pt.coord[1] = growit.GetPos().m_y;
    pt.coord[2] = growit.GetPos().m_z;
    rsult[index].push_back(pt);
    }
  growit.NextZYX();
  }
```

```
      }
    }
  return true;
  }
```

三维梯度

struct GradsElement

```
  {
    short XDirect;
    short YDirect;
    short ZDirect;
    GradsElement()
    {
      XDirect = YDirect = ZDirect = 0;
    }
  }
```

梯度值

short GetValue(int dim=2, int mode=0)

```
  {
    if(dim == 3)
    return (short)sqrt((double)XDirect * XDirect + YDirect * YDirect + ZDirect * ZDirect);
    else
    {
      if(mode == 0)
      return (short)sqrt((double)XDirect * XDirect + YDirect * YDirect);
      else if(mode == 1) //yoz
      return (short)sqrt((double)ZDirect * ZDirect + YDirect * YDirect);
      else               //zox
      return (short)sqrt((double)ZDirect * ZDirect + XDirect * XDirect);
      }
  };
  //mode 0: xoy plane, 1:yoz plane, 2: zox plane, default is 0
```

bool CreateGrads(SimpleDicomInfor& oinfor, int mode)

```
{
  if(oinfor.data == NULL)
  return false;
  int size = (int)(oinfor.Width * oinfor.Height * oinfor.TotalSlices * oinfor.
           VSampleRate + 0.5);
  if(oinfor.grads == NULL)
  {
    //allocate memory
    oinfor.grads = new GradsElement[size];
    }
  const double derivatecoe = 1;
  BlockVolumeUInt16 dataorg;
  BlockVolumeUInt16 * data;
  //yoz or zox, the volume should be resampled, the slices number equals to x or y
  data = &IsoVol[mode];
  //check if data is valid
  if(oinfor.data2 == NULL)//load iso data
  GetData2(oinfor,0);//just load xoy plane
  BlockVolumeInt16 gradresult;
  BlockVolumeUInt8   mask;
  gradresult.SetHeader(data ->GetHeader());
  mask.SetHeader(data ->GetHeader());
  VolumePoint pos;
  Old_ConvolveGauss( * data, gradresult, mask,derivatecoe, GaussDerivativesFilter::
  DERIV_U);
  BlockVolumeInt16Iterator iter(gradresult);
  int voxelsperslice = oinfor.Width * oinfor.Height;
  for (iter.SetPos(0,0,0); iter.IsNotAtEnd(); iter.NextBlockZYX())
  {
    for( ; iter.IsNotAtEndOfBlock(); iter.NextZYXInsideBlock() )
    {
      if( iter.GetVoxel() )
      {
```

```
                pos = iter.GetPos();
                if(mode == 0)
                  oinfor.grads[pos.Z() * voxelsperslice + pos.Y() * oinfor.Width + pos.X()].
                          XDirect = iter.GetVoxel();
                else if(mode == 1) //yoz plane
                  oinfor.grads[pos.X() * voxelsperslice + pos.Z() * oinfor.Width + pos.Y()].
                          XDirect = iter.GetVoxel();
                else              //zox plane
                  oinfor.grads[pos.Y() * voxelsperslice + pos.Z() * oinfor.Width + pos.X()].
                          XDirect = iter.GetVoxel();
              }
            }
          }
        gradresult.Clear();
        mask.Clear();
        Old_ConvolveGauss( * data, gradresult, mask,derivatecoe,  GaussDerivativesFilter::
        DERIV_V);
        for (iter.SetPos(0,0,0); iter.IsNotAtEnd(); iter.NextBlockZYX())
        {
          for( ; iter.IsNotAtEndOfBlock(); iter.NextZYXInsideBlock() )
          {
            if( iter.GetVoxel() )
            {
              pos = iter.GetPos();
              if(mode == 0)
                  oinfor.grads[pos.Z() * voxelsperslice + pos.Y() * oinfor.Width
                  + pos.X()]. YDirect = iter.GetVoxel();
              else if(mode == 1) //yoz plane
                  oinfor.grads[pos.X() * voxelsperslice + pos.Z() * oinfor.Width
                  + pos.Y()]. YDirect = iter.GetVoxel();
              else              //zox plane
                  oinfor.grads[pos.Y() * voxelsperslice + pos.Z() * oinfor.Width
                  + pos.X()]. YDirect = iter.GetVoxel();
              }
```

```
        }
    }
    gradresult.Clear();
    mask.Clear();
    GaussDerivativesFilter::DERIV_W);
    oinfor.grads[pos.Z() * voxelsperslice + pos.Y() * oinfor.Width
     + pos.X()].ZDirect = iter.GetVoxel();
    oinfor.grads[pos.X() * voxelsperslice + pos.Z() * oinfor.Width
     + pos.Y()].ZDirect = iter.GetVoxel();
    oinfor.grads[pos.Y() * voxelsperslice + pos.Z() * oinfor.Width
     + pos.X()].ZDirect = iter.GetVoxel();
    return true;
}
```

bool CreateLaplacian(SimpleDicomInfor& oinfor, short * result, int dim, int mode)

```
{
    if(oinfor.data == NULL)
    return false;
    if(result == NULL)
    return false;
    const double derivatecoe = 1;
    BlockVolumeUInt16  dataorg;
    BlockVolumeUInt16 * data;
    data = &IsoVol[mode];
    if(oinfor.data2 == NULL)//load iso data
    GetData2(oinfor,0);//just load xoy plane
    int voxelsperslice = oinfor.Width * oinfor.Height;
    BlockVolumeInt16 gradresult;
    BlockVolumeUInt8  mask;
    gradresult.SetHeader(data ->GetHeader());
    mask.SetHeader(data ->GetHeader());
    VolumePoint pos;
    BlockVolumeInt16Iterator iter(gradresult);
    //x direct ,needed in 3 dimension and xoy(0) and zox plane(2)
    if(dim == 3 || (dim == 2&&mode == 0) || (dim == 2&&mode == 2))
```

```
{
  Old_ConvolveGauss( * data, gradresult, mask,derivatecoe,
  GaussDerivativesFilter::DERIV_UU);
  for (iter.SetPos(0,0,0); iter.IsNotAtEnd(); iter.NextBlockZYX())
  {
    for( ; iter.IsNotAtEndOfBlock(); iter.NextZYXInsideBlock() )
    {
      if( iter.GetVoxel() )
      {
        pos = iter.GetPos();
        if(mode == 0)      //xoy
        result[pos.Z() * voxelsperslice + pos.Y() * oinfor.Width + pos.X()]
            = iter.GetVoxel();
        else if(mode == 1)//yoz
        result[pos.X() * voxelsperslice + pos.Z() * oinfor.Width + pos.Y()]
            = iter.GetVoxel();
        else               //zox
        result[pos.Y() * voxelsperslice + pos.Z() * oinfor.Width + pos.X()]
            = iter.GetVoxel();
      }
    }
  }
}
//y direct ,needed in 3 dimension and xoy(0) and yoz plane(1)
if(dim == 3 || (dim == 2&&mode == 0) || (dim == 2&&mode == 1))
{
  gradresult.Clear();
  mask.Clear();
    Old _ ConvolveGauss ( * data, gradresult, mask, derivatecoe,
    GaussDerivativesFilter::DERIV_VV);
  for (iter.SetPos(0,0,0); iter.IsNotAtEnd(); iter.NextBlockZYX())
  {
    for( ; iter.IsNotAtEndOfBlock(); iter.NextZYXInsideBlock() )
    {
```

```
        if( iter.GetVoxel() )
        {
          pos = iter.GetPos();
          if(mode == 0)          //xoy
          result[pos.Z() * voxelsperslice + pos.Y() * oinfor.Width + pos.X()]
               += iter.GetVoxel();
          else if(mode == 1) //yoz
          result[pos.X() * voxelsperslice + pos.Z() * oinfor.Width + pos.Y()]
               += iter.GetVoxel();
          else                //zox
          result[pos.Y() * voxelsperslice + pos.Z() * oinfor.Width + pos.X()]
               += iter.GetVoxel();
          }
        }
      }
    }
  GaussDerivativesFilter::DERIV_WW);
  result[pos.Z() * voxelsperslice + pos.Y() * oinfor.Width + pos.X()]
+= iter.GetVoxel();
  result[pos.X() * voxelsperslice + pos.Z() * oinfor.Width + pos.Y()]
+= iter.GetVoxel();
  result[pos.Y() * voxelsperslice + pos.Z() * oinfor.Width + pos.X()]
+= iter.GetVoxel();
  return true;
}
```

图层操作

```
class SliceOrder
 {
   public:
   int zpos;
   int index;
   bool operator<(const SliceOrder& right)
  {
```

```
    return zpos<right.zpos;
    }
  bool operator>(const SliceOrder& right)
  {
    return zpos>right.zpos;
    }
  bool operator ==(const SliceOrder& right)
  {
    return zpos ==right.zpos;
    }
  };
```

10.1.2 Dicom 操作

简单 Dicom 类

```
class SimpleDicomInfor
 {
  public:
  void InitData()
  {
    Convert_Scale = 1.0f;    //scale used to convert dicom to volume
    Convert_Offset = 0.0f;   //offset used to convert dicom to volume
    Convert_LowestHU = 0;
    Convert_HighestHU = 0;
    TotalSlices = 0;
    BytesPerPixel = 0;
    Width = 0;
    Height = 0;
    Slope = 0;
    Intercept = 0;
    Representation = 0;
    BytesPerSlice = 0;
    xspace = 0;
    yspace = 0;
    zspace = 0;
```

```
  data = NULL;
  data2 = NULL;
  datasize = 0;
  min = 0;
  max = 0;
  storebits = 0;
  grads = NULL;
  BkMask = 0x8000;
  LiverMask = 0x4000;//liver mask or chest mask
  AntiAllMask = 0x3fff;
  LiverMin[0] = LiverMin[1] = LiverMin[2] = 0;    //minimum coordinate of liver
  LiverMax[0] = LiverMax[1] = LiverMax[2] = 0;    //maximum coordinate of liver
  Centroid[0] = Centroid[1] = Centroid[2] = 0;
  VSampleRate = 1.0f;
  datasize2 = 0;
  sliceOrder = NULL;
  }
SimpleDicomInfor()
{
  InitData();
  }
void Clear()
{
  if(data)
  delete []data;
  if(grads)
  delete []grads;
  if(data2)
  delete []data2;
  if(sliceOrder)
  delete []sliceOrder;
  data = NULL;
  grads = NULL;
  data2 = NULL;
  sliceOrder = NULL;
```

```
  }
~SimpleDicomInfor()
{
  Clear();
  }
float  Convert_Scale;        //scale used to convert dicom to volume
float  Convert_Offset;       //offset used to convert dicom to volume
double Convert_Rotation;     //ratation used to convert dicom to volume
int    Convert_LowestHU;
int    Convert_HighestHU;
int    TotalSlices;          //number of slices
float  VSampleRate;          //the rate of resample of V direct,used to change
                               TotalSlices,default is 1
int BytesPerPixel;           //number of bytes used to represent a pixel
int Width;                   //width  of slice
int Height;                  //height of slice
int Slope;                   //coefficient of converting HU to image
int Intercept;               //offset of HU value
int Representation;          //the data is signed or unsigned
int BytesPerSlice;           //size of buffer used to each slice
float    xspace;             //x direction unit
float    yspace;             //y direction unit
float    zspace;             //z direction unit
unsigned char * data;        //original data buffer
unsigned char * data2;       //resampled data,used to computer
GradsElement * grads;        //grads information
int      datasize;           //data buffer size
int      datasize2;
int      min;
int      max;                //maximium hu of vexel in CT
int      storebits;
unsigned short BkMask;       //skin around mask
unsigned short LiverMask;    //pre-calculated liver mask
unsigned short AntiAllMask;  //pre-calculated liver mask
float    LiverMin[3];        //minimum coordinate of liver
```

```
float     LiverMax[3];        //maximum coordinate of liver
float     Centroid[3];        //the centroid of raw liver;
SliceOrder * sliceOrder;
};
```

读取 Dicom 文件

DllExport bool ReadDataFromDicoms(const char * * ifiles,

int filenum, SimpleDicomInfor& oinfor, BOOL readHeader)

```
{
  //int size = oinfor.BytesPerPixel * oinfor.Width * oinfor.Height;
  int size = oinfor.BytesPerSlice;
  //if obuffer is NULL, just get the header infor
  if(readHeader&&filenum>0)
  {
    DcmFileFormat fileformat;
    OFCondition status = fileformat.loadFile(ifiles[0]);
    if (status.good())
    {
      OFString value;
      if (fileformat.getDataset() ->
          findAndGetOFString(DCM_BitsAllocated, value).good())
      oinfor.BytesPerPixel = (strtol(value.c_str(),NULL,10) + 7)/8;
      if (fileformat.getDataset() ->
          findAndGetOFString(DCM_Rows, value).good())
      oinfor.Height = strtol(value.c_str(),NULL,10);
      if (fileformat.getDataset() ->
          findAndGetOFString(DCM_Columns, value).good())
      oinfor.Width = strtol(value.c_str(),NULL,10);
      oinfor.BytesPerSlice = oinfor.Height * oinfor.Width * oinfor.BytesPerPixel;
      if (fileformat.getDataset() ->
          findAndGetOFString(DCM_PixelSpacing, value).good())
      oinfor.xspace = oinfor.yspace = (float)strtod(value.c_str(),NULL);
      if (fileformat.getDataset() ->
          findAndGetOFString(DCM_SliceThickness, value).good())
      oinfor.zspace = (float)strtod(value.c_str(),NULL);
```

```
        if (fileformat.getDataset() ->
            findAndGetOFString(DCM_RescaleIntercept , value).good())
        oinfor.Intercept = strtol(value.c_str(),NULL,10);
        if (fileformat.getDataset() ->
            findAndGetOFString(DCM_RescaleSlope, value).good())
        oinfor.Slope = strtol(value.c_str(),NULL,10);
        if (fileformat.getDataset() ->
            findAndGetOFString(DCM_PixelRepresentation, value).good())
        oinfor.Representation = strtol(value.c_str(),NULL,10);
        if (fileformat.getDataset() ->
            findAndGetOFString(DCM_BitsStored, value).good())
        oinfor.storebits = strtol(value.c_str(),NULL,10);
          }
    for(int i = 0;i<filenum;i ++ )
    {
      OFCondition status = fileformat.loadFile(ifiles[i]);
      if (status.good())
      {
        OFString value;
        if (fileformat.getDataset() ->
            findAndGetOFString(DCM_ImagePositionPatient, value,2).good())
        {
          oinfor.sliceOrder[i].zpos = strtol(value.c_str(),NULL,10);
          oinfor.sliceOrder[i].index = i;
          }
        }
      }
    return true;
    }
//the data memory should be allocated before this function is called
if(oinfor.data == NULL)
return false;
for(int i = 0;i<filenum;i ++ )
{
  DicomImage * image = new DicomImage(ifiles[oinfor.sliceOrder[i].index]);
```

```
        if (image != NULL)
        {
            if (image ->getStatus() == EIS_Normal)
            {
                if (image ->isMonochrome())
                image ->getOutputData((oinfor.data + i * size),size,oinfor.storebits);
            }
        }
    delete image;
    }//end loading
return true;
}
```

10.2 分割评估算法

椭圆拟合

```
bool FitEllipse(CPoint * pt,
    int count, double& a, double& b, double& cx, double& cy,
    double& angle, double& rectW, double& rectH)
{
    if(count<6)
        return false;
    vector<Point> contour;
    for(int i = 0;i<count;i ++ )
        contour.push_back(Point(pt[i].x,pt[i].y));
    Mat pointsf;
    Mat(contour).convertTo(pointsf, CV_32F);
    RotatedRect box = fitEllipse(pointsf);
    a = box.size.width/2.0;
    b = box.size.height/2.0;
    cx = box.center.x;
    cy = box.center.y;
```

```
    angle = box.angle;
    Rect r = box.boundingRect();
    rectH = r.height;
    rectW = r.width;
    return true;
}
```

分割效果评估函数

```
Bool EvaluationV3(const char * ref, const char * my, vector<double>& volume_dif,
     vector<double>& Contour_Dis, vector<double>& Hausdorff_Dis,
     vector<double>& Dice_Coe, vector<double>& Average_dis, vector<double>& Rms)
{
    VolumeHeader refHeader, myHeader;
    int edge_18[54] = { 0, 0, -1, 0, -1, -1, 0, 1, -1, -1, 0, -1, 1, 0, -1,
        //z-1
        0, 0, 1, 0, -1, 1, 0, 1, 1, -1, 0, 1, 1, 0, 1, //z+1
        -1, -1, 0, 0, -1, 0, 1, -1, 0, -1, 0, 0, 1, 0, 0, -1, 1, 0, 0, 1, 0, 1,
        1, 0 };
    BlockVolumeUInt16 refvol;
    refvol.Read(ref);
    refHeader.Read(ref);
    double ref_unit = refHeader.GetVoxelUnits().m_x * refHeader.GetVoxelUnits().
        m_y * refHeader.GetVoxelUnits().m_z;
    double x2 = refHeader.GetVoxelUnits().m_x * refHeader.GetVoxelUnits().m_x;
    double y2 = refHeader.GetVoxelUnits().m_y * refHeader.GetVoxelUnits().m_y;
    double z2 = refHeader.GetVoxelUnits().m_z * refHeader.GetVoxelUnits().m_z;
    BlockVolumeUInt16 myvol;
    myvol.Read(my);
    myHeader.Read(my);
    double my_unit = myHeader.GetVoxelUnits().m_x * myHeader.GetVoxelUnits().
        m_y * myHeader.GetVoxelUnits().m_z;
    BlockVolumeUInt16Iterator iter_ref(refvol);
    BlockVolumeUInt16Iterator iter_my(myvol);
    int totalsizes = refHeader.GetVolDim().m_z;
```

```
int x_dim = refHeader.GetVolDim().m_x;
int y_dim = refHeader.GetVolDim().m_y;
//get volume_dif
volume_dif.resize(totalsizes);
for(int i = 0;i<totalsizes;i ++ )
{
  int count1 = 0;
  int count2 = 0;
  double vdif1 = 0,vdif2 = 0;
  for(int j = 0;j<x_dim;j ++ )
  {
    for(int k = 0;k<y_dim;k ++ )
    {
      iter_ref.SetPos(j,k,i);
      iter_my.SetPos(j,k,i);
      if( iter_ref.GetVoxel())
        count1 ++ ;
      if( iter_my.GetVoxel())
        count2 ++ ;
      }
    }
  vdif1 = count1 * ref_unit;
  vdif2 = count2 * my_unit;
  if(vdif1>0)
  volume_dif[i] = abs(vdif1 - vdif2)/vdif1;//the first result
  }
//get Dice_Coe
Dice_Coe.resize(totalsizes);
for(int i = 0;i<totalsizes;i ++ )
{
  VolumePoint pos;
  int count_and = 0;
  int count_or = 0;
  for(int j = 0;j<x_dim;j ++ )
  {
```

```
      for(int k = 0;k<y_dim;k ++ )
      {
        iter_ref.SetPos(j,k,i);
        iter_my.SetPos(j,k,i);
        if( iter_ref.GetVoxel()!= 0 && iter_my.GetVoxel()!= 0 )
          count_and ++ ;
        if( iter_ref.GetVoxel()!= 0 || iter_my.GetVoxel()!= 0 )
          count_or ++ ;
        }
      }
    if(count_or>0)
    Dice_Coe[i] = ((double)count_and)/count_or;   //the second result
    }
  short int n1[5],n2[5];
  vector<VolumePoint> refpt,mypt,all_refpt,all_mypt;
  //find contour
  int Width = refHeader.GetVolDim().X();
  int Height = refHeader.GetVolDim().Y();
  int TotalSlices = refHeader.GetVolDim().Z();
  double displus = 0.0;
  double displusesquare = 0.0;
  int scount = 0;
  double dis;
  VolumePoint pos;
  VolumePoint curpt;
  Contour_Dis.resize(TotalSlices);
  Hausdorff_Dis.resize(TotalSlices);
  Average_dis.resize(TotalSlices);
  Rms.resize(TotalSlices);
  for(int slice = 0;slice<TotalSlices;slice ++ )//for each slice
  {
    double slicedisplus = 0.0;
    double slicedisplusesquare = 0.0;
    int slicecount = 0;
    Contour_Dis[slice] = DBL_MAX;
```

```
Hausdorff_Dis[slice] = 0;
scount = 0;
refpt.clear();
mypt.clear();
for(int x = 1;x<Width - 1;x ++ )
{
  for(int y = 1;y<Height - 1;y ++ )
  {
    pos.m_x = x;
    pos.m_y = y;
    pos.m_z = slice;
    iter_ref.SetPos(pos);
    n1[4] = iter_ref.GetVoxel();
    iter_my.SetPos(pos);
    n2[4] = iter_my.GetVoxel();
    //18 neighbors
    BOOL is_ref_edge = FALSE;
    BOOL is_seg_edge = FALSE;
    if(n1[4])
    {
      for(int i = 0;i<54;i += 3)
      {
        pos.m_x = x + edge_18[i];
        pos.m_y = y + edge_18[i + 1];
        pos.m_z = slice + edge_18[i + 2];
        iter_ref.SetPos(pos);
        if(! iter_ref.GetVoxel())
        {
          is_ref_edge = TRUE;
          break;
          }
        }
      }
    if(n2[4])
    {
```

```
            for(int i = 0;i<54;i += 3)
            {
              pos.m_x = x + edge_18[i];
              pos.m_y = y + edge_18[i + 1];
              pos.m_z = slice + edge_18[i + 2];
              iter_my.SetPos(pos);
              if(! iter_my.GetVoxel())
              {
                is_seg_edge = TRUE;
                break;
                }
              }
            }
          if(is_ref_edge)//edge points : at least one of the four neighbors is back
          {
            refpt.push_back(VolumePoint(x,y,slice));
            }
          if(is_seg_edge)//edge points
          {
            mypt.push_back(VolumePoint(x,y,slice));
            }
          }
        }
      //if there is too many edge points, it is anormal, continue;
      if(mypt.size()>10000 || refpt.size()>10000)
      {
        continue;
        }
      for(int j = 0;j<mypt.size();j ++ )
      {
        double curdis = DBL_MAX;
        for(int i = 0;i<refpt.size();i ++ )//for each point
        {
          dis = sqrt((refpt[i].m_x - mypt[j].m_x) * (refpt[i].m_x - mypt[j].m_x) * x2
               + (refpt[i].m_y - mypt[j].m_y) * (refpt[i].m_y - mypt[j].m_y) * y2
```

```
            + (refpt[i].m_z - mypt[j].m_z) * (refpt[i].m_z - mypt[j].m_z) * z2);
      if(Contour_Dis[slice]>dis)
      Contour_Dis[slice] = dis;
      if(curdis>dis)
      {
        curdis = dis;
        curpt = mypt[j];
        }
      }
      if(curdis<10000)
      {
        displus += curdis;
        displusesquare += curdis * curdis;
        scount ++ ;
        slicedisplus += curdis;
        slicedisplusesquare += curdis * curdis;
        slicecount ++ ;
        }
      if(Hausdorff_Dis[slice]<curdis&&curdis<10000)
      {
        Hausdorff_Dis[slice] = curdis;
        }
      }
    if(scount>0)
    {
    Average_dis[slice] = displus/scount;
    Rms[slice] = sqrt(displusesquare/scount);
    }
  dis = sqrt((all_refpt[i].m_x - all_mypt[j].m_x)
        * (all_refpt[i].m_x - all_mypt[j].m_x)
        * x2 + (all_refpt[i].m_y - all_mypt[j].m_y)
        * (all_refpt[i].m_y - all_mypt[j].m_y)
        * y2 + (all_refpt[i].m_z - all_mypt[j].m_z)
        * (all_refpt[i].m_z - all_mypt[j].m_z) * z2);
  }
```

```
    return TRUE;
  }
```

10.3 智能剪刀

10.3.1 轮廓与折线转换函数

```
void ContourPolyline2Array(ContourPolyline& s,
    CArray<Point, Point&>& t)
  {
    t.SetSize(s.data.size());
    for(int i = 0;i<s.data.size();i ++ )
    {
      t[i].coord[0] = s.data[i].x;
      t[i].coord[1] = s.data[i].y;
      t[i].coord[2] = s.data[i].z;
      }
    }
void Array2ContourPolyline(CArray<Point, Point&>& s, ContourPolyline& t)
  {
    t.data.resize(s.GetSize());
    for(int i = 0;i<s.GetSize();i ++ )
    {
      t.data[i].x = s[i].coord[0];
      t.data[i].y = s[i].coord[1];
      t.data[i].z = s[i].coord[2];
      }
    }
void SeedsPolyline2ContourPolyline( SeedsPolyline& s, ContourPolyline& t)
  {
    t.data.clear();
    t.direct = s.direct;
```

```
ContourPoint work;
for(int i = 0;i<s.data.GetSize();i ++ )
{
  work.x = s.data[i].coord[0];
  work.y = s.data[i].coord[1];
  work.z = s.data[i].coord[2];
  t.data.push_back(work);
  }
}
```

10.3.2 智能剪刀函数

```
void ISWrapper::RunIS(int bandwidth, int iter)
 {
  m_ContourAfter.resize(m_ContourBefore.size());
  CArray<Point,Point&> s,t,b,c;
  if(m_ControlPoints.size()!= m_ContourBefore.size())
  m_ControlPoints.resize(m_ContourBefore.size());
  for(int i = 0;i<m_ContourBefore.size();i ++ )
  {
    b.RemoveAll();
    c.RemoveAll();
    if(m_BandCenter.size() == m_ContourBefore.size())
    ContourPolyline2Array(m_BandCenter[i],b);
    ContourPolyline2Array(m_ContourBefore[i],s);
    ContourPolyline2Array(m_ControlPoints[i],c);
    if(m_ContourBefore[i].direct> = 0)
    ((LiverSegmentation * )m_LiverSeg) ->m_IS.graddirect
         = m_ContourBefore[i].direct;
    if(m_BandCenter.size() == m_ContourBefore.size())
    ((LiverSegmentation * )m_LiverSeg) ->
        m_IS.RunWithinBand2(s,t,bandwidth,c,&b,iter);
    else
    ((LiverSegmentation * )m_LiverSeg) ->
        m_IS.RunWithinBand2(s,t,bandwidth,c,NULL,iter);
```

```
    Array2ContourPolyline(t,m_ContourAfter[i]);
    Array2ContourPolyline(c,m_ControlPoints[i]);
    }
  }
```

bool ISWrapper::InitIS(char * volumefile)

```
{
  if(m_VolumeFile.length()>0&&m_VolumeFile.compare(volumefile) == 0)
  return true;
  m_VolumeFile = volumefile;
  if(m_LiverSeg)
  delete ((LiverSegmentation * )m_LiverSeg);
  m_LiverSeg = new LiverSegmentation;
  if(_access(m_VolumeFile.c_str(), 0) != 0)
  return FALSE;
  SimpleDicomInfor& infor = ((LiverSegmentation * )m_LiverSeg) ->dicominfor;
  if(! ReadDataFromVolum(m_VolumeFile.c_str(),infor,TRUE))
  return FALSE;
  int slices = infor.TotalSlices;
  infor.datasize = infor.BytesPerSlice * slices;
  if(infor.data)
  delete infor.data;
  infor.data = new unsigned char[infor.datasize];
  ZeroMemory(infor.data,infor.datasize);
  ReadDataFromVolum(m_VolumeFile.c_str(),infor,FALSE,TRUE);
  ((LiverSegmentation * )m_LiverSeg) ->InitIS();
  return TRUE;
}
```

bool IntelligentScissors::Init(int w, int h, int z)

```
{
  if(w<1 || h<1 || z<1)
  return false;
  width = w;
  height = h;
```

```
    slices = z;
    sizeperslice = w * h;
    size = sizeperslice * z;
    if(fz) delete []fz;
    if(fg) delete []fg;
    if(e) delete []e;
    if(p) delete []p;
    fz = new short[size];
    fg = new float[size];
    e = new bool[sizeperslice];
    p = new int[sizeperslice];
    pixelstate = new unsigned char[sizeperslice];
    for(int i = 0;i<sizeperslice;i ++ )
    {
      e[i] = false;
      p[i] =- 1;
      pixelstate[i] = 0;
      }
    ZeroMemory(fz,size * sizeof(short));
    ZeroMemory(fg,size * sizeof(float));
    return true;
  }
```

void IntelligentScissors::RunWithinEllipse(CArray<Point, Point&>& pos)

```
  {
    int prev =- 1,next =- 1;
    CArray<Point,Point&> result;
    int r;
    int step = pos.GetSize()/10;
    //step 1, find several seed points and end points,find big grads and HU
    for(int i = 0;i<pos.GetSize();i ++ )
    {
      if(pos.GetSize()>1)
      {
        prev = i - 1;
```

```
            if(prev<0)
                prev += pos.GetSize();
            next = i + 1;
            if(next> = pos.GetSize())
                next = 0;
            if(fabs(pos[i].coord[0] - pos[prev].coord[0])< = 1.0f&&
                        fabs(pos[i].coord[1] - pos[prev].coord[1])< = 1.0f)
                continue;
            if(fabs(pos[i].coord[0] - pos[next].coord[0])< = 1.0f&&
                        fabs(pos[i].coord[1] - pos[next].coord[1])< = 1.0f)
                continue;
            r = GetIndex(pos[i].GetIntergate());
            }
        if(i + step> = pos.GetSize())
        break;
        //get results
        Run(pos[i].GetIntergate(),pos[i + step].GetIntergate());
        result.Add(pos[i + step].GetIntergate());
        r = GetIndex(pos[i + step].GetIntergate()) % sizeperslice;
        while(p[r]> = 0)
        {
            result.Add(GetPos(p[r]));
            r = p[r] % sizeperslice;
            }
        break;
        }
    pos.RemoveAll();
    pos.Append(result);
}
```

```
void IntelligentScissors::RunWithinBand2(CArray<Point, Point&>& pos,
    CArray<Point, Point&>& result, int bandwidth, CArray<Point,
    Point&>& controls,CArray<Point, Point&> * centerline, int interation)
{
    int seednum = SeedsNumber;
```

```
int r,e;
if(seednum<3) seednum = 3;
if(pos.GetSize()<seednum) return;
//prepare to construct the band
if(centerline)
workBand.Init( * centerline,width,height,bandwidth);
else
workBand.Init(pos,width,height,bandwidth);
int internum = interation;
CArray<Point,Point&> middle;
float adjust = 0;
BOOL bUsePrevSeed = FALSE;
if(controls.GetSize()> = 3)
{
  internum = interation;
  seednum = controls.GetSize();
  bUsePrevSeed = TRUE;
  }
Point seedbegin,seedend;
for(int k = 0;k<internum;k ++ )
{
  if(! bUsePrevSeed)
  controls.RemoveAll();
  if(bUsePrevSeed  == FALSE&&pos.GetSize()<2)   break;
  float step = ((float)pos.GetSize())/seednum;
  adjust = 0.5 * step * (k % 2);          //get the middle point of previous seeds
  for(int j = 0;j<seednum;j ++ )
  {
    if(bUsePrevSeed)
    {
      r = GetIndex(controls[j]);
      e = GetIndex(controls[(j + 1) % controls.GetSize()]);
      }
    else
    {
```

```
                controls.Add(pos[((int)(j * step + adjust)) % pos.GetSize()]);
                r = GetIndex(pos[((int)(j * step + adjust)) % pos.GetSize()]);
                int cur = ((int)((j + 1) * step + adjust + 0.5)) % pos.GetSize();
                e = GetIndex(pos[cur]);
                }
            //intelligent scissors
            RunFast2(r);
            middle.RemoveAll();
            //get results
            r = e % sizeperslice;
            while(p[r]> = 0)
            {
                middle.Add(GetPos(p[r]));
                r = p[r] % sizeperslice;
                }
            for(int rev = middle.GetSize() - 1;rev> = 0;rev - - )
            result.Add(middle[rev]);
            }
        pos.RemoveAll();
        pos.Append(result);
        result.RemoveAll();
        }
    result.Append(pos);
}
```

bool IntelligentScissors::ComputeSeeds(CArray<Point, Point&>& pos, int mode)

```
{
    //if there is only one point, don't need to refine the edge
    if(pos.GetSize()<2)
    return true;
    CArray<Point,Point&> result;
    int seednum = SeedsNumber;
    float cost,costmin = FLT_MAX;
    int r;
    int minindex;
```

```
double lenth = 0.0;
int poscount = pos.GetSize();
for(int i = 0;i<poscount;i ++ )
lenth += DistanceOfPointToPoint(pos[i],pos[(i + 1) % poscount]);
try
{
  Point first = pos[0];
  pos.Add(first);
  DiscretePolyLine(pos);
  }
catch(...)
{
  OutPut("DiscretePolyLine(pos) error!");
  return false;
  }
vector<int> seeds;
vector<int> ends;
const bool boundchoose = false;
if(boundchoose)   //choose bottom,up,left ,right
{
  float minx,miny,minz,maxx,maxy,maxz;
  for(int i = 0;i<pos.GetSize();i ++ )
  {
    if(i == 0)
    {
      minx = maxx = pos[0].coord[0];
      miny = maxy = pos[0].coord[1];
      minz = maxz = pos[0].coord[2];
      }
    else
    {
      if(pos[i].coord[0]>maxx) maxx = pos[i].coord[0];
      if(pos[i].coord[0]<minx) minx = pos[i].coord[0];
      if(pos[i].coord[1]>maxy) maxy = pos[i].coord[1];
      if(pos[i].coord[1]<miny) miny = pos[i].coord[1];
```

```
        if(pos[i].coord[2]>maxz) maxz = pos[i].coord[2];
        if(pos[i].coord[2]<minz) minz = pos[i].coord[2];
        }
    }
    for(int i = 0;i<pos.GetSize();i ++ )
    {
        if(pos[i].coord[0] == minx || pos[i].coord[0] == maxx)
        seeds.push_back(i);
        else if(pos[i].coord[1] == miny || pos[i].coord[1] == maxy)
        seeds.push_back(i);
        }
    while(seeds.size()<seednum)//insert
    {
        vector<int> back;
        for(int i = 0;i<seeds.size();i ++ )
        {
            back.push_back(seeds[i]);
            back.push_back(seeds[i] + seeds[(i + 1) % seeds.size()]);
            }
        seeds.clear();
        seeds = back;
        }
    //update ends
    ends.clear();
    for(int i = 0;i<seeds.size();i ++ )
    {
        ends.push_back(seeds[(i + 1) % seeds.size()]);
        }
    const int range = 2;
    float mins,mine,values,valuee;
    int   sindex,eindex;
    int   swork,ework;
    for(int i = 0;i<seeds.size();i ++ )
    {
        mine = mins = FLT_MAX;
```

```
  for(int j =- range;j< = range;j ++ )
  {
    for(int k =- range;k< = range;k ++ )
    {
      swork = GetIndex(pos[seeds[i]].GetIntergate(),mode);
      swork = GetPos(swork,j,k,mode);
      ework = GetIndex(pos[ends[i]].GetIntergate(),mode);
      ework = GetPos(ework,j,k,mode);
      values = m_pliverseg ->GetMiniNeighbor(swork);
      valuee = m_pliverseg ->GetMiniNeighbor(ework);
      if(values<mins)
      {
        mins = values;
        sindex = swork;
        }
      if(valuee<mine)
      {
        mine = valuee;
        eindex = ework;
        }
      }
    }
  if(mins<FLT_MAX)
  // the global index is stored in seeds[i] instead of index of pos
  seeds[i] = sindex;
  else
  seeds[i] = GetIndex(pos[seeds[i]].GetIntergate(),mode);
  if(mine<FLT_MAX)
  // the global index is stored in seeds[i] instead of index of pos
  ends[i] = eindex;
  else
  ends[i] = GetIndex(pos[ends[i]].GetIntergate(),mode);
  }
}
else  //traditional method
```

```
{
  try
  {
    //use minimium cost vertex as start point
    costmin =- 10000;
    for(int i = 0;i<pos.GetSize();i ++ )
    {
      r = GetIndex(pos[i].GetIntergate(),mode);
      if(mode == 0)
      cost = pos[i].coord[0];
      else if(mode == 1)
      cost = pos[i].coord[2];
      else
      cost = pos[i].coord[1];
      if(cost>costmin)
      {
        costmin = cost;
        minindex = i;
        }
      }
    }
  catch(...)
  {
    OutPut("GetCostMinInNeighbors(r) error!");
    return false;
    }
  //end find minimun cost
  //adjust number of seeds, the seeds should be not more than edge vertices
  double disinter = min_len_seeds;
  if(lenth/disinter<seednum)
  seednum = lenth/disinter;
  if(seednum<3)
  seednum = 3;
  if(seednum == 0)
  return true;
```

```
edgevers = pos.GetSize();
//get seeds and end points
int step = pos.GetSize()/seednum;
try
{
  for(int i = 0;i<pos.GetSize();i += step)
  {
    seeds.push_back((minindex + i) % pos.GetSize());
    //index of pos is stored in seeds and ends
    ends.push_back((minindex + i + step) % pos.GetSize());
    if(seeds.size()> = seednum) break;
    }
  }
catch(...)
{
  OutPut("ends.push_back error!");
  return false;
  }
//find local minimum of each seed and end pair
const int range = 0;
float mins,mine,values,valuee;
int   sindex,eindex;
int   swork,ework;
try
{
  for(int i = 0;i<seeds.size();i ++ )
  {
    mine = mins = FLT_MAX;
    for(int j =- range;j< = range;j ++ )
    {
      for(int k =- range;k< = range;k ++ )
      {
        swork = GetIndex(pos[seeds[i]].GetIntergate(),mode);
        swork = GetPos(swork,j,k,mode);
        ework = GetIndex(pos[ends[i]].GetIntergate(),mode);
```

```
                ework = GetPos(ework,j,k,mode);
                values = m_pliverseg ->GetMiniNeighbor(swork);
                valuee = m_pliverseg ->GetMiniNeighbor(ework);
                if(values<mins)
                {
                  mins = values;
                  sindex = swork;
                  }
                if(valuee<mine)
                {
                  mine = valuee;
                  eindex = ework;
                  }
                }
              }
            if(mins<FLT_MAX)
            //here, the global index is stored in seeds[i] instead of index of pos
            seeds[i] = sindex;
            else
            seeds[i] = GetIndex(pos[seeds[i]].GetIntergate(),mode);
            if(mine<FLT_MAX)
            //here, the global index is stored in seeds[i] instead of index of pos
            ends[i] = eindex;
            else
            ends[i] = GetIndex(pos[ends[i]].GetIntergate(),mode);
            }
          }
        catch(...)
        {
          OutPut("find local minimum of each seeds and ends Error!");
          return false;
          }
        //end find local minimum
        }
      pos.RemoveAll();
```

```
        for(int i = 0;i<seeds.size();i ++ )
        pos.Add(GetPos(seeds[i],mode));
      return true;
    }
```

void IntelligentScissors::RunFast2(int s, int mode)

```
  {
    if(p == NULL || e == NULL || fz == NULL || fg == NULL/ * || fd == NULL * /)
    {
      OutPut("p == NULL || e == NULL || fz == NULL || fg == NULL || fd == NULL");
      return;
      }
    priority_queue<ActivePixel> L;
    ActivePixel q,r;
    int curpos;
    int i;
    for(i = 0;i<sizeperslice;i ++ )
      p[i] =- 1;
    SecureZeroMemory(e,sizeperslice * sizeof(bool));
    SecureZeroMemory(pixelstate,sizeperslice * sizeof(unsigned char));
    q.pos = s;
    q.cost = 0;
    L.push(q);
    pixelstate[q.pos % sizeperslice] |= 0x01;//indicate it is in the array
    double gtmp = FLT_MAX;
    while(L.size()>0)
    {
      //maintain array
      q = L.top();
      L.pop();
      curpos = q.pos % sizeperslice;
      //if it is removed,push it to stack and reset the state
      if(pixelstate[curpos]&0x02)
      {
        pixelstate[curpos] = 0;    //reset states
```

```
    continue;
    }
  //end maintaining array
  pixelstate[curpos]&= 0xfe;//not in array
  e[curpos] = true;
  //bool out = false;
  if(! IsInWorkArea(q.pos,mode))
  {
    //out = true;
    continue;
    }
  for(i = 1;i<= 8;i ++ )
  {
    r.pos = N(q.pos,i);
    if(r.pos<0)
    continue;
    curpos = r.pos % sizeperslice;
    if(e[curpos])
    continue;
    gtmp = q.cost + GetCost(q.pos,i,mode);
    if (pixelstate[curpos]&0x01)
    {
      if(gtmp<r.cost)
      {
        pixelstate[curpos]&= 0xfe;//not in array state
        pixelstate[curpos]|= 0x02;//removed state
        }
      }
    else
    {
      r.cost = gtmp;
      p[curpos] = q.pos;
      L.push(r);
      pixelstate[curpos]|= 0x01; //in the array state
      }
```

```
      }
    }
  }
const int xoffset[9] = {0, - 1,0,1, - 1,1, - 1,0,1};//the first element is a dummy
const int yoffset[9] = {0, - 1, - 1, - 1,0,0,1,1,1};//the first element is a dummy
int IntelligentScissors::N(int q, int index)
{
  if(index<0 || index>8)
    return - 1;  //error
  static int currentslice;
  static int curpos;
  //get pos
  static int y;
  static int x;
  static int prevq =- 1;
  static int x1,y1;
  static int prevoffset = 0;
  if(prevq != q)
  {
    if(q<prevoffset + sizeperslice&&q> = prevoffset)
    {
      curpos = q - prevoffset;
      }
    else
    {
      currentslice = q/sizeperslice;
      curpos = q % sizeperslice;
      prevoffset = q - curpos;
      }
    y = curpos/width;
    x = curpos % width;
    prevq = q;
    }
  x1 = x + xoffset[index];
```

```
    y1 = y + yoffset[index];
    if(x1<0 || y1<0 || x1> = width || y1> = height)
    {
      prevq =- 1;
      return - 1;
      }
    return prevoffset + y1 * width + x1;
  }
```

float IntelligentScissors::GetGradLapCost(int q)

```
  {
    float result = wz * fz[q] + wg * fg[q];
    if(result<1.0e - 4)
      result = 100;
    else if(result> = 1)
      result = 0.001f;
    else
      result = 1/result;
    return result;
  }
```

float IntelligentScissors::GetGradLapCost(Point& pt)

```
  {
    int q = GetIndex(pt.GetIntergate());
    float result = wz * fz[q] + wg * fg[q];
    if(result<1.0e - 4)
    result = 100;
    else if(result> = 1)
    result = 0.001f;
    else
    result = 1/result;
    return result;
  }
```

10.4 逆向运动学

10.4.1 基本 IK 函数

void CMDeformTransfer::IK(void)

```
{
  if(theApp.m_WorkType != 1)
    return;
  if(m_SketchPair.GetSize() == 0)
  {
    AfxMessageBox("No sketches!");
    return;
    }
  if(m_SketchPair[0].m_TargetSketch.m_Vertex2Parameter.GetSize() == 0)
  {
    AfxMessageBox("Please compute and map sketch firstly!");
    return;
    }
  CElapseTime wait("All IK:");
  //计算出各个样本位置相对应的目标网格的仿射矩阵
  for(int i = 0;i<m_KeyFrame.GetSize();i ++ )
  {
    //清除历史数据
    for(int l = 0;l<m_KeyFrame[i]->m_TargetAffineMatrix.GetSize();l ++ )
    delete []m_KeyFrame[i]->m_TargetAffineMatrix[l];
    m_KeyFrame[i]->m_TargetAffineMatrix.RemoveAll();
    for(int l = 0;l<m_KeyFrame[i]->m_TargetDisplace.GetSize();l ++ )
    delete []m_KeyFrame[i]->m_TargetDisplace[l];
    m_KeyFrame[i]->m_TargetDisplace.RemoveAll();
    CalculateSketchKeyFrameByAffineV2(m_KeyFrame[i],0);
    //保存对应于此关键帧的所有 sketch 上的变形数据
    for(int l = 0;l<m_SketchPair.GetSize();l ++ )
    {
```

```
            m_KeyFrame[i]->m_TargetAffineMatrix.Add(m_SketchPair[l].pMArray);
            m_SketchPair[l].pMArray = NULL;
            m_KeyFrame[i]->m_TargetDisplace.Add(m_SketchPair[l].pDisArray);
            m_SketchPair[l].pDisArray = NULL;
            }
        }
    //在每个关键帧上都可以设置约束点
    //采用线性方程求取初始值
    double *kweight = new double[m_KeyFrame.GetSize() + 1];//包括初始 pose,其变
换矩阵全为 I
    for(int i = 0;i<m_KeyFrame.GetSize();i ++)
    {
      //约束点新位置
      if(m_KeyFrame[i]->m_ModelTarget ->m_SelPoint.GetSize()>0)
      {
        CSortArray<HandleData,HandleData&> handles;
        HandleData dw;
        for(int k = 0;k<m_KeyFrame[i]->m_ModelTarget ->m_SelPoint.GetSize();k ++)
        {
          dw.data = m_KeyFrame[i]->m_ModelTarget ->m_SelPoint[k]->m_Data;
          dw.id = m_KeyFrame[i]->m_ModelTarget ->m_SelPoint[k]->m_Vid;
          handles.AddNormalUnique(dw);
          }
        CEm work;
         work.DeformIK(m_TargetModel,m_KeyFrame[i]->m_ModelTarget,kweight,
            handles);
        }
      }
    delete []kweight;
    }

//使用仿射变换矩阵计算出目标对象的变形
//bUpdate 为 TRUE 时,计算目标网格的最终变形结果,如为 FALSE,仅计算目标网格各顶
    点的仿射矩阵(保存在 CSketchPair 中),不计算
//最终的变形结果,这主要用于 IK 中
```

```
void CMDeformTransfer::CalculateSketchKeyFrameByAffineV2(CKeyFramePair * frame,
    BOOL bUpdate)
{
    if(! frame)
    {
      AfxMessageBox("There are't valid key frame choosed! Please select one!");
      return;
      }
    if(frame ->m_Target.IsEmpty())
    {
      AfxMessageBox("Please choose a deformed target reference mesh!");
      return;
      }
    if(frame ->m_Source.IsEmpty())
    {
      AfxMessageBox("Please choose a soruce deformed reference mesh!");
      return;
      }
    CElapseTime wait("Times of calculating key frame!");
    frame ->LoadModel(m_TargetFile);
    SWMesh * ptarget = frame ->m_ModelTarget ->GetMesh(1);
    SWMesh * ortarget = m_TargetModel ->GetMesh(1);
    * in order to deform target mesh from scratch,we should reset the mesh used to be
        deformed. * /
    for(int i = 0;i<ortarget ->GetNumOfVertices();i ++ )
    ptarget ->m_pVertices[i].m_position = ortarget ->m_pVertices[i]. m_position;
    FindEdgePoint();
    CEm dwork;
    for(int i = 0;i<m_SketchPair.GetSize();i ++ )
    {
      SWMesh * porg = GetModelBySketch(i) ->GetMesh(1);
      SWMesh * psource = GetFrameModelBySketch(i,frame) ->GetMesh(1);
      SWMesh * sbegin = NULL, * tbegin = NULL;
      if(m_PrevPair)
```

```
{
  sbegin = GetFrameModelBySketch(i,m_PrevPair) ->GetMesh(1);
  tbegin = m_PrevPair ->m_ModelTarget ->GetMesh(1);
  }
//calculat the affine matrices of vertices of target mesh
if(! m_SketchPair[i].m_OnlySmooth)
{
  tirxArray(m_SketchPair[i].m_SourceSketch.m_Model));
  //计算仿射矩阵
  m_SketchPair[i].CalculateSketchKeyFrameAffineHybrid2(
      porg,ortarget,psource,ptarget,
   * frame ->GetMatirxArray(m_SketchPair[i].m_SourceSketch.m_Model),
   * frame ->GetDisArray(m_SketchPair[i].m_SourceSketch.m_Model));
  }
else//fill the smooth sketch the original data
{
  for(int k = 0;k<m_SketchPair[i].m_TargetSketch.m_Vertex2Parameter.
      GetSize();k ++)
  {
    m_SketchPair[i].m_TargetSketch.m_Vertex2Parameter[k].m_Mapped
      = ortarget ->m_pVertices[m_SketchPair[i].
        m_TargetSketch.m_Vertex2Parameter[k].m_VertexId].m_position;
    m_SketchPair[i].m_TargetSketch.m_Parameter2Vertex[k].m_Mapped
      = ortarget ->m_pVertices[m_SketchPair[i].
        m_TargetSketch.m_Parameter2Vertex[k].m_VertexId].m_position;
    }
  }
}
if(bUpdate)
{
 //变形
 dwork.DeformSketchByMeanValue(m_TargetModel,frame ->m_ModelTarget,
                               m_SketchPair);
 //update result
 ptarget ->CalculateFaceNormal( * ptarget);
```

```
    //save the result ,only used in test
     CREGodDoc * pDoc = (CREGodDoc * )(m_SourceModel ->m_ShowInView ->
                        GetDocument());
    pDoc ->WriteIntoOBJFile(frame ->m_Target,frame ->m_ModelTarget);
    frame ->m_ModelTarget ->m_ShowInView ->Invalidate();
    pDoc ->UpdateAllViews(NULL);
    }
  }
```

void CEm::DeformIK(SWModel * pOrg,

SWModel * pDeformed,double * pweight,

CSortArray<HandleData, HandleData&>& constr)

```
 {
   if(pOrg == NULL || pDeformed == NULL)
   {
     AfxMessageBox("error pointer to models!");
     return;
     }
   int controlconstraint = 0;
   m_DeModel = pOrg;
   CElapseTime wait("DeformIK:");
   CUIntArray rows;
   //get neccasory data
   SWMesh * pmesho = pOrg ->GetMesh(1);
   SWMesh * pDefmesh = pDeformed ->GetMesh(1);
   CArray<VerticeID,VerticeID> * adj;
   vert.RemoveAll();
   vertall.RemoveAll();
   HandleData find;
   int numver;
   int items = 0;
   CArray<CSketchPair,
   CSketchPair&>& pairs = theApp.m_MDeformTransfer.m_SketchPair;
   if(vert2 == NULL)
   {
```

```
  vert2 = new VerticeID[pmesho ->GetNumOfVertices()];
  for(int k = 0;k<pmesho ->GetNumOfVertices();k ++ )
    vert2[k] =- 1;
  }
for(int k = 0;k<pairs.GetSize();k ++ )
{
  if(pairs[k].m_OnlySmooth)
    continue;
  numver = pairs[k].m_TargetSketch.m_Vertex2Parameter.GetSize();
  //整理未知数列表,这里的未知数不包括权重
  for(int i = 0;i<numver;i ++ )
  {
    if(theApp.m_UseDisNeighbor)
    pmesho ->m_pVertices[pairs[k].m_TargetSketch.m_Vertex2Parameter[i].
        m_VertexId].GetAdjacentVerticesByDis(&adj,theApp.GetMinAdjacentDis());
    else
    pmesho ->m_pVertices[pairs[k].m_TargetSketch.m_Vertex2Parameter[i].
        m_VertexId].GetAdjacentVertices(&adj);
    find.id = pairs[k].m_TargetSketch.m_Vertex2Parameter[i].m_VertexId;
    if(! constr.FindNormal(find))//不是约束点,约束点不参与计算
    vert.AddNormalUnique(pairs[k].m_TargetSketch.
        m_Vertex2Parameter[i].m_VertexId);
    else
    controlconstraint += adj ->GetSize();//统计行数
    vertall.AddNormalUnique(pairs[k].m_TargetSketch.m_Vertex2Parameter[i].
        m_VertexId);
    for(int j = 0;j<adj ->GetSize();j ++ )
    {
      find.id = ( * adj)[j];
      if(! constr.FindNormal(find))//不是约束点
      vert.AddNormalUnique(( * adj)[j]);
      vertall.AddNormalUnique(( * adj)[j]);
      }
    items += adj ->GetSize();
    }
```

```
    items += numver;
    }
  //initilize the coefficients used to compute
  items += theApp.m_MDeformTransfer.m_EdgePoint.GetSize();
  items += pairs.GetSize();//有些 sketch 要用到中心点对齐
  rows.Add(items * 3 + controlconstraint * 9 + 1);
  /* 为加快 ID 的寻找,把 ID 存放到一个数组中,如果不是变量,其值为 - 1,否则为索
引号 */
  for(int k = 0;k<vert.GetSize();k ++ )
  {
    vert2[vert[k]] = k;
    }
  /* 未知数个数为 3 * 未知顶点数 + 样本数(在本实现中,就是关键帧数 + 1,每个
  关键帧存放一个样本,初始位置也是一个样本) */
  Initalize(pmesho,pDefmesh,rows,vert.GetSize() * 3
              + theApp.m_MDeformTransfer.m_KeyFrame.GetSize() + 1);
  m_Pair = &theApp.m_MDeformTransfer.m_SketchPair;
  wait.OutPutElapse("Begin IK");
  //具体 IK 计算
  ComputeIKDeform(pweight,constr);
  wait.OutPutElapse("End IK");
  //show the result
  pDeformed ->CalculateBox();
  pDeformed ->CalculateSizeCenter();
  pDefmesh ->CalculateFaceNormal( * pDefmesh);
  if(pDeformed ->m_ShowInView)
  {
    ((CREGodView * )(pDeformed ->m_ShowInView)) ->SetViewVolume();
    pDeformed ->m_ShowInView ->Invalidate();
    pDeformed ->m_ShowInView ->UpdateWindow();
    }
  }
```

```
void CEm::ComputeIKDeform(double * pweights,
    CSortArray<HandleData, HandleData&>& constr)
{
    if(m_Org == NULL || m_Deformed == NULL)
    {
        AfxMessageBox("Please initialize first!");
        return;
        }
    ASSERT(m_Org ->GetNumOfVertices() == m_Deformed ->GetNumOfVertices());
    //线性计算部分,计算出用于迭代的初始值
    double * result = NULL, * result2 = NULL
    int nw = theApp.m_MDeformTransfer.m_KeyFrame.GetSize() + 1;
    int mostnear =- 1;
    if(! ComputeInitialWeight(0,constr,mostnear))
    {
        ObjectiveFunctionIK(0,constr);
        }
    //merge
    MergetA();
    MergetB();
    Resolve(&result);
    if(result == NULL)
    return;
    for(int i = 0;i<nw;i ++ )
    {
        //adjust weights according the nearest model
        if(mostnear> = 0)
        {
            if(i == mostnear)
            {
                if(result)
                result[i] = 1;
                pweights[i] = 1;
                }
```

```
        else
        {
          if(result)
          result[i] = 0;
          pweights[i] = 0;
          }
        }
      if(result)
      pweights[i] = result[i];
      }
    for(int i = 0;i<nw;i ++ )
    {
      CString tweight;
      if(i<nw - 1)
      tweight.Format("Begining Weight of Frame % d: % f",i,pweights[i]);
      else//最后一个是对应于初始位置的
      tweight.Format("Begining Weight of Origin: % f",pweights[i]);
      OutPut(tweight);
      }
    if(result)
    {
      for(int i = 0;i<vert.GetSize();i ++ )
      {
        m_Deformed ->m_pVertices[vert[i]].m_position.coord[0] = result[i * 3 + nw];
        m_Deformed ->m_pVertices[vert[i]].m_position.coord[1] = result[i * 3 + 1 + nw];
        m_Deformed ->m_pVertices[vert[i]].m_position.coord[2] = result[i * 3 + 2 + nw];
        }
      }
    //计算中间结果
    OutPut("Begining compute immediate result!");
    CEm mid;
    mid.Initalize(m_Org,m_Deformed,m_Rows,vert.GetSize() * 3);
    mid.vert.Copy(vert);
    mid.vert2 = new VerticeID[m_Org ->GetNumOfVertices()];
    CopyMemory( mid.vert2,vert2,sizeof(vert2[0]) * m_Org ->GetNumOfVertices());
```

```
mid.vertall.Copy(vertall);
mid.m_Pair = m_Pair;
mid.ComputeByWheight(0,constr,pweights);
mid.MergetA();
mid.MergetB();
mid.Resolve(&result2);
if(result2)
{
  for(int i = 0;i<vert.GetSize();i ++ )
  {
    m_Deformed ->m_pVertices[vert[i]].m_position.coord[0] = result2[i * 3];
    m_Deformed ->m_pVertices[vert[i]].m_position.coord[1] = result2[i * 3 + 1];
    m_Deformed ->m_pVertices[vert[i]].m_position.coord[2] = result2[i * 3 + 2];
    }
  }
OutPut("Ending compute immediate result!");
double tail = 0.15;
if(theApp.m_NonLinear)
{
  //计算变形导数
  //非线性迭代
  int vnum = nw + vert.GetSize() * 3;
  double *  back = new double[vnum];
  int itcount = 0;
  while(itcount<10)
  {
    if(result)
    {
      CopyMemory(back,result,sizeof(double) * vnum);
      Reset();
      }
    ObjectiveFunctionIKIterateUsingMid(0,constr,pweights,itcount,tail);
    //merge
    MergetA();
    MergetB();
```

```
result = NULL;
Resolve(&result);
itcount ++ ;
OutPut(itcount,"Iteration:");
//计算中间结果
if(result)
{
  for(int i = 0;i<nw;i ++ )
  {
    pweights[i] += result[i];
    OutPut(result[i],"Delta:");
    CString tweight;
    if(i<nw - 1)
    tweight.Format("Weight of Frame % d: % f",i,pweights[i]);
    else//最后一个是对应于初始位置的
    tweight.Format("Weight of Origin: % f",pweights[i]);
    OutPut(tweight);
    }
  for(int i = 0;i<vert.GetSize();i ++ )
  {
    m_Deformed ->m_pVertices[vert[i]].m_position.coord[0]
         = result[i * 3 + nw];
    m_Deformed ->m_pVertices[vert[i]].m_position.coord[1]
         = result[i * 3 + 1 + nw];
    m_Deformed ->m_pVertices[vert[i]].m_position.coord[2]
         = result[i * 3 + 2 + nw];
    }
  double check = 0.0;
  double kvalue = 0.0;
  for(int i = 0;i<nw;i ++ )
  {
    kvalue += fabs(result[i]);
    check += fabs(pweights[i]);
    }
  if(kvalue<check * IK_CONVERGE)/ * 判断收敛的条件可以进一步根据相关论
```

```
                                        文调节 * /
            break;
            tail = kvalue/check;
            OutPut(tail,"Tail = ");
            if(tail>0.15)
            tail = 0.15;
            if(itcount>2)
            tail = 0.0;
            }
          else
            break;
          if(itcount>IK_MAXITERATION)
            break;
          }
        delete []back;
      }
    int index;
    m_Pair = &theApp.m_MDeformTransfer.m_SketchPair;
    for(int i = 0;i<vert.GetSize();i ++ )
    {
      if(result)
      {
        m_Deformed ->m_pVertices[vert[i]].m_position.coord[0] = result[i * 3 + nw];
        m_Deformed ->m_pVertices[vert[i]].m_position.coord[1] = result[i * 3 + nw + 1];
        m_Deformed ->m_pVertices[vert[i]].m_position.coord[2] = result[i * 3 + nw + 2];
        }
      if(m_Pair)
      {
        for(int k = 0;k<m_Pair ->GetSize();k ++ )
        {
          if(( * m_Pair)[k].m_TargetSketch.FindVertex(vert[i],index))
            ( * m_Pair)[k].m_TargetSketch.m_Vertex2Parameter[index].m_Mapped
                = m_Deformed ->m_pVertices[vert[i]].m_position;
          }
        }
```

```
    }
  for(int i=0;i<constr.GetSize();i++)
  {
    m_Deformed->m_pVertices[constr[i].id].m_position=constr[i].data;
    if(m_Pair)
    {
      for(int k=0;k<m_Pair->GetSize();k++)
      {
        if((*m_Pair)[k].m_TargetSketch.FindVertex(constr[i].id,index))
          (*m_Pair)[k].m_TargetSketch.m_Vertex2Parameter[index].m_Mapped
             =constr[i].data;
      }
    }
  }
}
```

10.4.2 大型稀疏方程组求解

```
void CEm::MergetA(void)
 {
  if(m_MergeA.m_Size>0)
  {
    return;
    }
  m_MergeA.Clear();
  m_MergeA.m_MainOrder=1;
  m_MergeA.Create(m_Cols,m_Cols);
  for(int i=0;i<m_TotalFunctions;i++)
  {
    if(m_Weight)
    m_A[i].MultiplyScalar(m_Weight[i]);
    m_MergeA.Add(m_A[i],TRUE);
    }
  m_MergeA.CreateStandardSparse();//生成系数矩阵
  }
```

void CEm::MergetB(void)

```
{
  if(m_MergetB)
  delete m_MergetB;
  m_MergetB = new double[3 * m_Cols];
  ZeroMemory(m_MergetB,sizeof(double) * 3 * m_Cols);
  int j;
  for(int i = 0;i<m_TotalFunctions;i ++ )
  {
    m_B[i].MultiplyVector(&m_D[0][i]);
    m_B[i].MultiplyVector(&m_D[1][i]);
    m_B[i].MultiplyVector(&m_D[2][i]);
    if(m_Weight)
    {
      for(j = 0;j<m_Cols;j ++ )
      {
        m_MergetB[j] - = m_Weight[i] * m_D[0][i][j];
        m_MergetB[j + m_Cols] - = m_Weight[i] * m_D[1][i][j];
        m_MergetB[j + 2 * m_Cols] - = m_Weight[i] * m_D[2][i][j];
        }
      }
    else
    {
      for(j = 0;j<m_Cols;j ++ )
        {
        m_MergetB[j] - = m_D[0][i][j];
        m_MergetB[j + m_Cols] - = m_D[1][i][j];
        m_MergetB[j + 2 * m_Cols] - = m_D[2][i][j];
        }
      }
    }
  }
```

```
bool CEm::Resolve(double * * presult)
{
  if(! SolveEquation(m_Cols,m_MergeA.Ap,m_MergeA.Ai,m_MergeA.Ax,m_MergetB,1))
  {
    * presult = NULL;
    return FALSE;
    }
   * presult = m_MergetB;
  return TRUE;
  }
int SolveEquation(int n, int * Ap, int * Ai, double * Ax, double * b, int m)
{
  int ret = 1;
  #ifndef _DEBUG
  #ifndef _WIN64
  double * null = (double * ) NULL ;
  void * Symbolic, * Numeric ;
  double Control [UMFPACK_CONTROL];
  double * x = new double[n];
  umfpack_di_defaults (Control) ;
  Control [UMFPACK_STRATEGY] = UMFPACK_STRATEGY_SYMMETRIC;
  umfpack_di_symbolic (n, n, Ap, Ai, Ax, &Symbolic,Control, null) ;
  umfpack_di_numeric (Ap, Ai, Ax, Symbolic, &Numeric,Control, null) ;
  umfpack_di_free_symbolic (&Symbolic) ;
  for(int i = 0;i<m;i ++ )
  {
    ret = umfpack_di_solve (UMFPACK_A, Ap, Ai, Ax, x, b + i * n, Numeric, Control, null);
    if(ret != 0)
    {
      OutPut("The equation can't be solved!");
      umfpack_di_free_numeric (&Numeric) ;
      delete []x;
      x = NULL;
```

```
        return 0;
        }
      CopyMemory(b + i * n,x,n * sizeof(double));
      }
    umfpack_di_free_numeric (&Numeric) ;
    delete []x;
    x = NULL;
    #endif
    #endif
    return 1;
}
```

10.5 几何处理

10.5.1 向量矩阵运算

int PolarDecomposition(SWMatrix& in, SWMatrix& out)

```
{
    int status;
    SWMatrix V,P;
    V.SetRowAndCol(in.m_nRow,in.m_nCol);
    P.SetRowAndCol(in.m_nRow,in.m_nCol);
    out.SetRowAndCol(in.m_nRow,in.m_nCol);
    CopyMemory(P.m_pData,in.m_pData,in.m_nRow * in.m_nCol * sizeof(double));
    double *  w = new double[in.m_nCol];
    ZeroMemory(w,in.m_nCol * sizeof(double));
    status = M_svdcpf( P.m_p, w, V.m_p, in.m_nRow - 1,in.m_nCol - 1);
    SWMatrix W;
    W.SetRowAndCol(in.m_nRow,in.m_nCol);
    for(int i = 0;i<in.m_nRow;i ++ )
      W[i][i] = w[i];
    V.TransposeSelf();
    delete []w;
```

```
    w = NULL;
    out.Multiply(P,V);
    return status;
  }
```

Real Dot (int iSize, const Real * afU, const Real * afV)

```
  {
    static Real fDot;
    fDot = (Real)0.0;
    for (int i = 0; i < iSize; i ++ )
      fDot += afU[i] * afV[i];
    return fDot;
  }
```

void Multiply (int iSize, const SparseMatrix& rkA, const Real * afX, Real * afProd)

```
  {
    memset(afProd,0,iSize * sizeof(Real));
    //typename SparseMatrix::const_iterator pkIter = rkA.begin();
    SparseMatrix::const_iterator pkIter = rkA.begin();
    for (; pkIter != rkA.end(); pkIter ++ )
    {
      afProd[pkIter ->first.first] += pkIter ->second * afX[pkIter ->first.second];
      if( pkIter ->first.first != pkIter ->first.second )
        afProd[pkIter ->first.second] += pkIter ->second * afX[pkIter ->first.first];
      }
    }
```

double GetArea(CArray<CArray<MiddleNode>>& data)

```
  {
    Point area = Point(0,0,0),work;
    for(int i = 0;i<data.GetSize();i ++ )
    {
      for(int j = 1;j<data[i].GetSize() - 1;j ++ )
      {
        VectorCross(data[i][j].Pos - data[i][0].Pos,data[i][j + 1].Pos
```

```
            - data[i][0].Pos,&work);
        area += work;
        }
    }
    return sqrt (area.coord[0] * area.coord[0] + area.coord[1] * area.coord[1]
            + area.coord[2] * area.coord[2]);
}
```

bool GetRotationMatrix(Point& p , double angle, SWMatrix& result)

```
{
    result.SetRowAndCol(3,3);
    SWMatrix R,R2,R3;
    double d;
    R.SetRowAndCol(3,3);
    R2.SetRowAndCol(3,3);
    R3.SetRowAndCol(3,3);
    d = sqrt (p.coord[0] * p.coord[0] + p.coord[1] * p.coord[1] + p.coord[2]
            * p.coord[2]);
    if(d == 0)
    {
        R.GetIdentityMatrix(result);
        return FALSE;
        }
    p.coord[0]/ = d;
    p.coord[1]/ = d;
    p.coord[2]/ = d;
    d = sqrt(p.coord[1] * p.coord[1] + p.coord[2] * p.coord[2]);
    if(d)
    {
        R.m_pData[0] = 1;
        R.m_pData[4] = p.coord[2]/d;
        R.m_pData[5] = p.coord[1]/d;
        R.m_pData[7] =- p.coord[1]/d;
        R.m_pData[8] = p.coord[2]/d;
        }
```

```
else
R2.GetIdentityMatrix(R);
R2.m_pData[0] = d;
R2.m_pData[2] = p.coord[0];
R2.m_pData[4] = 1;
R2.m_pData[6] =- p.coord[0];
R2.m_pData[8] = d;
R3.m_pData[0] = cos(angle);
R3.m_pData[1] = sin(angle);
R3.m_pData[3] =- sin(angle);
R3.m_pData[4] = cos(angle);
R3.m_pData[8] = 1;
result.Multiply(R,R2);
result * = R3;
R2.m_pData[2] =- R2.m_pData[2];
R2.m_pData[6] =- R2.m_pData[6];
result * = R2;
if(d)
{
  R.m_pData[5] =- R.m_pData[5];
  R.m_pData[7] =- R.m_pData[7];
  result * = R;
  }
return TRUE;
}
```

VECTOR V2Dto3D(CPoint input, float radius)

```
{
  VECTOR result;
  result.x = (float)input.x;
  result.y = (float)input.y;
  result.z = 0.0f;
  float len = (float)sqrt((double)input.x * input.x + input.y * input.y);
  if(len>radius)
    len = radius;
```

```
    result.z = (float)sqrt(radius * radius - len * len);
    return result;
  }

//caculate the angle between vector v1 and vector v2
float AngleV1ToV2(VECTOR v1, VECTOR v2)
  {
    float result =- 1.0f;
    float a,b,c;
    VectorLength(a, v1);
    VectorLength(b, v2);
    VECTOR dis;
    VectorSub(dis, v1, v2);
    VectorLength(c, dis);
    if(a&&b)
    {
      float cosc = (a * a + b * b - c * c)/(2 * a * b);
      result = (float)(acosf(cosc) * 180/PI);
      }
    return result;
  }
```

10.5.2 基于草图的几何运算

```
void CSketchPair::CalculateMeanWeight(Point& v, SWMesh * pmesh, double par)
  {
    //initalize the data
    int vernum = m_SourceSketch.m_Vertex2Parameter.GetSize();
    if(! m_Weight || m_NumControl != vernum)
    {
      if(m_Weight)
        delete []m_Weight;
      m_Weight = new double[vernum];
      if(m_u)
        delete []m_u;
```

```
    m_u = new Point[vernum];
    if(m_d)
      delete []m_d;
    m_d = new double[vernum];
    m_NumControl = vernum;
    }
ZeroMemory(m_Weight,sizeof(double) * vernum);
static double l[3];
static VerticeID ver[3];
static double ang[3];
static double c[3];
static double s[3];
static double totalW;
static int j;
static double h;
double tmp;
totalW = 0.0;
static int cur[6] = {0,1,2,0,1,2};
CArray<SketchItem,SketchItem&>& control = m_SourceSketch.
    m_Vertex2Parameter;
//calculate unit vector
for(j = 0;j<vernum;j ++ )
{
  m_d[j] = DistanceOfPointToPoint(v,m_AdjustedControlPt[j]);
  if(m_d[j] < 1.0e-16)
  {
    ZeroMemory(m_Weight,sizeof(double) * vernum);
    m_Weight[j] = 1.0;
    return;
    }
  else
  {
    m_u[j] = (m_AdjustedControlPt[j] - v)/m_d[j];
    if(theApp.m_MDeformTransfer.m_DistanceExpo != 1.0)
    m_d[j] = pow(m_d[j],theApp.m_MDeformTransfer.m_DistanceExpo);
```

```
        }
    }
    int trinum = m_FullRelateTriangle.GetSize();
    double tw1,tw2,tw3;
    for(int i = 0;i<trinum;i ++ )
    {
      pmesh ->m_pFaces[m_FullRelateTriangle[i]].GetThreeVertices(ver[0],
          ver[1],ver[2]);
      ver[0] = ID2Index(ver[0]);
      ver[1] = ID2Index(ver[1]);
      ver[2] = ID2Index(ver[2]);
      ASSERT(ver[0]> = 0);
      ASSERT(ver[1]> = 0);
      ASSERT(ver[2]> = 0);
      if(m_Degree>0.0)
      {
        //here filter control points which aren't in adjacent segment
        tw1 = control[ver[0]].m_Parameter/m_SourceSketch.m_Total;
        tw2 = control[ver[1]].m_Parameter/m_SourceSketch.m_Total;
        tw3 = control[ver[2]].m_Parameter/m_SourceSketch.m_Total;
        if((tw1<par - m_Degree || tw1>par + m_Degree)&&
        (tw2<par - m_Degree || tw2>par + m_Degree)&&
        //all three vertice is out of valid range
        (tw3<par - m_Degree || tw3>par + m_Degree))
          continue;
        }
      h = 0.0;
      for(j = 1;j< = 3;j ++ )
      {
        l[cur[j]] = DistanceOfPointToPoint( m_u[ver[cur[j + 1]]],m_u[ver[j - 1]]);
        ASSERT(l[cur[j]]< = 2.0);
        ang[cur[j]] = 2.0 * asin( l[cur[j]]/2.0);
        h += ang[cur[j]]/2.0;
        }
      if(fabs(PI - h) < 1.0e - 10)
```

```
{
  for(j = 1;j< = 3;j ++ )
  {
    tmp = sin(ang[cur[j]] * l[j - 1] * l[cur[j + 1]]);
    m_Weight[ver[cur[j]]] += tmp;
    totalW += tmp;
    }
  continue;
  }
 for(j = 1;j< = 3;j ++ )
 {
  c[cur[j]] = (2.0 * sin(h) * sin(h - ang[cur[j]]))/(sin(ang[cur[j + 1]])
             * sin(ang[j - 1])) - 1.0;
  if(fabs(c[cur[j]])> = 1.0)
  s[cur[j]] = 0;
  else
  {
    double angt = acos(c[cur[j]]);
    s[cur[j]] = sin(angt);
    }
  }
 for(j = 1;j< = 3;j ++ )
 {
  if(fabs(s[cur[j]])<1.0e - 10)
  continue;
  tmp = (m_d[ver[cur[j]]] * sin(ang[cur[j + 1]]) * s[cur[j - 1]]);
  if(fabs(tmp)<1.0e - 180)
    continue;
  tmp = (ang[cur[j]] - c[cur[j + 1]] * ang[j - 1] - c[j - 1]
       * ang[cur[j + 1]])/tmp;
  m_Weight[ver[cur[j]]] += tmp;
  totalW += tmp;
  }
 }
if(totalW>0)
```

```
    {
      for(i = 0;i<vernum;i ++ )
      m_Weight[i]/ = totalW;
      }
    else
    {
      for(i = 0;i<vernum;i ++ )
      m_Weight[i] = 0.0;
      }
    }
```

void CSketchPair::CalculateSketchKeyFrame(SWMesh * source,
SWMesh * target,SWMesh * sdeform,SWMesh * tdeform,
SWMesh * sbegin,SWMesh * tbegin)

```
 {
    int vernum = m_TargetSketch.m_Vertex2Parameter.GetSize();
    int j;
    int index;
    int indexs;
    //double framescale = GetFrameScale(source,sdeform);
    double scale = m_TargetSketch.m_Total/m_SourceSketch.m_Total;
    //controling scale  can control the size of deformed part
    scale * = m_SizeControl;
    scale/ = theApp.m_MDeformTransfer.m_IterSteps;
    Point center;
    Point pv;
    if(sbegin == NULL)
      sbegin = source;
    if(tbegin == NULL)
      tbegin = target;
    Point old;
    if(m_EdgeAlign)
    {
      m_TargetSketch.GetEdge();
      if(m_TargetSketch.m_Edge.GetSize())
```

```
{
  for(int i = 0;i<m_TargetSketch.m_Edge.GetSize();i ++ )
  {
    old.coord[0] += tdeform ->m_pVertices[m_TargetSketch.
      m_Vertex2Parameter[m_TargetSketch.m_Edge[i]].m_VertexId].
      m_position.coord[0];
    old.coord[1] += tdeform ->m_pVertices[m_TargetSketch.
      m_Vertex2Parameter[m_TargetSketch.m_Edge[i]].m_VertexId].
      m_position.coord[1];
    old.coord[2] += tdeform ->m_pVertices[m_TargetSketch.
      m_Vertex2Parameter[m_TargetSketch.m_Edge[i]].m_VertexId].
      m_position.coord[2];
    }
  old.coord[0]/ = m_TargetSketch.m_Edge.GetSize();
  old.coord[1]/ = m_TargetSketch.m_Edge.GetSize();
  old.coord[2]/ = m_TargetSketch.m_Edge.GetSize();
  }
}
for(int i = 0;i<vernum;i ++ )
{
  index = m_TargetSketch.m_Vertex2Parameter[i].m_VertexId;
  m_TargetSketch.m_Vertex2Parameter[i].m_Mapped = target ->
      m_pVertices[index].m_position;
  tdeform ->m_pVertices[index].m_position = target ->
      m_pVertices[index].m_position;
  if(m_StraightWeight)
  {
    pv = m_AdjustedTargetPt[i];
  }
  else
  {
    pv = target ->m_pVertices[index].m_position;
  }
  CalculateMeanWeight(pv,source,
  m_TargetSketch.m_Vertex2Parameter[i].m_Parameter/m_TargetSketch.m_Total);
```

```
    if(! theApp.m_MDeformTransfer.m_Continue)
    {
      if(theApp.m_PrevFrame)
      tdeform ->m_pVertices[index].m_position = tbegin ->
          m_pVertices[index].m_position;
      else
      tdeform ->m_pVertices[index].m_position = target ->
          m_pVertices[index].m_position;
      }
    ASSERT(m_NumControl == m_SourceSketch.m_Vertex2Parameter.GetSize());
#ifdef _DEBUG
    double totals = 0.0;
#endif
    Point adjust1,adjust2;
    for(j = 0;j<m_NumControl;j ++ )
    {
#ifdef _DEBUG
      totals += m_Weight[j];
#endif
      if(m_Weight[j])
      {
        indexs = m_SourceSketch.m_Vertex2Parameter[j].m_VertexId;
        //using displacement to deform the target mesh
        if(theApp.m_WorkType == 0)
        {
          if(theApp.m_PrevFrame)
          {
            tdeform ->m_pVertices[index].m_position.coord[0] += (sdeform ->
                  m_pVertices[indexs].m_position.coord[0] - sbegin ->
                  m_pVertices[indexs].m_position.coord[0]) * m_Weight[j] * scale;
            tdeform ->m_pVertices[index].m_position.coord[1] += (sdeform ->
                  m_pVertices[indexs].m_position.coord[1] - sbegin ->
                  m_pVertices[indexs].m_position.coord[1]) * m_Weight[j] * scale;
            tdeform ->m_pVertices[index].m_position.coord[2] += (sdeform ->
                  m_pVertices[indexs].m_position.coord[2] - sbegin ->
```

```
                m_pVertices[indexs].m_position.coord[2]) * m_Weight[j] * scale;
            }
            else
            {
              tdeform ->m_pVertices[index].m_position.coord[0] += (sdeform ->
                m_pVertices[indexs].m_position.coord[0] - source ->
                m_pVertices[indexs].m_position.coord[0]) * m_Weight[j] * scale;
              tdeform ->m_pVertices[index].m_position.coord[1] += (sdeform ->
                m_pVertices[indexs].m_position.coord[1] - source ->
                m_pVertices[indexs].m_position.coord[1]) * m_Weight[j] * scale;
              tdeform ->m_pVertices[index].m_position.coord[2] += (sdeform ->
                m_pVertices[indexs].m_position.coord[2] - source ->
                m_pVertices[indexs].m_position.coord[2]) * m_Weight[j] * scale;
            }
          }
        }
      }
    Point& pt = m_TargetSketch.m_Vertex2Parameter[i].m_Mapped;
    pt = tdeform ->m_pVertices[index].m_position;
    center.coord[0] += m_TargetSketch.m_Vertex2Parameter[i].m_Mapped.coord[0];
    center.coord[1] += m_TargetSketch.m_Vertex2Parameter[i].m_Mapped.coord[1];
    center.coord[2] += m_TargetSketch.m_Vertex2Parameter[i].m_Mapped.coord[2];
# ifdef _DEBUG
    ASSERT(fabs(totals - 1.0)<1.0e - 5);
# endif
    }
  CalculateMeanWeight(pv,source,
     m_TargetSketch.m_Vertex2Parameter[i].m_Parameter/m_TargetSketch.m_Total);
  tdeform ->m_pVertices[index].m_position.coord[0] +=
     (sdeform ->m_pVertices[indexs].m_position.coord[0] - sbegin ->
     m_pVertices[indexs].m_position.coord[0]) * m_Weight[j] * scale * (rate);
  tdeform ->m_pVertices[index].m_position.coord[1] +=
     (sdeform ->m_pVertices[indexs].m_position.coord[1] - sbegin ->
     m_pVertices[indexs].m_position.coord[1]) * m_Weight[j] * scale * (rate);
  tdeform ->m_pVertices[index].m_position.coord[2] +=
```

```
        (sdeform ->m_pVertices[indexs].m_position.coord[2] - sbegin ->
        m_pVertices[indexs].m_position.coord[2]) * m_Weight[j] * scale * (rate);
    tdeform ->m_pVertices[index].m_position.coord[0] +=
        (sdeform ->m_pVertices[indexs].m_position.coord[0] - source ->
        m_pVertices[indexs].m_position.coord[0]) * m_Weight[j] * scale * (rate);
    tdeform ->m_pVertices[index].m_position.coord[1] +=
        (sdeform ->m_pVertices[indexs].m_position.coord[1] - source ->
        m_pVertices[indexs].m_position.coord[1]) * m_Weight[j] * scale * (rate);
    tdeform ->m_pVertices[index].m_position.coord[2] +=
        (sdeform ->m_pVertices[indexs].m_position.coord[2] - source ->
        m_pVertices[indexs].m_position.coord[2]) * m_Weight[j] * scale * (rate);
    m_TargetSketch.m_Vertex2Parameter[i].m_Mapped = tdeform ->
        m_pVertices[index].m_position;
    center.coord[0]/ = vernum;
    center.coord[1]/ = vernum;
    center.coord[2]/ = vernum;
    double itemscale;
    if(m_KeepSameVolume)
    {
      double orgvolume = m_TargetSketch.GetVolume(target);
      double currentvolume = m_TargetSketch.GetVolume(tdeform);
      double rate = orgvolume/currentvolume;
      while(fabs(rate - 1.0)>0.001)
      {
        for(int i = 0;i<vernum;i ++ )
        {
          itemscale = m_TargetSketch.m_Vertex2Parameter[i].m_Scale;
          if(itemscale< = 0.0)
              itemscale = 1.0;
          m_TargetSketch.m_Vertex2Parameter[i].m_Mapped.coord[0]
              = (m_TargetSketch.m_Vertex2Parameter[i].m_Mapped.coord[0]
              - center.coord[0]) * itemscale * rate + center.coord[0];
          m_TargetSketch.m_Vertex2Parameter[i].m_Mapped.coord[1]
              = (m_TargetSketch.m_Vertex2Parameter[i].m_Mapped.coord[1]
              - center.coord[1]) * itemscale * rate + center.coord[1];
```

```
            m_TargetSketch.m_Vertex2Parameter[i].m_Mapped.coord[2]
                = (m_TargetSketch.m_Vertex2Parameter[i].m_Mapped.coord[2]
                - center.coord[2]) * itemscale * rate + center.coord[2];
            index = m_TargetSketch.m_Vertex2Parameter[i].m_VertexId;
            tdeform ->m_pVertices[index].m_position
              = m_TargetSketch.m_Vertex2Parameter[i].m_Mapped;
            }
          currentvolume = m_TargetSketch.GetVolume(tdeform);
          rate = orgvolume/currentvolume;
          }
        }
    else// to keep local volume from changing
    {
      /* all vertex whose scale is less than zero should use keep - same - volume operation */
      CUIntArray keepsame;
      /* a sketch can have ten local control zone,from - 1000<<0, - 2000<< =- 1000... */
      for(int step = 0;step<10;step ++ )
      {
        keepsame.RemoveAll();
        for(int i = 0;i<vernum;i ++ )
        {
          if(m_TargetSketch.m_Vertex2Parameter[i].m_Scale<( - step * 1000.0)
            &&m_TargetSketch.m_Vertex2Parameter[i].m_Scale>( - (step + 1)
                * 1000.0))
            keepsame.Add(i);
          }
        if(keepsame.GetSize() == 0)
        break;
        //there are some vetices need to be kept same volume
        if(keepsame.GetSize()>0)
        {
          // Point orgcenter;
          Point newcenter;
          for(int i = 0;i<keepsame.GetSize();i ++ )
          {
```

```
        int loc = m_TargetSketch.m_Vertex2Parameter[keepsame[i]].m_VertexId;
        newcenter.coord[0] += tdeform ->m_pVertices[loc].m_position.coord[0];
        newcenter.coord[1] += tdeform ->m_pVertices[loc].m_position.coord[1];
        newcenter.coord[2] += tdeform ->m_pVertices[loc].m_position.coord[2];
        }
    newcenter.coord[0]/ = keepsame.GetSize();
    newcenter.coord[1]/ = keepsame.GetSize();
    newcenter.coord[2]/ = keepsame.GetSize();
    double orgvolume = m_TargetSketch.GetVolume(target,keepsame);
    double currentvolume = m_TargetSketch.GetVolume(tdeform,keepsame);
    double rate = orgvolume/currentvolume;
    for(int i = 0;i<keepsame.GetSize();i ++ )
    {
        index = m_TargetSketch.m_Vertex2Parameter[keepsame[i]].m_VertexId;
        rate = DistanceOfPointToPoint(orgcenter,target ->
               m_pVertices[index].m_position)/
             DistanceOfPointToPoint(newcenter,tdeform ->
               m_pVertices[index].m_position);
        itemscale = m_TargetSketch.m_Vertex2Parameter[keepsame[i]].m_Scale;
        if(itemscale<0.0)
             itemscale =- itemscale - step * 1000;
        m_TargetSketch.m_Vertex2Parameter[keepsame[i]].m_Mapped.coord[0]
           = (m_TargetSketch.m_Vertex2Parameter[keepsame[i]].m_Mapped.coord[0]
           - newcenter.coord[0]) * itemscale * rate + newcenter.coord[0];
        m_TargetSketch.m_Vertex2Parameter[keepsame[i]].m_Mapped.coord[1]
           = (m_TargetSketch.m_Vertex2Parameter[keepsame[i]].m_Mapped.coord[1]
           - newcenter.coord[1]) * itemscale * rate + newcenter.coord[1];
        m_TargetSketch.m_Vertex2Parameter[keepsame[i]].m_Mapped.coord[2]
           = (m_TargetSketch.m_Vertex2Parameter[keepsame[i]].m_Mapped.coord[2]
           - newcenter.coord[2]) * itemscale * rate + newcenter.coord[2];
        tdeform ->m_pVertices[index].m_position
           = m_TargetSketch.m_Vertex2Parameter[keepsame[i]].m_Mapped;
        }
    }
}
```

```
for(int i = 0;i<vernum;i ++ )
{
  itemscale = m_TargetSketch.m_Vertex2Parameter[i].m_Scale;
  if(itemscale<0.0)
      continue;
  m_TargetSketch.m_Vertex2Parameter[i].m_Mapped.coord[0]
      = (m_TargetSketch.m_Vertex2Parameter[i].m_Mapped.coord[0]
      - center.coord[0]) *
      itemscale + center.coord[0];
  m_TargetSketch.m_Vertex2Parameter[i].m_Mapped.coord[1]
      = (m_TargetSketch.m_Vertex2Parameter[i].m_Mapped.coord[1]
      - center.coord[1]) *
      itemscale + center.coord[1];
  m_TargetSketch.m_Vertex2Parameter[i].m_Mapped.coord[2]
      = (m_TargetSketch.m_Vertex2Parameter[i].m_Mapped.coord[2]
      - center.coord[2]) *
      itemscale + center.coord[2];
  index = m_TargetSketch.m_Vertex2Parameter[i].m_VertexId;
  tdeform ->m_pVertices[index].m_position
      = m_TargetSketch.m_Vertex2Parameter[i].m_Mapped;
  }
}
//align edge center
if(m_EdgeAlign)
{
  if(m_TargetSketch.m_Edge.GetSize() == 0)
      return;
  old.coord[0] += target ->m_pVertices[m_TargetSketch.m_Vertex2Parameter
        [m_TargetSketch.m_Edge[i]].m_VertexId].m_position.coord[0];
  old.coord[1] += target ->m_pVertices[m_TargetSketch.m_Vertex2Parameter
        [m_TargetSketch.m_Edge[i]].m_VertexId].m_position.coord[1];
  old.coord[2] += target ->m_pVertices[m_TargetSketch.m_Vertex2Parameter
        [m_TargetSketch.m_Edge[i]].m_VertexId].m_position.coord[2];
  Point newpt;
  for(int i = 0;i<m_TargetSketch.m_Edge.GetSize();i ++ )
```

```
        {
          newpt.coord[0] += m_TargetSketch.m_Vertex2Parameter
              [m_TargetSketch.m_Edge[i]].m_Mapped.coord[0];
          newpt.coord[1] += m_TargetSketch.m_Vertex2Parameter
              [m_TargetSketch.m_Edge[i]].m_Mapped.coord[1];
          newpt.coord[2] += m_TargetSketch.m_Vertex2Parameter
              [m_TargetSketch.m_Edge[i]].m_Mapped.coord[2];
        }
      newpt.coord[0]/ = m_TargetSketch.m_Edge.GetSize();
      newpt.coord[1]/ = m_TargetSketch.m_Edge.GetSize();
      newpt.coord[2]/ = m_TargetSketch.m_Edge.GetSize();
      old.coord[0]- = newpt.coord[0];
      old.coord[1]- = newpt.coord[1];
      old.coord[2]- = newpt.coord[2];
      for(int i = 0;i<vernum;i ++ )
      {
        m_TargetSketch.m_Vertex2Parameter[i].m_Mapped.coord[0] += old.coord[0];
        m_TargetSketch.m_Vertex2Parameter[i].m_Mapped.coord[1] += old.coord[1];
        m_TargetSketch.m_Vertex2Parameter[i].m_Mapped.coord[2] += old.coord[2];
        index = m_TargetSketch.m_Vertex2Parameter[i].m_VertexId;
        tdeform ->m_pVertices[index].m_position
                    = m_TargetSketch.m_Vertex2Parameter[i].m_Mapped;
        }
      }
    }
```

void CSketchPair::CalculateSketchKeyFrameLaplacian(SWMesh * source, SWMesh * target,SWMesh * sdeform, SWMesh * tdeform)

```
  {
    //computer the combined source affine martices. The combining process uses mean value
    //coordinates.
    int vernum = m_TargetSketch.m_Vertex2Parameter.GetSize();
    if(pDisArray)
    delete []pDisArray;
    pDisArray = new Point[vernum];
```

```
int index;
for(int i = 0;i<vernum;i ++ )
{
  index = m_TargetSketch.m_Vertex2Parameter[i].m_VertexId;
  CalculateMeanWeight(target ->m_pVertices[index].m_position,source);
  //reset deformed mesh to original state
  tdeform ->m_pVertices[index].m_position = target ->m_pVertices[index].
      m_position;
  pDisArray[i].coord[0] = pDisArray[i].coord[1] = pDisArray[i].coord[2] = 0.0f;
  for(int j = 0;j<m_SourceSketch.m_Vertex2Parameter.GetSize();j ++ )
  {
    if(m_Weight[j] == 0.0)
        continue;
    pDisArray[i].coord[0] += m_Weight[j] * (sdeform ->m_LpPoint
        [m_SourceSketch.m_Vertex2Parameter[j].m_VertexId].coord[0] - source ->
        m_LpPoint[m_SourceSketch.m_Vertex2Parameter[j].m_VertexId].coord[0]);
    pDisArray[i].coord[1] += m_Weight[j] * (sdeform ->m_LpPoint
        [m_SourceSketch.m_Vertex2Parameter[j].m_VertexId].coord[1] - source ->
        m_LpPoint[m_SourceSketch.m_Vertex2Parameter[j].m_VertexId].coord[1]);
    pDisArray[i].coord[2] += m_Weight[j] * (sdeform ->m_LpPoint
        [m_SourceSketch.m_Vertex2Parameter[j].m_VertexId].coord[2] - source ->
        m_LpPoint[m_SourceSketch.m_Vertex2Parameter[j].m_VertexId].coord[2]);
  }
 }
}
```

**void CSketchPair::CalculateSketchKeyFrameAffine(SWMesh * source,
SWMesh * target,SWMesh * sdeform, SWMesh * tdeform,
CArray<SWMatrix * , SWMatrix * >& sourceM)**

```
{
  //firstly we computer the combined source affine martices.  The combining
process uses mean
  //value coordinates
  int vernum = m_TargetSketch.m_Vertex2Parameter.GetSize();
  if(pMArray)
```

```
delete []pMArray;
pMArray = new SWMatrix[vernum];
int index;
SWMatrix w1,w2,w3,rsum,osum;
w1.SetRowAndCol(3,3);
w2.SetRowAndCol(3,3);
w3.SetRowAndCol(3,3);
rsum.SetRowAndCol(3,3);
osum.SetRowAndCol(3,3);
for(int i = 0;i<vernum;i ++ )
pMArray[i].SetRowAndCol(3,3);
double sums;
SWMatrix * * pLogRot;
SWMatrix * * pScale;
pLogRot = new SWMatrix * [sourceM.GetSize()];
pScale = new SWMatrix * [sourceM.GetSize()];
ZeroMemory(pLogRot,sourceM.GetSize() * sizeof(SWMatrix * ));
ZeroMemory(pScale,sourceM.GetSize() * sizeof(SWMatrix * ));
for(int i = 0;i<vernum;i ++ )
{
  index = m_TargetSketch.m_Vertex2Parameter[i].m_VertexId;
  CalculateMeanWeight(target ->m_pVertices[index].m_position,source);
  tdeform ->m_pVertices[index].m_position = target ->
      m_pVertices[index].m_position;
  ZeroMemory(rsum.m_pData,9 * sizeof(double));
  ZeroMemory(osum.m_pData,9 * sizeof(double));
  for(int j = 0;j<m_SourceSketch.m_Vertex2Parameter.GetSize();j ++ )
  {
    if(m_Weight[j] == 0.0)
        continue;
    if(pLogRot[m_SourceSketch.m_Vertex2Parameter[j].m_VertexId])
    {
      for(int k = 0;k<9;k ++ )
      {
        rsum.m_pData[k] += m_Weight[j] * pLogRot
```

```
            [m_SourceSketch.m_Vertex2Parameter[j].m_VertexId]->m_pData[k];
        osum.m_pData[k] += m_Weight[j] * pScale
            [m_SourceSketch.m_Vertex2Parameter[j].m_VertexId]->m_pData[k];
        }
    }
else
{
    w1 = *sourceM[m_SourceSketch.m_Vertex2Parameter[j].m_VertexId];
    pLogRot[m_SourceSketch.m_Vertex2Parameter[j].m_VertexId] = new SWMatrix;
    pScale[m_SourceSketch.m_Vertex2Parameter[j].m_VertexId] = new SWMatrix;
    if(PolarDecomposition(w1,w2) == 0)
    {
        if(w2.Log(w3))
        {
            for(int k = 0;k<9;k ++ )
            rsum.m_pData[k] += m_Weight[j] * w3.m_pData[k];
            if(w2.BRInv())
            {
                *pLogRot[m_SourceSketch.m_Vertex2Parameter[j].m_VertexId] = w3;
                w3.Multiply(w2,w1);
                *pScale[m_SourceSketch.m_Vertex2Parameter[j].m_VertexId] = w3;
                for(int k = 0;k<9;k ++ )
                osum.m_pData[k] += m_Weight[j] * w3.m_pData[k];
                }
            }
        }
    if(pLogRot[m_SourceSketch.m_Vertex2Parameter[j].m_VertexId]->
        m_pData == NULL)
    {
        pLogRot[m_SourceSketch.m_Vertex2Parameter[j].m_VertexId]->
        SetRowAndCol(3,3);
        }
    if(pScale[m_SourceSketch.m_Vertex2Parameter[j].m_VertexId]->
        m_pData == NULL)
    {
```

```
                pScale[m_SourceSketch.m_Vertex2Parameter[j].m_VertexId]->
                SetRowAndCol(3,3);
                }
            }
        }
    if(rsum.Exp(w1))
    {
        pMArray[i].Multiply(w1,osum);
        }
    else
    {
        pMArray[i] = osum;
        }
    sums = 0.0;
    for(int t = 0;t<9;t ++ )
        sums += fabs(pMArray[i].m_pData[t]);
    if(sums<1.0e - 12)
        w1.GetIdentityMatrix(pMArray[i]);
    }
for(int i = 0;i<sourceM.GetSize();i ++ )
{
    if(pLogRot[i])
        delete pLogRot[i];
    if(pScale[i])
        delete pScale[i];
    }
delete []pLogRot;
delete []pScale;
ps.coord[0] = (sdeform ->m_pVertices[indexs].m_position.coord[0] - source ->
    m_pVertices[indexs].m_position.coord[0]);
result.coord[0] += ps.coord[0] * m_Affines[aindex] ->
    m_pData[0] + ps.coord[1] * m_Affines[aindex] ->
    m_pData[1] + ps.coord[2] * m_Affines[aindex] ->m_pData[2];
result.coord[1] += ps.coord[0] * m_Affines[aindex] ->
    m_pData[3] + ps.coord[1] * m_Affines[aindex] ->
```

```
        m_pData[4] + ps.coord[2] * m_Affines[aindex]->m_pData[5];
    result.coord[2] += ps.coord[0] * m_Affines[aindex]->
        m_pData[6] + ps.coord[1] * m_Affines[aindex]->
        m_pData[7] + ps.coord[2] * m_Affines[aindex]->m_pData[8];
    result.coord[0] = ps.coord[0] * m_Affines[aindex]->
        m_pData[0] + ps.coord[1] * m_Affines[aindex]->
        m_pData[1] + ps.coord[2] * m_Affines[aindex]->m_pData[2];
    result.coord[1] = ps.coord[0] * m_Affines[aindex]->
        m_pData[3] + ps.coord[1] * m_Affines[aindex]->
        m_pData[4] + ps.coord[2] * m_Affines[aindex]->m_pData[5];
    result.coord[2] = ps.coord[0] * m_Affines[aindex]->
        m_pData[6] + ps.coord[1] * m_Affines[aindex]->
        m_pData[7] + ps.coord[2] * m_Affines[aindex]->m_pData[8];
    }
```

void CSketchPair::AdjustControlsAffine(void)

```
  {
    InitAffine();
    Point result;
    m_AdjustedControlPt.RemoveAll();
    SWMesh * pmesh = m_SourceSketch.m_Model ->GetMesh(1);
    int vernum = m_SourceSketch.m_Vertex2Parameter.GetSize();
    int k = 0;
    int count;
    int aindex;
    for(int i = 0;i<vernum;i ++ )
    {
      Point& ps = pmesh ->m_pVertices[m_SourceSketch.m_Vertex2Parameter[i].
            m_VertexId].m_position;
      result.coord[0] = result.coord[1] = result.coord[2] = 0.0f;
      count = 0;
      for(k = 0;k<3;k ++ )
      {
        aindex = m_SourceSketch.m_Vertex2Parameter[i].m_BaseIndex - k;
        if(aindex> = 0&&aindex<m_Affines.GetSize())
```

```
    {
      result.coord[0] += ps.coord[0] * m_Affines[aindex] ->
          m_pData[0] + ps.coord[1] * m_Affines[aindex] ->
          m_pData[1] + ps.coord[2] * m_Affines[aindex] ->m_pData[2];
      result.coord[1] += ps.coord[0] * m_Affines[aindex] ->
          m_pData[3] + ps.coord[1] * m_Affines[aindex] ->
          m_pData[4] + ps.coord[2] * m_Affines[aindex] ->m_pData[5];
      result.coord[2] += ps.coord[0] * m_Affines[aindex] ->
          m_pData[6] + ps.coord[1] * m_Affines[aindex] ->
          m_pData[7] + ps.coord[2] * m_Affines[aindex] ->m_pData[8];
      result.coord[0] += m_Traslate[aindex].coord[0];
      result.coord[1] += m_Traslate[aindex].coord[1];
      result.coord[2] += m_Traslate[aindex].coord[2];
      count ++ ;
      }
    }
  if(count)
  {
    result.coord[0]/ = count;
    result.coord[1]/ = count;
    result.coord[2]/ = count;
    }
  else
  {
    aindex = m_Affines.GetSize() - 1;//use the last affine matrix
    result.coord[0] = ps.coord[0] * m_Affines[aindex] ->
        m_pData[0] + ps.coord[1] * m_Affines[aindex] ->
        m_pData[1] + ps.coord[2] * m_Affines[aindex] ->m_pData[2];
    result.coord[1] = ps.coord[0] * m_Affines[aindex] ->
        m_pData[3] + ps.coord[1] * m_Affines[aindex] ->
        m_pData[4] + ps.coord[2] * m_Affines[aindex] ->m_pData[5];
    result.coord[2] = ps.coord[0] * m_Affines[aindex] ->
        m_pData[6] + ps.coord[1] * m_Affines[aindex] ->
        m_pData[7] + ps.coord[2] * m_Affines[aindex] ->m_pData[8];
    result.coord[0] += m_Traslate[aindex].coord[0];
```

```
      result.coord[1] += m_Traslate[aindex].coord[1];
      result.coord[2] += m_Traslate[aindex].coord[2];
      }
    m_AdjustedControlPt.Add((StatePoint&)result);
    }
  }
```

void CSketchPair::Rotate(SketchItem& item, Point& pt)

```
{
  Point v1,v2,vp;
  SWVector vr;
  SWModel * smodel = m_SourceSketch.m_Model;
  SWModel * tmodel = m_TargetSketch.m_Model;
  CArray<SWSelPoint * ,SWSelPoint * >& spline = smodel ->m_SelPoint;
  CArray<SWSelPoint * ,SWSelPoint * >& tpline = tmodel ->m_SelPoint;
  int sbegin,send,tbegin,tend;
  if(m_SourceSketch.m_LocalNum != -1)
  m_SourceSketch.GetSegment(spline,sbegin,send,m_SourceSketch.m_LocalNum);
  else
  m_SourceSketch.GetSegment(spline,sbegin,send,m_SourceSketch.m_CurNum);
  m_TargetSketch.GetSegment(tpline,tbegin,tend,m_TargetSketch.m_CurNum);
  int sindex,tindex;
  if(item.m_BaseIndex == send - 1)
    sindex = item.m_BaseIndex - 1;
  else
    sindex = item.m_BaseIndex;
  if(item.m_MappedBaseIndex == tend - 1)
    tindex = item.m_MappedBaseIndex - 1;
  else
    tindex = item.m_MappedBaseIndex;
  v1 = spline[sindex]->m_Data - spline[sindex + 1]->m_Data;
  v2 = tpline[tindex]->m_Data - tpline[tindex + 1]->m_Data;
  VectorCross(v1,v2,&vp);
  RotateAxis(item.m_Project,item.m_Project + vp,VectorAngle(v1,v2),&pt,1);
  }
```

```
void CSketchPair::Scale(SketchItem & item, Point & pt)
{
  double old = item.m_Parameter;
  item.m_Parameter
      = item.m_Parameter/m_SourceSketch.m_Total * m_TargetSketch.m_Total;
  float loc = m_TargetSketch.m_Parameter2Vertex.Find(item);
  item.m_Parameter = old;
  int lindex,rindex;
  if(loc<0.0)
    lindex = rindex = 0;
  else if(loc> = (double)m_TargetSketch.m_Parameter2Vertex.GetSize() - 1)
    lindex = rindex = m_TargetSketch.m_Parameter2Vertex.GetSize() - 1;
  else
  {
    if(loc == (double)((int)loc))
    lindex = rindex = (int)loc;
    else
    {
      lindex = (int)loc;
      rindex = lindex + 1;
      }
    double dis1,dis2,dis;
    SWMesh * pmesh = m_TargetSketch.m_Model ->GetMesh(1);
    dis1 = DistanceOfPointToPoint(m_TargetSketch.m_Parameter2Vertex[lindex].
        m_Project,pmesh ->m_pVertices[m_TargetSketch.
        m_Parameter2Vertex[lindex].m_VertexId].m_position);
    dis2 = DistanceOfPointToPoint(m_TargetSketch.m_Parameter2Vertex[rindex].
        m_Project,pmesh ->m_pVertices[m_TargetSketch.
        m_Parameter2Vertex[rindex].m_VertexId].m_position);
    dis = (dis1 + dis2)/2;
    if(dis>0.0)
    {
      dis1 = DistanceOfPointToPoint(pt,item.m_Project);
      if(dis1>0)
```

```
        {
          double weight = (1 - m_ScaleControlDegree + m_ScaleControlDegree
               * (dis/dis1));
          pt.coord[0] = (pt.coord[0] - item.m_Project.coord[0]) * weight
               + item.m_Project.coord[0];
          pt.coord[1] = (pt.coord[1] - item.m_Project.coord[1]) * weight
               + item.m_Project.coord[1];
          pt.coord[2] = (pt.coord[2] - item.m_Project.coord[2]) * weight
               + item.m_Project.coord[2];
        }
      }
    }
  }
```

void CSketchPair::CalculateEdges(SWMesh * pMesh)

```
{
  CSortArray<VerticeID,VerticeID> edgepoints;
  CUIntArray * edge;
  int index;
  int i,m;
  VerticeID v[3];
  if(pMesh == NULL)
      pMesh = m_SourceSketch.m_Model ->GetMesh(1);
  for(i = 0;i<m_Edges.GetSize();i ++ )
      delete m_Edges[i];
  m_Edges.RemoveAll();
  m_IsCloseEdges.RemoveAll();
  //get all edge points
  for(i = 0;i<m_PartRelateTriangle.GetSize();i ++ )
  {
    pMesh ->m_pFaces[m_PartRelateTriangle[i]].
        GetThreeVertices(v[0],v[1],v[2]);
    for(m = 0;m<3;m ++ )
    {
      if(m_SourceSketch.FindVertex(v[m],index))
```

```
        {
          if(edgepoints.GetSize())
          {
            float loc = edgepoints.Find(v[m]);
            if(loc != (float)((int)loc))//new vertice
            edgepoints.Add(v[m]);
            }
          else
          edgepoints.Add(v[m]);
          }
        }
      }
    double dist;
    VerticeID begin;
    CArray<VerticeID,VerticeID> adj;
    //begin find order edge
    while(edgepoints.GetSize())
    {
      edge = new CUIntArray;
      begin = edgepoints[0];
      edge ->Add(begin);
      edgepoints.RemoveAt(0);
      for(i = 0;i<edgepoints.GetSize();i ++ )
      {
        //judge if other poins is  adjacet to begin point
        pMesh ->m_pVertices[begin].GetAdjacentVertices(adj);
        for(m = 0;m<adj.GetSize();m ++ )
        {
          float loc = edgepoints.Find(adj[m]);
          if(loc == (float)((int)loc))//found
          {
            begin = edgepoints[loc];
            edge ->Add(begin);
            edgepoints.RemoveAt(loc);
            break;
```

```
            }
          }
        //can't be found
        if(m == adj.GetSize())
        break;
        else
          i =- 1;//restart
        }
      m_Edges.Add(edge);
      dist = 0.0;
      //below code used to determine if this edge is closed.
      if(edge ->GetSize())
      {
        for(int k = 0;k<edge ->GetSize() - 1;k ++ )
        dist += DistanceOfPointToPoint(pMesh ->
            m_pVertices[( * edge)[k]].m_position,pMesh ->
            m_pVertices[( * edge)[k + 1]].m_position);
        dist/ = edge ->GetSize();
        if(DistanceOfPointToPoint(pMesh ->
            m_pVertices[( * edge)[0]].m_position,pMesh ->
            m_pVertices[( * edge)[edge ->GetSize() - 1]].m_position)<1.5 * dist)
        m_IsCloseEdges.Add(TRUE);
        else
        m_IsCloseEdges.Add(FALSE);
        }
      else
      m_IsCloseEdges.Add(FALSE);
      }
    ASSERT(edgepoints.GetSize() == 0);
    int edgenum = m_Edges.GetSize();
    m_EdgeCenters.RemoveAll();
    m_VirtualPoints.RemoveAll();
    Point center;
    for(i = 0;i<edgenum;i ++ )
    {
```

```
    center.coord[0] = center.coord[1] = center.coord[2] = 0.0f;
    for(int k = 0;k<m_Edges[i]->GetSize();k ++ )
    {
      center.coord[0] += pMesh ->
          m_pVertices[( * (m_Edges[i]))[k]].m_position.coord[0];
      center.coord[1] += pMesh ->
          m_pVertices[( * (m_Edges[i]))[k]].m_position.coord[1];
      center.coord[2] += pMesh ->
          m_pVertices[( * (m_Edges[i]))[k]].m_position.coord[2];
      }
    center.coord[0]/ = m_Edges[i]->GetSize();
    center.coord[1]/ = m_Edges[i]->GetSize();
    center.coord[2]/ = m_Edges[i]->GetSize();
    m_EdgeCenters.Add(center);
    }
  Point a,b,c,sum;
  for(i = 0;i<edgenum;i ++ )
  {
    int number;
    if(m_IsCloseEdges[i])//closed
      number = m_Edges[i]->GetSize();
    else
      number = m_Edges[i]->GetSize() - 1;
    int count = m_Edges[i]->GetSize();
    sum.coord[0] = sum.coord[1] = sum.coord[2] = 0.0f;
    for(int k = 0;k<number;k ++ )
    {
      a = pMesh ->m_pVertices[( * (m_Edges[i]))[k]].m_position - m_EdgeCenters[i];
      b = m_EdgeCenters[i] - pMesh ->m_pVertices[( * (m_Edges[i]))[(k + 1) %
         count]].m_position;VectorCross(a,b,&c);
      sum.coord[0] += c.coord[0];
      sum.coord[1] += c.coord[1];
      sum.coord[2] += c.coord[2];
      }
    sum.coord[0]/ = number;
```

```
    sum.coord[1]/ = number;
    sum.coord[2]/ = number;
    double s = sqrt(sum.coord[0] * sum.coord[0] + sum.coord[1] * sum.coord[1]
       + sum.coord[2] * sum.coord[2]);
    sum.coord[0] = (sum.coord[0]/s) * m_VirtalDis;
    sum.coord[1] = (sum.coord[1]/s) * m_VirtalDis;
    sum.coord[2] = (sum.coord[2]/s) * m_VirtalDis;
    m_VirtualPoints.Add(sum);
    }
}
```

参考文献

[1] Knowlton K. A computer technique for producing animated movies[J]. Proc. AFIPS, 1964, 25: 67-87.

[2] Knowlton K. Computer-produced movies[J]. Science, 1965, 150(3700): 1116-1120.

[3] Kircher S, Garland M. Editing arbitrarily deforming surface animations [C]// ACM SIGGRAPH 2006 Papers. New York: ACM Press, 2006: 1098-1107.

[4] Shi L, Yu Y, Bell N, et al. A fast multigrid algorithm for mesh deformation[J]. ACM Trans. Graph., 2006,25(3): 1108-1117.

[5] Funck W, Theisel H, Seidel H. Vector field based shape deformations [J]. ACM Trans. Graph., 2006, 25(3): 1118-1125.

[6] Foley J, Van D A, Feiner S, et al. Computer graphics: principles and Practice[M]. 2nd ed. Wokingham: Addison-Wesley,1990.

[7] Thalmann N M, Thalmann D. New trands in computer animation and visualization[M]. New York: John Wiley & Sons,1991.

[8] Bertails F, Audoly B, Cani M, et al. Super-helices for predicting the dynamics of natural hair [C]// ACM SIGGRAPH 2006 Papers. New York: ACM Press, 2006: 1180-1187.

[9] Kry P G, Pai D K. Interaction capture and synthesis[J]. ACM Trans. Graph., 2006, 25(3): 872-880.

[10] Park S I, Hodgins J K. Capturing and animating skin deformation in human motion[J]. ACM Trans. Graph., 2006, 25(3): 881-889.

[11] Lee K H, Choi M G, Lee J. Motion patches: building blocks for virtual

environments annotated with motion data[J]. ACM Trans. Graph., 2006, 25(3): 898-906.

[12] Chai J, Hodgins J K. Performance animation from low-dimensional control signals[J]. ACM Trans. Graph., 2005, 24(3): 686-696.

[13] Zordan V B, Majkowska A, Chiu B, et al. Dynamic response for motion capture animation[J]. ACM Trans. Graph., 2005, 24(3): 697-701.

[14] Fleishman S, Cohen-Or D, Silva C T. Robust moving least-squares fitting with sharp features[C]//ACM SIGGRAPH 2005 Papers. New York: ACM Press, 2005: 544-552.

[15] James D L, Pai D K. BD-tree: output-sensitive collision detection for reduced deformable models[J]. ACM Trans. Graph., 2004, 23(3): 393-398.

[16] Stone M, Carlo D, Oh I, et al. Speaking with hands: creating animated conversational characters from recordings of human performance[J]. ACM Trans. Graph., 2004, 24(3): 506-513.

[17] Yamane K, Kuffner J J, Hodgins J K. Synthesizing animations of human manipulation tasks[C]//ACM SIGGRAPH 2004 Papers. New York: ACM Press, 2004: 32-539.

[18] Harrison J, Rensink R A, van de Panne M. Obscuring length changes during animated motion[J]. ACM Trans. Graph., 2004, 23(3): 569-573.

[19] Kim T, Park S I, Shin S Y. Rhythmic-motion synthesis based on motion-beat analysis[C]//ACM SIGGRAPH 2003 Papers. New York: ACM Press, 2003: 392-401.

[20] Arikan O, Forsyth D A, O'Brien J F. Motion synthesis from annotations [J]. ACM Trans. Graph., 2003, 22(3): 402-408.

[21] Dontcheva M, Yngve G, Popović Z. Layered acting for character animation[C]//ACM SIGGRAPH 2003 Papers. New York: ACM Press, 2003: 409-416.

[22] Fang A C, Pollard N S. Efficient synthesis of physically valid human motion[J]. ACM Trans. Graph., 2003, 22(3): 417-426.

[23] Ezzat T, Geiger G, Poggio T. Trainable videorealistic speech animation

[C]// ACM SIGGRAPH 2002 Papers. New York: ACM Press, 2002: 388-398.

[24] Blumberg B, Downie M, Ivanov Y, et al. Integrated learning for interactive synthetic characters[J]. ACM Trans. Graph., 2002, 21(3): 417-426.

[25] Bregler C, Loeb L, Chuang E, et al. Turning to the masters: motion capturing cartoons[J]. ACM Trans. Graph., 2002, 21(3): 399-407.

[26] Arikan O, Forsyth D A. Interactive motion generation from examples [C]// ACM SIGGRAPH 2002 Papers. New York: ACM Press, 2002: 483-490.

[27] Pullen K, Bregler C. Motion capture assisted animation: texturing and synthesis[J]. ACM Trans. Graph., 2002, 21(3): 501-508.

[28] Milenkovic V J, Schmidl H. Optimization-based animation[C]// ACM SIGGRAPH 2001 Papers. New York: ACM Press, 2001: 37-46.

[29] Debunne G, Desbrun M, Cani M, et al. Dynamic real-time deformations using space & time adaptive sampling[C]// ACM SIGGRAPH 2001 Papers. New York: ACM Press, 2001: 31-36.

[30] Sun H C, Metaxas D N. Automating gait generation[C]// ACM SIGGRAPH 2001 Papers. New York: ACM Press, 2001: 261-270.

[31] Chenney S, Forsyth D A. Sampling plausible solutions to multi-body constraint problems[C]// ACM SIGGRAPH 2000 Papers. New York: ACM Press, 2000: 219-228.

[32] Kho Y, Garland M. Sketching mesh deformations[C]// ACM SIGGRAPH 2005 Papers. New York: ACM Press, 2005: 147-154.

[33] Lipman Y, Sorkine O, Levin D, et al. Linear rotation-invariant coordinates for meshes[J]. ACM Trans. Graph., 2005, 24(3): 479-487.

[34] Nealen A, Sorkine O, Alexa M, et al. A sketch-based interface for detail-preserving mesh editing[J]. ACM Trans. Graph., 2005, 24(3): 1142-1147.

[35] Thorne M, Burke D, van de Panne M. Motion doodles: an interface for sketching character motion[J]. ACM Trans. Graph., 2004, 23(3): 424-

431.

[36] Yoshizawa S, Belyaev A G, Seidel H. Free-form skeleton-driven mesh deformations[C]//Proceedings of the Eighth ACM Symposium on Solid Modeling and Applications. New York: ACM Press,2003: 247-253.

[37] Yu Y, Zhou K, Xu D, et al. 2004. Mesh editing with poisson-based gradient field manipulation[J]. ACM Trans. Graph., 2004, 23(3): 644-651.

[38] 金小刚,鲍虎军,彭群生. 计算机动画综述[J]. 软件学报, 1997, 8(4): 241-251.

[39] 鲍虎军,金小刚,彭群生. 计算机动画的算法基础[M]. 杭州:浙江大学出版社,1999.

[40] Cohen M. Everything by example [R]. Keynote talk at Chinagraphics, 2000.

[41] Funkhouser T, Kazhdan M, Shilane P, et al. Modeling by example[J]. ACM Trans. Graph., 2004, 23(3): 652-663.

[42] Summer R W, Zwicker M, Gotsman C, et al. Mesh-based inverse kinematics[J]. ACM Trans. Graph., 2005, 24(3): 488-495.

[43] Arikan O, Forsyth D A. Interactive motion generation from examples [C]//ACM SIGGRAPH 2002 Papers. New York: ACM Press, 2002: 483-490.

[44] Bregler C, Loeb L, Chuang E, et al. Turning to the masters: motion capturing cartoons[J]. ACM Trans. Graph., 2002, 21(3): 399-407.

[45] Gleicher M. Retargetting motion to new characters [C]//ACM SIGGRAPH 1998 Papers. New York: ACM Press, 1998: 33-42.

[46] Hsu E, Pulli K, Popović J. Style translation for human motion[J]. ACM Trans. Graph., 2005, 24(3): 1082-1089.

[47] Monzani J S, Baerlocher P, Boulic R, et al. Using an intermediate skeleton and inverse kinematics for motion retargeting[J]. Eurographics, 2000, 9(3).

[48] Gleicher M. 1998. Retargetting motion to new characters[C]//ACM SIGGRAPH 1998 Papers. New York: ACM Press, 1998: 33-42.

[49] Sloan P J, Rose C F, Cohen M F. Shape by example[C]//Proceedings of

the 2001 Symposium on interactive 3D Graphics. New York: ACM Press, 2001: 135-143.

[50] Noh J, Neumann U. Expression cloning[C]//ACM SIGGRAPH 2001 Papers. New York: ACM Press, 2001:277-288.

[51] Summer R W, Popović J. Deformation transfer for triangle meshes[J]. ACM Trans. Graph., 2004, 23(3): 399, 405.

[52] Ju T, Schaefer S, Warren J. Mean value coordinates for closed triangular meshes[J]. ACM Trans. Graph., 2004, 23(3): 561-566.

[53] Alexa M, Cohen-Or D, Levin D. As-rigid-as-possible shape interpolation [C]//ACM SIGGRAPH 2000 Papers. New York: ACM Press, 2000: 157-164.

[54] Igarashi T, Moscovich T, Hughes J F. As-rigid-as-possible shape manipulation[J]. ACM Trans. Graph. 2005, 24(3) : 1134-1141.

[55] Shoemake K, Duff T. Matrix animation and polar decomposition[C]// Booth K S, Fournier A. Proceedings of the Conference on Graphics Interface '92 (Vancouver, British Columbia, Canada). San Francisco: Morgan Kaufmann Publishers, 1992: 258-264.

[56] 卢涤非，叶修梓. 基于局部相似变换的网格变形复制[J]. 计算机辅助设计与图形学报，2007,19(5):595－599.

[57] Li Q L, Geng W D, Yu T, et al. MotionMaster: authoring and choreographing Kung-fu motions by sketch drawings[C]// Eurographics Association. Proceedings of the 2006 ACM SIGGRAPH/Eurographics Symposium on Computer Animation (Vienna, Austria, September 02-04, 2006), 2006: 233-241.

[58] Ženka R, Slavík P. New dimension for sketches[C]// Szirmay-Kalos L. Proceedings of the 19th Spring Conference on Computer Graphics (Budmerice, Slovakia, April 24-26, 2003). New York: ACM Press, 2003: 157-163.

[59] Sezgin T M, Stahovich T, Davis R. Sketch based interfaces: early processing for sketch understanding [C]// ACM SIGGRAPH 2006 Courses (Boston, Massachusetts, July 30-August 03, 2006). New York: ACM Press, 2006: 22.

[60] Schmidt R, Wyvill B, Sousa M C, et al. ShapeShop: sketch-based solid modeling with BlobTrees [C]// ACM SIGGRAPH 2006 Courses (Boston, Massachusetts, July 30-August 03, 2006). New York: ACM Press, 2006: 14.

[61] Hormann K, Floater M S. Mean value coordinates for arbitrary planar polygons[J]. ACM Trans. Graph., 2006, 25(4):1424-1441.

[62] Floater M S, Kós G, Reimers M. Mean value coordinates in 3D[J]. Comput. Aided Geom. Des., 2005, 22(7): 623-631.

[63] Floater M S. Mean value coordinates[J]. Comput. Aided Geom. Des., 2003, 20(1): 19-27.

[64] Floater M S, Hormann K. Surface parameterization: a tutorial and survey[M]// Advances in Multiresolution for Geometric Modelling, Mathematics and Visualization. Berlin: Springer, 2005:157-186.

[65] Higham N. Computing the polar decomposition-with applications[J]. SIAM J. Sci. and Stat. Comp. 1986, 7(4): 1160-1174.

[66] Higham N, Schreiber R S. Fast polar decomposition of an arbitrary matrix[R]//Technical Report. New York: Department of Computer Science, Cornell University,1988: 88-942.

[67] Murray R M, Li Z, Sastry S S. A mathematical introduction to robotic manipulation[M]. Boca Raton: CRC Press, 1994.

[68] Alexa M. Linear combination of transformations[J]. ACM Transactions on Graphics, 2002, 21(3): 380-387.

[69] Denman E D, Beavers A N. The matrix sign function and computations in systems[J]. Appl. Math. Comput., 1976, 2: 63-94.

[70] Golub G H, Van Loan C F. Matrix computations [M]. 2nd ed. Baltimore: The Johns Hopkins University Press, 1989.

[71] Bloom C, Blow J, Muratori C. Errors and omissions in Marc Alexa's "Linear combination of transformations"[J]. SIGGRAPH, 2004, 21(3): 380-387.

[72] Li J, Hao P W. Smooth interpolation on homogeneous matrix groups for computer animation[J]. Journal of Zhejiang University Science A,2006,7(7): 1168-1177.

[73] Agarwala A. SnakeToonz: a semi-automatic approach to creating cel animation from video [C]// Proceedings of the 2nd International Symposium on Non-Photorealistic Animation and Rendering. New York: ACM Press, 2002: 139-146.

[74] Chuang Y, Agarwala A, Curless B, et al. Video matting of complex scenes[C]// ACM SIGGRAPH 2002 Papers. New York: ACM Press, 2002: 243-248.

[75] Litwinowicz P, Williams L. Animating images with drawings[C]// ACM SIGGRAPH 1994 Papers. New York: ACM Press,1994: 409-412.

[76] Litwinowicz P. Processing images and video for an impressionist effect [C]// ACM SIGGRAPH 1997 Papers. New York: ACM Press, 1997: 407-414.

[77] Mortensen E N. Vision-assisted image editing[J]. Computer Graphics, 1999, 33(4): 55-57.

[78] Agarwala A, Hertzmann A, Salesin D H, et al. Keyframe-based tracking for rotoscoping and animation[J]. ACM Trans. Graph., 2004, 23(3): 584-591.

[79] Wang J, Bhat P, Colburn R A, et al. Interactive video cutout[J]. ACM Trans. Graph., 2005, 24(3): 585-594.

[80] Allen B, Curless B, Popović Z. The space of human body shapes: reconstruction and parameterization from range scans[J]. ACM Trans. Graph., 2003, 22(3): 587-594.

[81] Davis T A. Umfpack version 4.1 user guide[R]. Gainesville : University of Florida. 2003: TR-03-008.

[82] Beier T, Neely S. Feature-based image metamorphosis [C]// ACM SIGGRAPH 1992 Papers. New York: ACM Press, 1992: 35-42.

[83] Floater M S, Gotsman C. How to morph tilings injectively[J]. Journal of Computational & Applied Mathematics, 1999, 101(1-2): 117-129.

[84] Kanai T, Suzuki H, Kimura F. 3D geometric metamorphosis based on harmonic map [C]// IEEE Computer Society. Proceedings of the 5th Pacific Conference on Computer Graphics and Applications, Washington DC, 1997.

[85] Lee S, Chwa K, Shin S Y. Image metamorphosis using snakes and free-form deformations[C]// Mair S G, Cook R. ACM SIGGRAPH 1995 Papers. New York: ACM Press, 1995: 439-448.

[86] Sederberg T W, Greenwood E. A physically based approach to 2-D shape blending[C]// Thomas J J. ACM SIGGRAPH 1995 Papers. New York: ACM Press, 1992: 25-34.

[87] Wolberg G. Digital image morphing[R]. IEEE Computer Society, 1990.

[88] Agrawala M, Ramamoorthi R, Heirich A, et al. Efficient image-based methods for rendering soft shadows [C]// ACM SIGGRAPH 2000 Papers. New York: ACM Press, 2000: 375-384.

[89] Akenine-Möller T, Assarsson U. Approximate soft shadows on arbitrary surfaces using penumbra wedges [C]// Gibson S, Debevec P. Proceedings of the 13th Eurographics Workshop on Rendering, Pisa, Italy, June 26-28, 2002. Eurographics Association. ACM International Conference Proceeding Series, Aire-la-Ville, Switzerland, 2002, 28: 297-306.

[90] Assarsson U, Akenine-Möller T. A geometry-based soft shadow volume algorithm using graphics hardware[C]// ACM SIGGRAPH 2003 Papers. New York: ACM Press, 2003: 511-520.

[91] Hasenfratz J M, Lapierre M, Holzschuch N, et al. A survey of real-time soft shadows algorithms[J]. Computer Graphics Forum, 2003, 22(4): 753-774.

[92] Parker S, Shirley P, Smits B. Single sample soft shadows[R]. Salt Lake City: University of Utah, 1998, UUCS-98-019.

[93] Laine S, Aila T, Assarsson U, et al. Soft shadow volumes for ray tracing [J]. ACM Trans. Graph., 2005, 24(3): 1156-1165.

[94] Brabec S, Seidel H P. Shadow volumes on programmable graphics hardware[C]// Proceedings of Eurographics, 2003, 22(3): 433-440.

[95] Assarsson U, Akenine-Möller T. A geometry-based soft shadow volume algorithm using graphics hardware[J]. ACM Trans. Graph., 2003, 22 (3): 511-520.

[96] Akenine-Möller T, Assarsson U. Approximate soft shadows on arbitrary

surfaces using penumbra wedges [C]// Gibson S, Debevec P. Proceedings of the 13th Eurographics Workshop on Rendering, Pisa, Italy, June 26-28, 2002. Eurographics Association. ACM International Conference Proceeding Series, Aire-la-Ville, Switzerland, 2002, 28: 297-306.

[97] Woo A, Poulin P, Fournier A. A survey of shadow algorithms[J]. IEEE Computer Graphics and Applications, 1990, 10(6):13-32.

[98] Hasenfratz J M. , Lapierre M, Holzschuch N, et al. A survey of real-time soft shadows algorithms[J]. Computer Graphics Forum, 2003, 22 (4): 753-774.

[99] Whitted T. An improved illumination model for shaded display[J]. Communications of the ACM, 1980, 23: 343-349.

[100] Amanatides J. Ray tracing with cones in computer graphics[C]// ACM SIGGRAPH 1984 Papers. New York: ACM Press, 1984: 129-135.

[101] Brabec S, Seidel H P. Single sample soft shadows using depth maps [C]// Graphics Interface, 2002.

[102] Mcguire M. Observations on silhouette sizes[J]. Journal of Graphics Tools, 2004, 9(1): 1-12.

[103] Grochow K, Martin S L, Hertzmann A, et al. Style-based inverse kinematics[J]. ACM Trans. Graph. , 2004,23(3): 522-531.

[104] Mao Z, Hsia T C. Obstacle avoidance inverse kinematics solution of redundant robots by neural networks[J]. Robotica, 1997,15(1): 3-10.

[105] Iii R C F, Sloan P P J, Cohen M F. Artist-directed inverse-kinematics using radial basis function interpolation[J]. Computer Graphics Forum, 2001, 20(3): 239-250.

[106] Welman C. Inverse kinematics and geometric constraints for articulated figure manipulation[D]. Burnaby: Simon Fraser University, 1993.

[107] Tolani D, Goswami A, Badler N. Real-time inverse kinematics techniques for anthropomorphic limbs[J]. Graphical Models, 2000, 62 (5): 353-388.

[108] Boulic R, Thalmann D. Combined direct and inverse kinematic control for articulated figure motion editing[J]. Computer Graphics Forum,

1992, 11(4): 189-202.

[109] Zhao J, Badler N I. Inverse kinematics positioning using nonlinear programming for highly articulated figures[J]. ACM Trans. Graph., 1994, 13(4): 313-336.

[110] Der K G, Sumner R W, Popović J. Inverse kinematics for reduced deformable models[J]. ACM Trans. Graph., 2006, 25(3): 1174-1179.

[111] BCGControlBar Professional Edition [CP/OL]. http://www.bcgsoft.com.

[112] SWF File Format Specification[CP/OL]. http://www.the-labs.com/MacromediaFlash/SWF-Spec/SWFfileformat.html.

[113] Kass M, Witkin A, Terzopoulos D. Snakes: active contourmodels[J]. International Journal of Computer Vision, 1987, 1(4): 321-331.

[114] Lee S Y, Chwa K Y, Shin S Y, et al. Image metamorphosis using snakes and free-form deformations [C]// ACM SIGGRAPH 1995 Papers. New York: ACM Press, 1995: 439-448.

[115] Lee Y, Lee S. Geometric snakes for triangular meshes[J]. Computer Graphics Forum, 2002, 21(3): 229-238.

[116] James D L, Twigg C D. Skinning mesh animations[J]. ACM Trans. Graph., 2005, 24(3): 399-407.

[117] 刘智慧，张泉灵. 大数据技术研究综述[J]. 浙江大学学报(工学版), 2014, 48(6): 958-972.

[118] 程学旗，靳小龙，等. 大数据系统和分析技术综述[J]. 软件学报, 2014, 25(9): 1889-1908.

[119] 张引，陈敏，廖小飞. 大数据应用的现状与展望[J]. 计算机研究与发展, 2013, 50(Suppl.): 216-233.

[120] R Collins, et al. A system for video surveillance and monitoring[R]. Technical CMU-RI-TR-00-12, 2000.

[121] Naylor M, Attwood C I. Annotated digital video for intelligent surveillance and optimized retrieval[R]. 2003: ADVISOR-DOC-039.

[122] Wolf W, Ozer B, Lv T. Smart cameras as embedded systems[J]. Computer, 2002, 35(9): 48-53.

[123] Real-time tracking of the human body[OL]. http://eprints.kfupm.

edu. sa/57862.

[124] 秦华标，张亚宁，蔡静静. 基于复合时空特征的人体行为识别方法[J]. 计算机辅助设计与图形学学报,2014,26(8):1320-1325.

[125] 胡琼，秦磊，黄庆明. 基于视觉的人体动作识别综述[J]. 计算机学报，2013，36(12)：2512-2524.

[126] 李瑞峰，王亮亮，王珂. 人体动作行为识别研究综述[J]. 模式识别与人工智能，2014，27(1):35-48.

[127] 冯家更，肖俊. 视点无关的行为识别综述[J]. 中国图象图形学报,2013，18(2)：157-168.

[128] 尹建芹，田国会，周风余. 智能空间下基于时序直方图的人体行为表示与理解[J]. 计算机学报，2014，37(2)：470-479.

[129] 林水强，吴亚东，余芳，等. 姿势序列有限状态机动作识别方法[J]. 计算机辅助设计与图形学学报，2014，26(9)：1403-1411.

[130] Ji X F, Liu H H. Advances in view-invariant human motion analysis：a review[J]. Systems, Man, and Cybernetics, Part C：Applications and Reviews, 2010, 40(1)：13-24.

[131] Borges P V K, Conci N, Cavallaro A. Video-based human behavior understanding：a survey[J]. IEEE Transactions on Circuits and Systems for Video Technology, 2013, 23(11)：1993-2008.

[132] Yurur O, Liu C, Moreno W. A survey of context-aware middleware designs for human activity recognition[J]. Communications Magazine, 2014, 52(6)：24-31.

[133] Ramanathan M, Yau W Y, Teo E K. Human action recognition with video data：research and evaluation challenges[J]. IEEE Transactions on Human-Machine Systems, 2014, 44(5)：650-663.

[134] Iosifidis A, Tefas A, Pitas I. Multi-view human action recognition：a survey[C]// Ninth International Conference on Intelligent Information Hiding and Multimedia Signal Processing, 2013：522-525.

[135] Gao C Q, Meng D Y, Tong W, et al. Interactive surveillance event detection through mid-level discriminative representation[C]// ACM, Proceedings of International Conference on Multimedia Retrieval, New York, 2014：305-313.

[136] Witold C, Staniak M. Real-time image segmentation for visual serving [J]. Lecture Notes in Computer Science, 2007, 4432: 633-640.

[137] Mortensen E N, Barrett W A. Interactive segmentation with intelligent scissors[J]. Graphical Models and Image Processing, 1998, 60(5): 349-384.

[138] Criminisi A, Cross G, Blake A, et al. Bilayer segmentation of live video [C]// Proceedings of the 2006 IEEE Computer Society Conference on Computer Vision and Pattern Recognition, Washington DC, 1: 53-60.

[139] Bradley D,Popa T, Sheffer A, et al. Markerless garment capture[C]// ACM SIGGRAPH 2008 Papers. New York: ACM Press, 2008: 1-9.

[140] Furukawa Y, Ponce J. Dense 3D motion capture from synchronized video streams [C]// Computer Vision and Pattern Recognition 2008 Papers.

[141] Kwon J, Lee K M. Tracking by sampling trackers[C]// Proceedings of the International Conference on Computer Vision (ICCV), Barcelona, Spain, 2011.

[142] Lowe D G. Object recognition from local scale-invariant features[C]// IEEE Computer Society, Proceedings of the International Conference on Computer Vision (ICCV), Washington DC, 1999, 2:1150.

[143] Rodriguez M, Sivic J, Laptev I, et al. Data-driven crowd analysis in videos[C]// Proceedings of the International Conference on Computer Vision (ICCV), Barcelona, Spain, 2011.

[144] Bourdev L, Maji S, Malik J. Describing people: a poselet-based approach to attribute classification [C]// Proceedings of the International Conference on Computer Vision (ICCV), Barcelona, Spain, 2011.

[145] Mckenna S, Jabri S, Duric Z, et al. Tracking groups of people[J]. Computer Vision and Image Understanding, 2000, 80 (1): 78-81.

[146] Chen Y S, Lee J H, Parent R, et al. Markerless monoeular motion capture using image features and physical constraints[C]// Computer Graphics International 2005.

[147] Agarwal A, Triggs B. Recovering 3D human pose from monocular

images[C]// IEEE Transactions on Pattern Analysis and Machine Intelligence, 2006, 28(1).

[148] Brendel W, Todorovic S. Learning spatiotemporal graphs of human activities[C]// Proceedings of the International Conference on Computer Vision (ICCV), Barcelona, Spain, 2011.

[149] Yao B Y, Jiang X Y, Khosla A, et al. Human action recognition by learning bases of action attributes and parts[C] // Proceedings of the International Conference on Computer Vision (ICCV), Barcelona, Spain, 2011.

[150] Tautges J, Zinke A, Krüger B, et al. Motion reconstruction using sparse accelerometer data[J]. ACM Trans. Graph., 2011, 30(3): 18.

[151] Vondrak M, Sigal L, Jenkins O C. Physical simulation for probabilistic motion tracking[C]// Computer Vision and Pattern Recognition 2008 Papers.

[152] Brubaker M A, Fleet D J, Hertzmann A. Physics-based person tracking using simplified lower-body dynamics [C]// Computer Vision and Pattern Recognition 2008 Papers.

[153] Kanaujia A, Sminchisescu C, Metaxas D. Semi-supervised hierarchical models for 3D human pose reconstruction[C]// Computer Vision and Pattern Recognition 2007 Papers.

[154] Ryoo M S. Human activity prediction: early recognition of ongoing activities from streaming videos[C]// Proceedings of the International Conference on Computer Vision (ICCV), Barcelona, Spain, 2011.

[155] Davis M, Dorai C, Nack F. Understanding media semantics[C]// The 11th Tutorial Program of the 11th ACM International Conference on Multimedia, Berkeley, CA, USA, Nov 2003.

[156] Chai J, Hodgins J K. Constraint-based motion optimization using a statistical dynamic model[C]// ACM SIGGRAPH 2007 Papers. New York: ACM Press, 2007: 8.

[157] Treuille A, Lee Y, Popović Z. Near-optimal character animation with continuous control[J]. ACM Trans. Graph., 2007, 26(3): 7-14.

[158] Sok K W, Kim M, Lee J. Simulating biped behaviors from human

motion data[C]// ACM SIGGRAPH 2007 Papers. New York: ACM Press, 2007: 107.

[159] McDonnell R, Larkin M, Dobbyn S, et al. Clone attack! Perception of crowd variety[C]// ACM SIGGRAPH 2008 Papers. New York: ACM Press, 2008: 1-8.

[160] 向坚. 一种高效的三维运动检索方法[J]. 计算机科学, 2008(3): 84-87.

[161] Liu F, Zhuang Y, Wu E, et al. 3D motion retrieval with motion Index tree[J]. Computer Vision and Image Understanding, 2003, 92(2-3): 265-284.

[162] 卢涤非. 一种基于样例的三维动画生成方法[D]. 杭州:浙江大学, 2007.

[163] Lu D F, Ye X Z, Zhou G M. Animating by example[J]. Journal of Visualization and Computer Animation, 2007, 18(4-5): 247-257.

[164] Lu D F, Zhang Y, Ye X Z. A new method of interactive marker-driven free form mesh deformation[C]// GMAI 2006: 127-134.

[165] Lu D F, Ye X Z. Sketch based 3D animation copy[C]// ICAT 2006: 474-485.

[166] Grochow K, Martin S L, Hertzmann A, et al. Style-based inverse kinematics [J]. ACM Trans. Graph., 2004, 23(3): 522-531.

[167] Tolani D, Goswami A, Badler N. Real-time inverse kinematics techniques for anthropomorphic limbs[C] Graphical Models, 2000, 62(5): 353-388.

[168] Summer R W, Zwicker M, Gotsman C, et al. Mesh-based inverse kinematics[J]. ACM Trans. Graph., 2005, 24(3): 488-495.

[169] Der K G, Summer R W, et al. Inverse kinematics for reduced deformable models[J]. ACM Trans. Graph., 2006, 25(3): 1174-1179.

[170] Baran I, Vlasic D, Grinspun E, et al. Semantic deformation transfer [J]. ACM Trans. Graph., 2009, 28(3): 1-6.

[171] Allen B, Curless B, Popović Z, et al. The space of human body shapes: reconstruction and parameterization from range scans [C]// ACM SIGGRAPH 2003 Papers. New York: ACM Press, 2003: 587-594.

[172] 卢涤非. 一种基于样例的三维动画生成方法[D]. 杭州:浙江大学, 2007.

[173] Shoemake K, Duff T. Matrix animation and polar decomposition[C]//

Proceedings of the Conference on Graphics interface 1992. Morgan Kaufmann, San Francisco, CA, 1992: 258-264.

[174] Alexa M. Linear combination of transformations[J]. ACM Transactions on Graphics, 2000, 21(3): 380-387.

[175] Sminchisescul C, Telea A. Human pose estimation from silhouettes: a consistent approach using distance level sets [C]// Proceeding of WSCG2002.

[176] Bai X, Wang J, Simons D, et al. Video snap cut: robust video object cutout using localized classifiers[C]// Hoppe H. ACM SIGGRAPH 2009 Papers. New York: ACM Press, 2009: 1-11.

[177] Krähenbühl P, Lang M, Hornung A, et al. A system for retargeting of streaming video[C]// Hoppe H. ACM SIGGRAPH 2009 Papers. New York: ACM Press, 2009: 1-10.

[178] Andriluka M, Roth S, Schiele B. People-tracking by detection and people detection by tracking [C]// Computer Vision and Pattern Recognition 2008 Papers.

[179] Mortensen E N, Barrett W A. Intelligent scissors for image composition [C]// Proceedings of the 22nd Annual Conference on Computer Graphics and Interactive Techniques. 1995.

[180] Liu P, Wang J, She M, et al. Human action recognition based on 3D SIFT and LDA model [C]// 2011 IEEE Workshop on Robotic Intelligence In Informationally Structured Space, 2011:12-17.

[181] Edmond S L H, Komura T, Tai C L. Spatial relationship preserving character motion adaptation [J]. ACM Trans. Graph., 2010, 29 (4): 33.

[182] Wei X L, Chai J X. Video mo cap: modeling physically realistic human motion from monocular video sequences [J]. ACM Transactions on Graphics, 2010, 29(4).

[183] Zhou S Z, Fu H B, Liu L G, et al. parametric reshaping of human bodies in images[J]. ACM Transactions on Graphics, 2010, 29(4).

[184] Min J Y, Chen Y L, Chai J X. Interactive generation of human animation with deformable motion models[J]. ACM Transactions on

Graphics, 2010, 29(4).

[185] Ye Y T, Liu K C. Optimal feedback control for character animation using an abstract model[J]. ACM Trans. Graph. 2010, 29(4): 74.

[186] Liu L B, Yin K K, van De Panne M, et al. Sampling-based Contact-rich Motion Control[J]. ACM Transactions on Graphics, 2010, 29(4).

[187] Tenenbaum J, Silva V D, Langford J. A global geometric framework for nonlinear dimensionality reduction[J]. Science, 2000, 290(5500): 2319-2323.

[188] Roweis S, Saul L. Nonlinear dimensionality reduction by locally linear embedding[J]. Science, 2000, 290(5500): 2323-2326.

[189] http://www. cise. ufl. edu/research/sparse/umfpack/[OL].

[190] Draper G, Egbert P. A gestural interface to free-form deformation[C]// Proceedings of Graphics Interface, Halifax, 2003: 113—120.

[191] Sun Z X, Feng G H, Zhou R H. Techniques for sketch-based user interface. : review and research [J]. Computer-Aided Design & Computer Graphics, 2005, 17(9): 1889-1899.

[192] Summer R W, Popović J. Deformation transfer for triangle meshes[J]. ACM Transactions on Graphics, 2004, 23(3): 399-405.

[193] Noh J, Neumann U. Expression cloning[C]// ACM SIGGRAPH 2001 Papers. New York: ACM Press, 2001: 277-288.

[194] Xu D, Zhang H X, Wang Q, et al. Poisson shape interpolation[C]// ACM Symposium on Solid and Physical Modeling, Massachusetts, 2005: 267-274.

[195] Allen B, Curless B, Popovic Z. The space of human body shapes: reconstruction and parameterization from range scans [J]. ACM Transactions on Graphics, 2003, 22(3): 587-594.

[196] Shoemake K, Duff T. Matrix animation and polar decomposition[C]// Proceedings of the Conference on Graphics interface, Vancouver, 1992: 258-264.

[197] Davis T A. Umfpack version 4. 4 user guide[OL] (2005) [2006-08-03] http://www. cise. ufl. edu/research/sparse/umfpack

[198] Duncan J S, Ayache N. Medical image analysis: progress over two

decades and the challenges ahead[J]. IEEE Transaction on Pattern analysis and Machine Intelligence, 2000, 22(1): 181-204.

[199] Pham D L, Xu C Y, Prince J L. A survey of current methods in medical image segmentation[R]. Technical Report JHU/ECE 99-01, Maryland: Johns Hopkins University, 1998.

[200] D Seghers, P Slagmolen, Y Lambelin, et al, Landmark based liver segmentation using local shape and local intensity models[C]// Heimann T, Styner M, van Ginneken B. MICCAI 2007 Workshop proceedings of 3-DSegmentation Clinic: A Grand Challenge, Brisbane, Australia. 2007: 135-142.

[201] Saddi K A, Rousson M, et al. Global-to-local shape matching for liver segmentation in CT imaging [C]// T Heimann, M Styner, Van Ginneken B. MICCAI 2007 Workshop proceedings of 3-D Segmentation Clinic: A Grand Challenge, Brisbane, Australia, 2007: 207-214.

[202] Sahoo P K, Soltani S, Wang A K C, et al. A survey of thresholding techniques[J]. Computer Vision, Graphics and Image Processing, 1988, 41: 233-260.

[203] Lee C, Hun S, Ketter T A, et al. Unsupervised connectivity-based thresholding segmentation of midsaggital brain MR images[J]. Comput. Biol. Med., 1998, 28: 309-338.

[204] Mangin J F, Frouin V, Bloch I, et al. From 3D magnetic resonance images to structural representations of the cortex topography using topology preserving deformations[J]. J. Math. Imag. Vis., 1995, 5: 297-318.

[205] Held K, Kops E R, Krause B J, et al. Markov random field segmentation of brain MR images[J]. IEEE T. Med. Imag., 1997, 16 (6)878-886.

[206] Nalwa V S, Binford T O. On detecting edges[J]. IEEE Trans. on Pattern Analysis and Machine Intelligence, 1986, 8(6): 699-711.

[207] Goshtasby A. Design and recovery of 2D and 3D shapes using rational gaussian curves and surfaces[J]. International Journal of Computer Vision, 1993, 10(3): 233-256.

[208] Mortensen E N, Barrett W A. Intelligent scissors for image composition [C]// Proceedings of the 22nd Annual Conference on Computer Graphics and Interactive Techniques, 1995.

[209] Mcinerney T, Terzopoulos D. Deformable models in medical image analysis: a survey[J]. Medical Image Analysis, 1996, 1(2):181-180.

[210] Pan X H, Sun W J, Ann H P, et al. A convex model for segmentation of tissues for brain MR images based on mutual information maximization [J]. Journal of Computer-Aided Design & Computer Graphics, 2012, 24(8): 1082-1089.

[211] Adams R, Bischof L. "Seeded region growing," pattern analysis and machine intelligence[J]. IEEE Transactions on, 1994, 16(6): 641-647.

[212] Lu D F, Ye X Z, Zhou G M. Animating by example[J]. Comput. Animat. Virtual Worlds, 2007, 18(4-5): 247-257.

[213] Summer R W, Popović J. Deformation transfer for triangle meshes[J]. ACM Transactions on Graphics 2004, 23(3): 399-405.

[214] Davis T A. Umfpack version 4.1 user guide [R]. Tallahassee: University of Florida. TR-03-008. 2003.

[215] Allen B, Curless B, Popović Z, et al. The space of human body shapes: reconstruction and parameterization from range scans [C]// ACM SIGGRAPH 2003 Papers. New York: ACM Press, 2003: 587-594.

[216] Heimann T, van Ginneken B, Styner M A, et al. Comparison and evaluation of methods for liver segmentation from CT datasets[J]. IEEE Trans. Med. Imaging, 2009, 28(8): 1251-1265.